吴军

著

中信出版集团 | 北京

图书在版编目（CIP）数据

给孩子的数学课 / 吴军著. -- 北京 : 中信出版社,
2022.8（2024.10重印）
ISBN 978-7-5217-4412-5

Ⅰ. ①给… Ⅱ. ①吴… Ⅲ. ①数学 – 青少年读物
Ⅳ. ①01-49

中国版本图书馆CIP数据核字(2022)第081368号

给孩子的数学课

著　　者：吴军
出版发行：中信出版集团股份有限公司
（北京市朝阳区东三环北路27号嘉铭中心　邮编　100020）
承 印 者：北京利丰雅高长城印刷有限公司

开　　本：787mm×1092mm　1/16　　印　　张：15.5　　字　　数：236千字
版　　次：2022年8月第1版　　印　　次：2024年10月第7次印刷
书　　号：ISBN 978-7-5217-4412-5
定　　价：79.00 元

开始上课啦

我们通常把数学知识当作数学，这其实是一种误解。学习数学，不应以懂多少数学公式为目标，而是要锻炼解决问题的过程中所用到的思维方法。有数学思维的人，不仅做事有条理，而且擅长独立思考，更能多角度开辟思维点，进行逆向思考。这样的人在学习中很容易做到举一反三，对所学知识活学活用，成绩自然差不了。

我在这本书里精选了 40 个对人类数学发展史产生重要影响的数学问题，通过故事的形式让你了解每个问题解决背后的过程、相关科学家逸事，以及这些问题对应的数学原理在人类生产生活中的重要影响；让你去感受这些科学家在数学问题上闪耀着的智慧光芒，去探究数学发展史上人类探索的脉络；让你学会用数学的眼光观察现实世界，用数学的思维思考现实世界，用数学的语言表达现实世界。

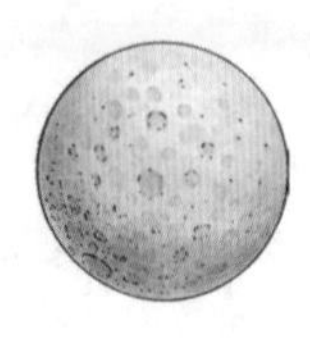

目录

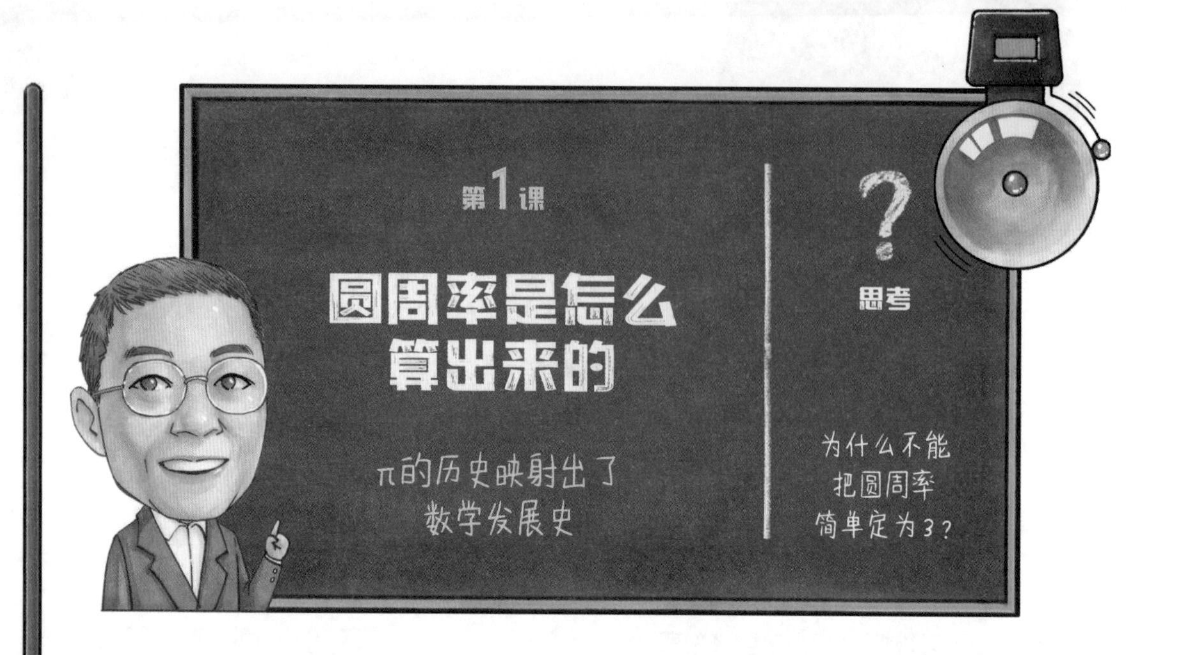

圆是常见的形状，我们盛菜的盘子、汽车的轮子，甚至天上的太阳和月亮，都是圆的；圆又是特别的，它难以测量，不好计算，但古希腊著名学者毕达哥拉斯却认为，圆形是完美的。

我们当中有一个叛徒

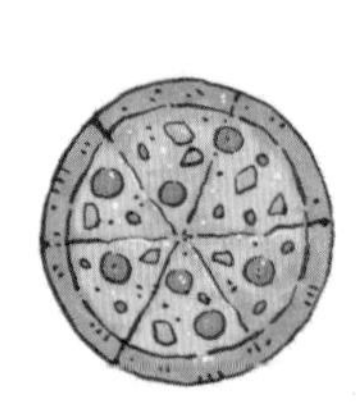

人类认识和利用圆的历史非常悠久。早在苏美尔人统治美索不达米亚时期，他们就发明了轮子。但是由于圆周是弯曲的，不同于线段组成的长方形和三角形，所以圆的周长和面积都很不好计算。

在很多早期文明里，当人类祖先费尽心思用笨法子测出圆的周长后，他们陆续发现，无论圆有多大或者多小，用**圆的周长除以圆的直径**，得到的都是一个基本固定的数值。因此，人们便给这个神奇的数取了一个专有的名字，叫作圆周率。在很长的时间里，各国数学家用不同的符号表示这个特定的数，但这样不便于交

流。所以，到了 18 世纪，数学家采用希腊字母 π 代表圆周率，这种习惯沿用至今。

问题是，π 是多少呢？

人们计算圆周率的过程经历了五个阶段。

阶段一：从经验出发——测量估算

早期对圆周率的估算只能从经验出发，或者说，是靠测量。比如，在古埃及，人们通过测量、估算和对比，将它近似为$\frac{22}{7}\approx 3.143$，而古印度人则用了一个更复杂的分数 $\frac{339}{108}\approx 3.139$ 来表示。其他早期文明也都有关于对圆周率估算的记载。但是不同的人测量的方法不同，得到的圆周率的值也各不相同。除了$\frac{22}{7}$这个曾经被多个文明采用的估值，各个文明对圆周率的估值也各不相同。通过经验对圆周率进行估算，是人类计算这个神奇数值的第一个阶段。

阶段二：从周长推算——几何方法

多边形边数越多，
对圆周长的估算越准确

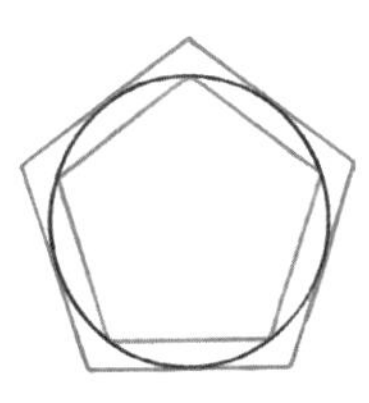

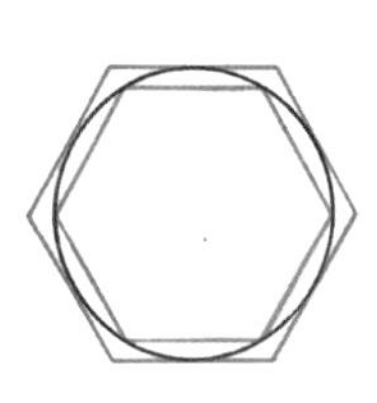

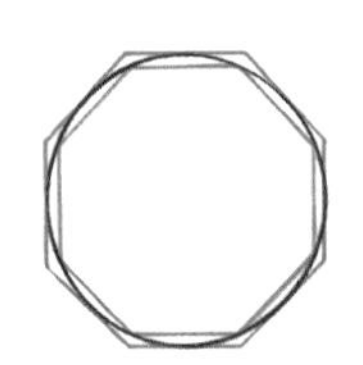

在欧几里得建立起欧氏几何之后，人们发现，圆的周长介于它的**内接多边形**和**外切多边形**周长之间，而且，多边形的边越多，它的周长就越接近圆的周长。这是人们第一次不用经验，而靠数学的方法来计算圆周

如果一个多边形的所有顶点都在同一个圆上，那么这个多边形就叫作这个圆的内接多边形。如果一个多边形的每一条边都和它内部的圆相切，那么这个多边形就叫作圆的外切多边形。

率的值。著名数学家阿基米德就用这种方法，通过计算边数非常多的内接多边形和外切多边形的周长，给出了圆周率的范围，即在$\frac{223}{71}$到$\frac{22}{7}$之间，也就是说，在 3.1408 和 3.1429 之间。因此，今天圆周率也被称为阿基米德常数。公元 150 年前后，著名天文学家托勒密给出了当时最准确的圆周率估值 3.1416。300 多年后，祖冲之将这个常数的精度扩展到小数点后 7 位，即 3.1415926 ~ 3.1415927。这是人类估算圆周率的第二个阶段，即用几何的方法计算 π。

14 世纪之后，随着代数学的发展，数学家能够解出比较复杂的**二次方程**了，于是，阿拉伯和欧洲的数学家可以通过解二次方程，不断增加内接和外切多边形的边数，从而不断提高圆周率估算的精度。但是这个方法实在太复杂，比如 1630 年奥地利天文学家克里斯托夫 · 格里恩伯格在将圆周率计算到小数点后 38 位时，用了 10^{40} 个边的多边形。10^{40} 是一个巨大的数字，如果我们把地球上海洋里的水都变成一个个水滴，那么水滴的个数也只有这个数字的一亿亿分之一。可以想象，要想靠这种方式继续提高圆周率的精度，难度有多大。直到今天，格里恩伯格依然是利用内接和外切多边形估算圆周率的世界纪录保持者。这倒不是因为今天无法再增加多边形的边数，而是没有必要，因为数学家已经找到了更好的数学工具来估算圆周率——数列。

粗略地说，二次方程是未知数的最高次数是 2 的方程，比如：

$2x+3=5$ 是一次方程，

$x^2+2x+1=0$ 是二次方程。

阶段三：从数列出发——代数方法

人类计算圆周率的第三个阶段是使用数列。在这个阶段，圆周率的计算被大大简化了。1593 年，法国数学家弗朗索瓦·韦达发现了一个公式：

$$\frac{2}{\pi}=\frac{\sqrt{2}}{2}\cdot\frac{\sqrt{2+\sqrt{2}}}{2}\cdot\frac{\sqrt{2+\sqrt{2+\sqrt{2}}}}{2}\cdots$$

看起来就像俄罗斯套娃

根据这个公式，我们可以直接计算圆周率。你看，这个公式由很多因子相乘，其中分子后面一个数都比前面一个数多一个$\sqrt{2}$，而且它的位置也很有规律，有兴趣的同学可以算一下，越往后，新增的因子就越接近 1，乘得越多，精度越高。当然，在没有计算机时，开根号运算也不太容易。于是 1655 年，英国数学家约翰·沃利斯发现了一个不需要**开方**的计算公式：

开方是求一个数的方根的运算，为乘方的逆运算。根号是用来表示对一个数或一个代数式进行开方运算的符号。例如：
$(\pm2)^2=4$　　$\sqrt{4}=2$

$$\frac{\pi}{2}=(\frac{2}{1}\times\frac{2}{3})\times(\frac{4}{3}\times\frac{4}{5})\times(\frac{6}{5}\times\frac{6}{7})\times\cdots$$

利用这个公式，只要做一些简单的乘除计算，就可以得出 π 的值。

阶段四：微积分出场

在牛顿和莱布尼茨发明了微积分之后，圆周率的计算就变得非常简单了。牛顿用三角函数的反函数做了一

π=3.14159265358979323846264338327950288419716939937510582097494459…

个小练习，轻松地就将圆周率计算到小数点后15位。在此之后，很多数学家都把计算圆周率当作练手的工具，并且很轻松地就将它估算出了几百位。现在，将圆周率多计算几位已经不是什么了不得的事情了，大家甚至将它当作一种智力游戏。

阶段五：计算机工具

今天有了计算机，懂得编程的人可以用计算机轻而易举地将圆周率计算出任意有限位。比如2002年，计算机将π算到了小数点后一万亿位，不过，需要指出的是，今天用电子计算机计算时，其算法仍然是基于微积分的。

可以说，人类估算圆周率的历史，就是数学发展史的一个缩影：最先是从直觉和经验出发估算圆周率，然后是使用几何的办法计算它，再后来人们终于找到了代数的方法、微积分的方法，再往后，人类就学会使用计算机解决数学问题了。从这段历史我们可以看到数学工具的作用——要想解决更难的数学问题，就需要更强大的数学工具。

圆周率的大用途

了解了圆周率的发展史，你可能会好奇，为什么几千年来，人类要乐此不疲地计算它呢？为什么不能简单地使用$\frac{22}{7}$这样的近似值替代小数点后无数位数的 π 呢？

简单地讲，解决实际问题时，人们会经常用到圆周率，而且对它的精度要求特别高。比如，在近代的工业革命中，发明各种机械就离不开和圆相关的计算，大到火车，小到钟表的设计和制造，都需要准确计算圆周运动的速度和周期。在天文学上，我们计算地球自转和公转的周期，以及日月星辰的位置，也都要用到圆周率。如果我们在计算时使用的圆周率精准度不够，很可能失之毫厘、谬以千里。在现代科技领域，圆周率的应用更加广泛，比如，我们手机用的 GPS（全球定位系统）也离不开精准的圆周率。

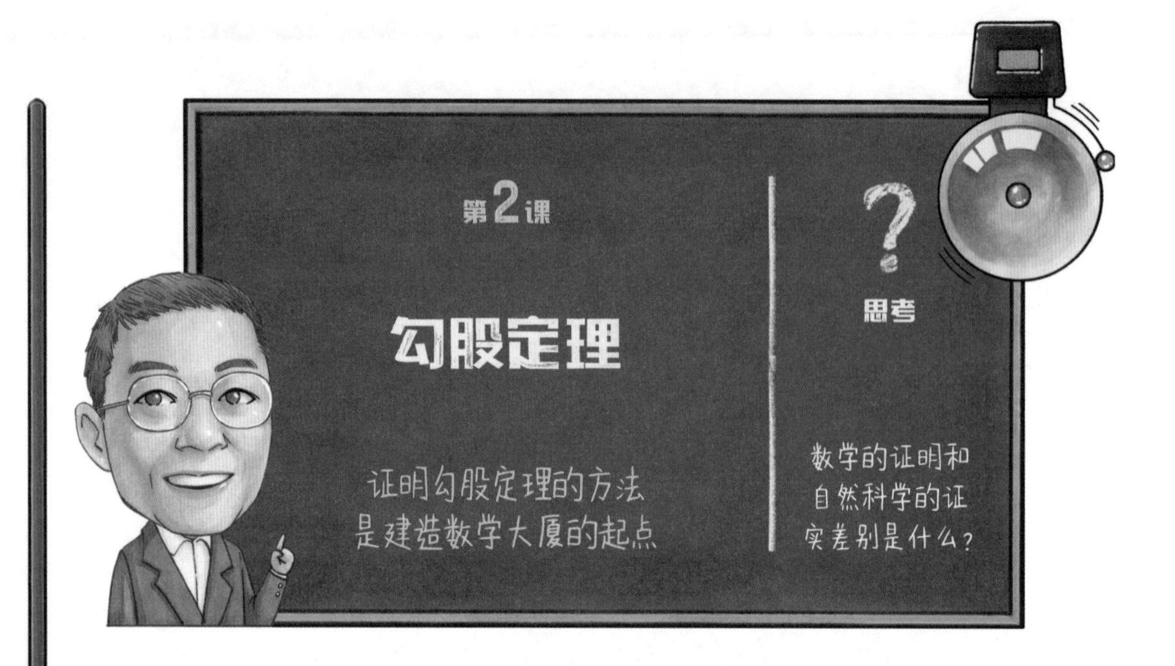

你一定听说过勾股定理，它讲的是直角三角形的两个直角边的平方和等于斜边的平方。

各个文明对勾股定理的认识过程

在中国，这个定理被称为勾股定理。这是因为，勾和股是中国古代对直角三角形两条直角边的叫法。据汉朝《周髀算经》记载，早在公元前1000年时，周公和商高两个人就谈到了“勾三股四弦五”这件事。也就是说，如果三角形的两条直角边分别是3和4，那么斜边的长度则是5。显而易见，$3^2+4^2=5^2$。

在国外，这个定理被称为毕达哥拉斯定理。毕达哥拉斯是生活在公元前6世纪的古希腊著名数学家，比《周髀算经》中记载的周公和商高晚了四五百年。

比周公和商高更早约 1500 年，古埃及人建造大金字塔时已经按照**勾股数**来设计墓室的尺寸了。在胡夫金字塔中，法老墓室的尺寸很有趣，引起了学者们很大的兴趣。按照古埃及的长度单位，除了墓室的高不是整数，其长、宽、侧面墙的对角线长度、两个最远顶点之间的距离都是整数，而且长和宽的比例为 2:1。

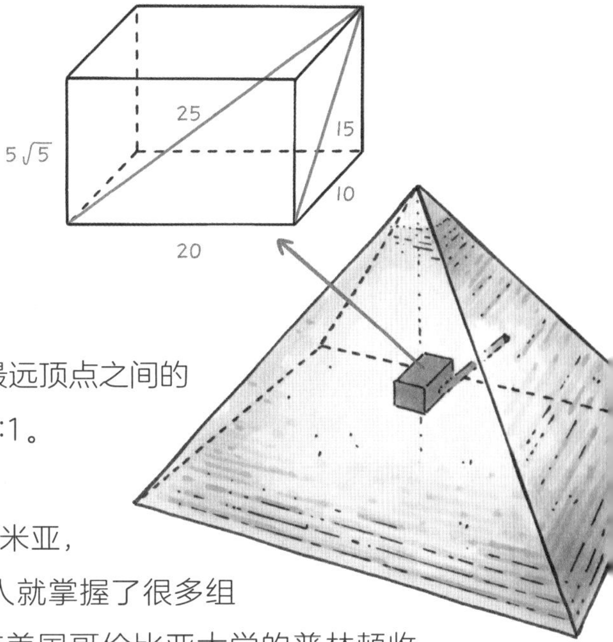

在人类另一个文明中心——美索不达米亚，早在公元前 18 世纪左右，古巴比伦人就掌握了很多组勾股数。在美国哥伦比亚大学的普林顿收藏馆里就保存了一块记满勾股数的泥板。他们所获知的一组最大的勾股数是：18541，12709，13500。按当时的条件，这是非常不容易的。

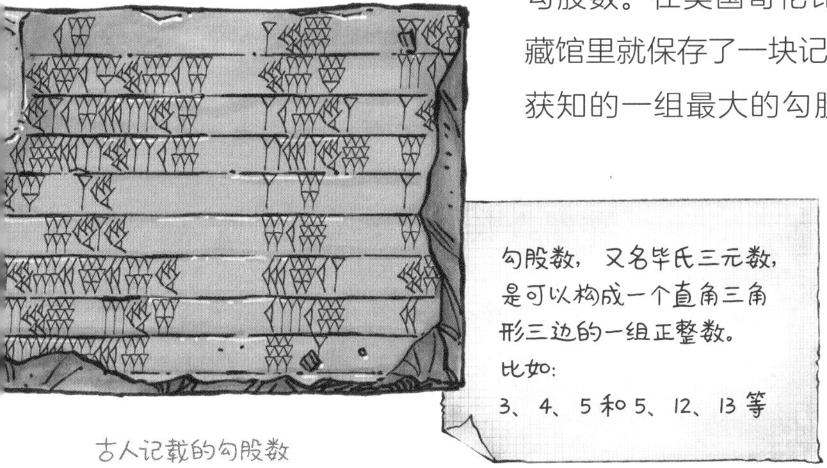

勾股数，又名毕氏三元数，是可以构成一个直角三角形三边的一组正整数。比如：3、4、5 和 5、12、13 等

古人记载的勾股数

可见，在古希腊的毕达哥拉斯之前，已经有不少人知道勾股定理了。那么，为什么数学界并没有将这个定理命名为“古埃及定理”或者“美索不达米亚定理”呢？

因为无论是古埃及还是美索不达米亚的发现，都是从个别现象中总结出来的一条规律，这个规律没有得到严格的证明，因此只能算是一个假设，不能被称为定理。

为什么数学与众不同

讲到这里，我们就要说说，建立在逻辑基础之上的数学和建立在实验基础之自然科学是研究自然界各种物质和现象的科学。比如物质的形态、结构、性质和运动规律等。自然科学包括物理学、化学、生物学、天文学、地质学、医学、气象学等。自然科学对我们生活的方方面面有着重要的影响。

上的**自然科学**之间的区别了，比如物理学、化学和生物学，都是建立在实验基础上的自然科学。

首先，自然科学的结论可以通过测量和实验获得，而数学的结论只能通过逻辑推理获得。

就拿古代人来说，他们确实观察到了勾股数的现象，知道了“勾三股四弦五”。但是这里面存在一个大问题：我们说长度是 3 尺或者 4 尺，其实并非数学上准确的长度。用尺子量出来的 3，可能是 3.01，也可能是 2.99，更何况尺子的刻度本身就未必准确。这样一来，“勾三股四弦五”可能就是一个大概其的说法了。

在实验科学中，我们在一定的误差范围内得到的结论，会被看成是可信的，比如我们测量出一个角是 89.9 度，我们可以大致认为它是一个直角。但是在数学上，如果说一个角是直角，不能用量角器量，必须要严格证明。为什么数学要如此苛刻呢？

我们不妨看这样一个例子。

大家来找碴儿

假设每个小格子的面积是 1，那么右边的正方形面积是 64。接下来，我们按照图中所示的斜线将它剪成四个部分，两个红色梯形和两个蓝色三角形再重新组合，就得到了一个新的长方形，而它的面积竟然是 65。

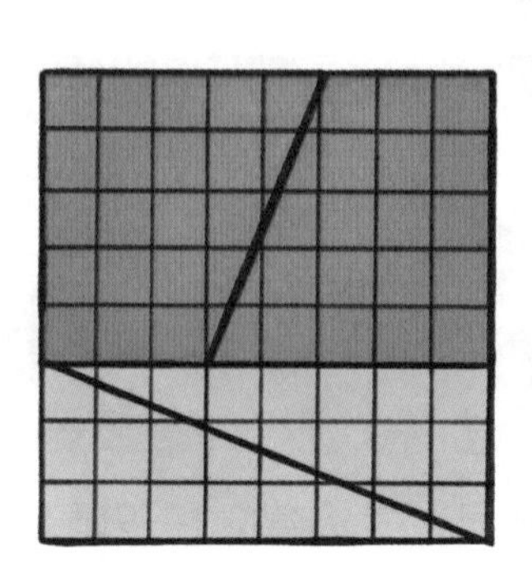

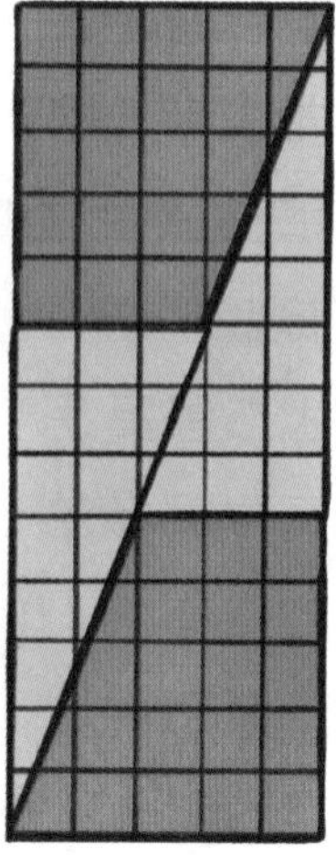

其实，问题就出在拼接长方形时，各部分并不是严丝合缝的，只不过缝隙较小，大部分人看不出来罢了。

失之毫厘，谬以千里

当然，有人可能会说，要是画准一点、测准一点，不就能看出来了吗？如果我们画这样一个三角形：勾等于 3.5，股等于 4.5，那么用尺子测量出来的弦大约就是 5.7，这个测量结果和真实值的相对误差只有 0.015%（实际弦长大约是 5.700877），你身边能找到的尺子基本无法发现这么小的误差。这时我们是否能说“勾 3.5 股 4.5 弦 5.7”呢？显然不能，数学眼中可容不得半点沙子。

在数学上，观察的结果只能给我们启发，却不能成为我们得到数学结论的依据。数学上的结论只能从定义和公理出发，使用逻辑，通过严格证明得到，而不能靠经验总结得出。数学是严谨的，在限定条件下，只要找到一个反例，就可以彻底推翻一条结论。数学欢迎大家来找碴儿。

就算我们能够抛开误差的影响，是否可以得出 $a^2+b^2=c^2$ 这样的结论呢？在数学上也不能。因为 $3^2+4^2=5^2$ 是个例，$a^2+b^2=c^2$ 是普遍规律，我们不能从个例得到普遍规律。

但是，在实验科学中，我们如果做了大量的实验，得到了同样的结果，就可以暂时认定那个结果是有效的，这样的结果被称为定律，但不是定理。比如，物理学中有**万有引力定律**，这个定律并不是通过逻辑推出来的，而是根据一些现实案例总结出来的。

万有引力定律：任何两个质点都存在通过其连心线方向上的相互吸引的力。该引力大小与它们质量的乘积成正比，与它们距离的平方成反比。

用逻辑证明的定理是没有例外的，它要么成立，要么不成立，不会是有时成立、有时不成立。因此，不会出现数学不断发展后，原来的结论不成立的情况。

但是用实验验证的定律确实是有条件成立的。比如万有引力定律，我们用已知行星运动的轨迹和周期来验证，发现它一直都成立。但是，到了爱因斯坦的年代，大家发现当运动速度太快或者质量太大时，万有引力定律就不成立了。因此，自然科学经常会不断推翻或者完善之前的结论。

吃掉 100 头牛的毕达哥拉斯

勾股定理最初是被毕达哥拉斯用定理的形式表达出来，并且用逻辑的方法证明的。因此，这个定理才被称为毕达哥拉斯定理。

毕达哥拉斯在数学史上的地位非常高，他的工作对科学和数学的发展都具有标志性的意义。毕达哥拉斯出生于希腊的萨摩斯岛的一个富商家庭。他从 9 岁起就在世界各地学习科学和文化知识，并且拜当时的著名学者泰勒斯、阿那克西曼德和菲尔库德斯等人为师。

后来在埃及，毕达哥拉斯受到法老阿玛西斯二世的推荐，进入当时埃及的最高学府——神庙深造。少小离家老大回，当过了不惑之年的毕达哥拉斯终于回到家乡时，已经是一位学富五车的学者了。

毕达哥拉斯希望将平生所学传给后人，于是他开始办学，广收门徒。大家生活在一起，日夜研究学问。毕达哥拉斯的学说在地中

海北岸广为传播，并且形成了**毕达哥拉斯学派**。

这个学派对后世的学者产生了深远的影响，比如大学问家阿基米德、亚里士多德，以及提出地心说的托勒密和提出日心说的哥白尼等，都受到了毕达哥拉斯的影响。

毕达哥拉斯学派鼎盛时期约在公元前531年，是一个包含政治、学术、宗教三位一体的派别。"万物皆数"是该学派的哲学基石，他们认为数学的知识是可靠的、准确的，而且可以应用于现实的世界。数学的知识通过纯粹的思维而获得，不需要观察、直觉和日常经验。

毕达哥拉斯和先前学者们的差别在于，他坚持数学论证必须从"假设前提"出发，然后通过演绎推导出结论，而不是通过度量和实验得到结论。以勾股定理为例，他把之前人们对这个规律的一般性认识变成了严格的数学命题。所谓数学命题，就是指能够判断真伪，不存在对错含混的结论。然后，毕达哥拉斯用逻辑严密的推理方法证明它，而不是通过列举很多例子来验证它。

只要数学的前提没有问题，结论就不可能出错。在各种正确的结论中，一些常用的结论就成了数学的定理。这些定理像基石和砖瓦一样，构建起整个数学的大厦。据说，毕达哥拉斯在找到了勾股定理的证明方法后非常高兴，他和他的学生为了庆祝这个伟大的发现，吃掉了100头牛。因此，勾股定理在西方有时又被戏称为"百牛定理"。

毕达哥拉斯确立了数学规范化的起点，也就是必须遵循严格的逻辑证明才能得到结论。人类文明早期出现了许多需要依靠观察和测量的学科，如天文学、地理学和物理学等，而毕达哥拉斯使数学从中脱颖而出，成为为所有基础学科服务的、带有方法论性质的特殊学科。

一系列定理构建起整个数学大厦

自从毕达哥拉斯在逻辑上证明了勾股定理，随之而来的不仅有喜悦，还有恐慌。因为从勾股定理出发，再进行一次符合逻辑的推理，就会发现一个超出当时人类认知范围的数——$\sqrt{2}$，也就是自己乘以自己等于 2 的那个数。

实数的简单分类

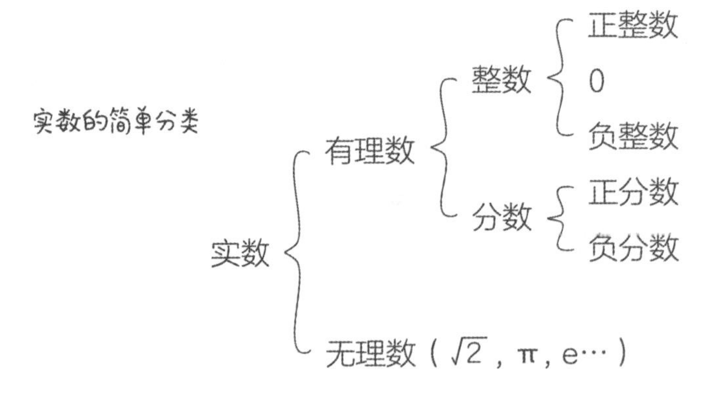

$\sqrt{2}$ 这个数，既不是整数，也不是分数，它是一个无限不循环的小数，大约等于 1.41421356237，与无限不循环小数对应的是无限循环小数，比如用 1 除以 3，就会得到 0.33333333…，无限循环小数

有理数

无理数

从小数点后某几位开始，某个数字或者某几个数字便会依次不断地重复出现，所以存在一定的规律。

因为无限且不循环，所以没有人能够准确地说出$\sqrt{2}$具体等于多少，但我们凭什么知道它一定存在呢？这还要回到勾股定理。

自己乘以自己等于 2 的数

勾股定理对所有的直角三角形都成立，没有例外。我们假设某一个直角三角形的两条直角边 a 和 b 的长度都是 1，那么斜边 c 该是多少呢？

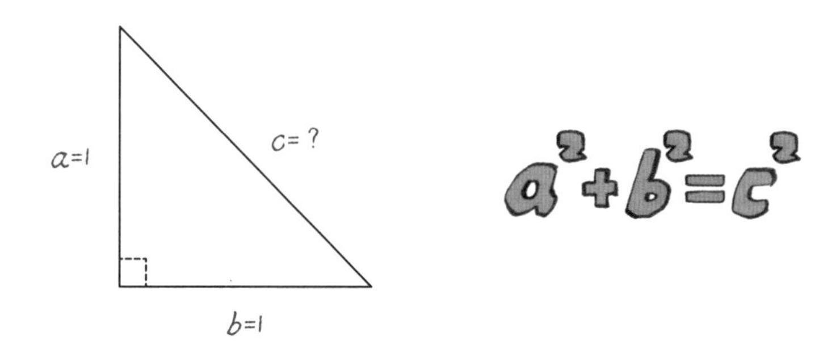

显而易见，斜边的边长是真实存在的，而且是一个确定的数，因为这样的直角三角形我们能画出来。根据勾股定理，斜边 c 的平方（c^2），应该等于 a^2 与 b^2 的和，也就是 2。你可以估算一下，它应该在 1 和 2 之间。但这个数并不是人类已经掌握的有理数！

在毕达哥拉斯生活的时代，在数学上，人们认识到的数只有两种，一种是整

我们在一起真是完美

数，即 1，2，3，4，…，另一种是分数，比如$\frac{1}{2}$，$\frac{2}{3}$，$\frac{5}{4}$，…，这两种数可以统一写成分数的形式，即$\frac{p}{q}$这样的形式，例如整数 2 可以写成$\frac{2}{1}$，其实就是让分母 q=1。具有这种形式的数被称为有理数。

任何两个有理数进行加、减、乘、除运算后（0 做分母的情况除外）还是有理数，这种性质被称为数学运算的封闭性。有了这个性质，数学就显得非常完美。

毕达哥拉斯有一个很怪的想法，他坚信世界的本原是数，而数应该是完美的。有理数的上述特点恰巧符合毕达哥拉斯对完美的要求——有理数的分子和分母都是整数，不会是零碎的，而且经过运算之后依然有这样的性质。

但是，$\sqrt{2}$的发现，使数的完整性遭到了破坏，因为它无法表示成$\frac{p}{q}$的形式，这超出了当时人们对数的认知。

你可能会好奇，为什么不可能存在一个分数，自己乘以自己等于 2 呢？我们没有找到这样一个分数，只能说明我们的本事还不够大，不能说明这样的分数不存在！别着急，我们可以用一种特殊的逻辑工具——反证法证明这个结论。

反证法证明无理数的存在

我们先假设能够找到一个分数 r，它自己乘以自己等于 2，即 $r^2=2$，显然 r 符合有理数的属性，即 $r=\frac{p}{q}$。我们假设$\frac{p}{q}$已经完成了约分，比如$\frac{10}{16}$约分之后是$\frac{5}{8}$，没法继续约分了。因此，p 和 q 不能同时是偶数，因为偶数都能被 2 整除，可以继续约分。这样 p 和 q 为**互质**整数。

互质又称为互素，公约数只有 1 的两个整数，叫作互质整数。比如 2 和 4 的公约数还包含 2，所以不是互质，而 3 和 8 的公约数只有 1，那么就是互质。

根据我们的假设 $r^2=\frac{p^2}{q^2}=2$，于是 $p^2=2q^2$。这样 p 肯定是偶数，因为 p^2 中包含了 2 这个因子。你可以试一下，假设 p 是任意一个奇数，那么 p^2 中是不会有 2 这个因子的。因此，我们可以假设 $p=2k$，于是我们就把上面的等式变成下面这个：

$$(2k)^2=4k^2=2q^2$$

化简后得到：

$$2k^2=q^2$$

同理可证，q 也必须是偶数。这样我们就推导出了和前面假设相矛盾的结论。我们前面假设p和q是互质的，但是现在又说它们都是偶数，那就不是互质，这中间一定出了问题。

造成这个矛盾结果的原因只能有三个：
1. 上面的数学推导过程出了问题。
2. 数学本身出了问题，比如勾股定理有问题，或者说世界上有不符合勾股定理的直角三角形存在。
3. 我们的认知出了问题，也就是说，在有理数之外还有其他数，它的平方等于 2。

到底哪里出错了？我们先要检查一下上述的推导过程——它完全符合逻辑，并没有问题。因此，要么是数学错了，要么是认知错了。

勾股定理是通过严格的逻辑推导出来的，也不会有错，因此只能是我们的认知错了。也就是说，存在一种数，它不在我们所了解的有理数当中，即自己乘以自己等于 2。今天，我们把这个数写成$\sqrt{2}$，它是一个无限不循环小数，不能写成分数的形式。这种数其实有很多，比有理数还多，我们称它们为无理数。

无理数的危机

据说，毕达哥拉斯学派在了解上述事实后决定保密。但是他的学生希帕索斯在发现了$\sqrt{2}$不是有理数之后，就去和毕达哥拉斯讨论。而毕达哥拉斯是个把数学当作宗教信仰来看待的人，有完美主义的洁癖，不允许数学中存在不完美的地方。在毕达哥拉斯看来，

三次数学危机：
第一次——无理数的发现；
第二次——微积分理论的严谨性被质疑；
第三次——罗素悖论。

无理数是数学的漏洞，但他又无法把这件事解释圆满。

于是毕达哥拉斯决定视而不见，装作不知道。当希帕索斯提出这个问题时，毕达哥拉斯决定把这位学生扔到海里，好让这件事被隐瞒下来。

这无异于掩耳盗铃。最终，无理数问题一方面造成了数学史上的第一次危机，即人们所认识到的有理数是不完整的。但是另一方面，无理数的危机也带来了数学思想一次大的飞跃。它告诉人们，人类在对数的认识上还具有局限性，需要有新的思想和理论来解释。

为了解释为什么会存在这种“不完美”的无限不循环小数，数学家足足花了 2000 多年的时间。文艺复兴时，大名鼎鼎的达·芬奇想了很多年也没有想清楚其中的原因，因此把它称为“不可理喻的数”，“无理数”的名称就是这么来的。

17 世纪，著名天文学家开普勒也思考过同样的问题，同样没有找到答案，他称无理数为“不可名状的数”。直到 19 世纪下半叶，德国数学家戴德金从数的连续性公理出发，用有理数来证明无理数必然存在，才算彻底结束了持续 2000 多年的第一次数学危机，否则无理数又要多出不少奇怪的外号了。

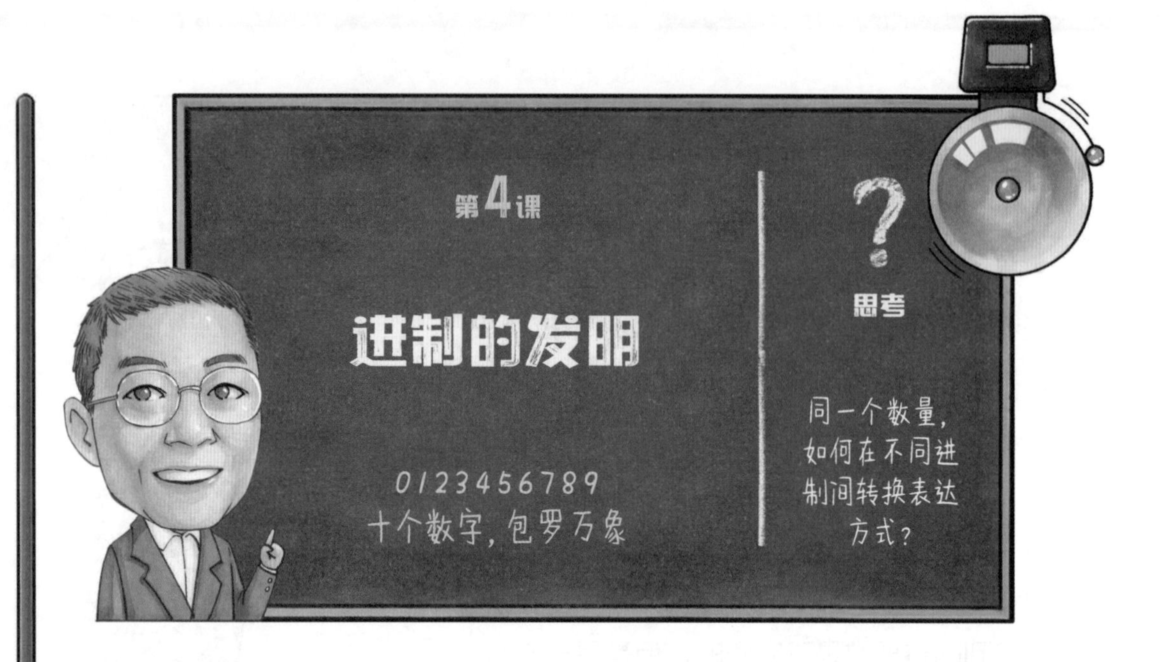

当从 1 数到 10 的时候，你就会发现数从一位变成了两位，用“1”和“0”两个数字的组合体代表了比 9 还多 1 个的含义。继续数到 11 的时候，在同一个数中出现了两个“1”，而这两个“1”所代表的含义是完全不同的，我们通常将左边的 1 所在的位置称作十位，右边那个位置称作个位。当从 9 数到 10 的时候，个位虽然变回了 0，但十位却变成了 1。所谓进制也就是进位计数制，是人为定义的带进位的计数方法。

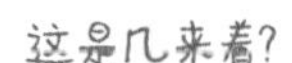

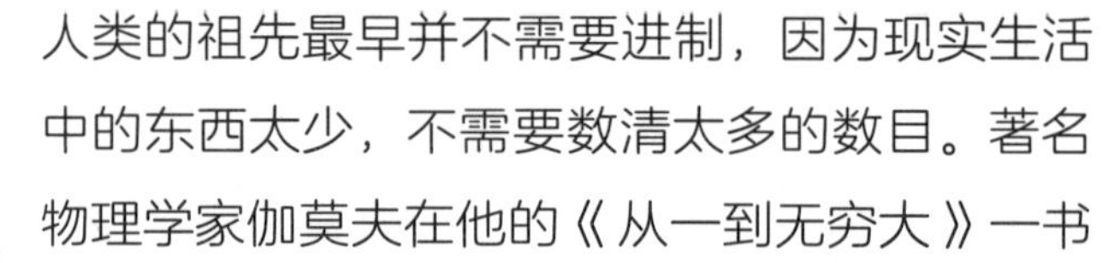

人类的祖先最早并不需要进制，因为现实生活中的东西太少，不需要数清太多的数目。著名物理学家伽莫夫在他的《从一到无穷大》一书中讲了这样一个故事：有两个酋长打赌，看谁说的数字大。结果一个酋长说了 3，另一个想了半天，说：“你赢了。”在东西很少的时候，人们没有大数字的概念，超过 3 个就笼统地称为“许多”了，至于 5 和 6 哪个更多，对他们来讲没有什么意义，因为他们很难拥有那么多的东西。

原始人类如何计数

原始人对数字的理解

但是，随着人类的发展，
身边的东西越来越多，
终于多到需要数一数的时候了。他们通常会在兽骨上刻上道道，每一道代表一个数。人们在今天非洲南部的斯威士兰发现了距今 4 万多年的列彭波骨，在刚果发现了 2 万年前的伊尚戈骨，上面都有很多整齐而深深的刻痕，人们认为这些是最早的计数工具。

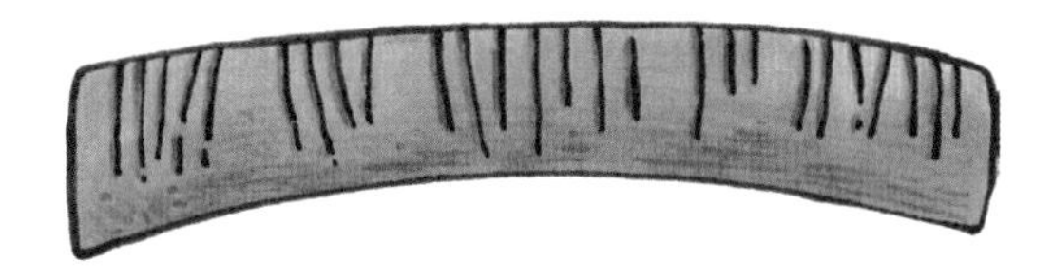

保存在比利时国家自然博物馆中的伊尚戈骨

但是这种方法很容易数错，线太多容易看花眼，因此，人们逐渐地发明了一些一眼就能看懂的计数符号。比如我们通常会在黑板上画“正”字，统计得票结果，每个“正”字代表“5”；在很多英语系国家常使用的四竖杠加一横杠的 1 ～ 5 计数法，以及拉丁语系国家用的口字形 1 ～ 5 计数法，都属于计数符号。

部分国家和地区使用的 1 ～ 5 计数符号

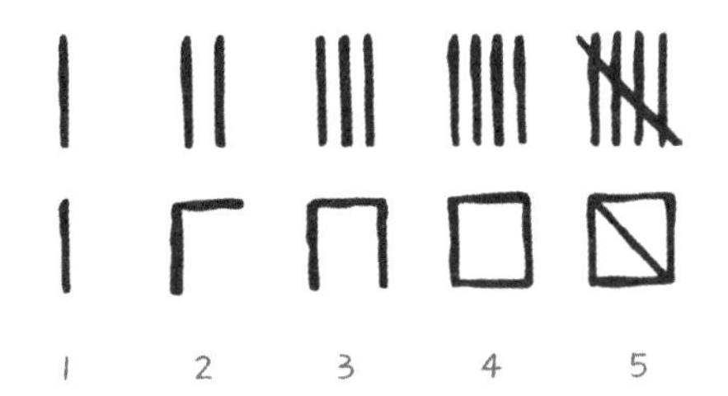

计数符号和我们今天用的数字还不是一回事。计数符号是数一个数画一笔，一一对应，非常直观，但“1、2、3”这样的数字是抽象的，二者之间存在一个巨大的跳跃。由于数字演化是个连续的过程，所以有的数字还保留了计数符号的特点。比如，无论是中国还是古印度的“1、2、3”都是相应数量的几横，罗马数字的“1、2、3”则是相应的几个竖杠（I、II、III），美索不达米亚的楔形数字则完全保留了计数符号的特点。

古印度的数字 1 ～ 9

1 2 3 4 5 6 7 8 9

十进制的出现

进制是人类规定的计数规则，除了常见的十进制，还有六进制、七进制、十一进制等。你能否设计出一种新的进制规则？

数字的出现伴随着**进制**的发明，如果没有进制，几乎不可能表示一个大的数字。比如，我们要从 1 表示到 10000，不可能创造出 10000 个不同的数字，表达 10000 那么多的时候，我们只需要 1 个 1 和 4 个 0 就够了。至于数字和进制是什么时候产生的，这依然是个谜。今天我们能够看到的最早的数字以及相应的进制出现于 6600 年前，那时的美索不达米亚已经有了六十进制，后来，6100 年前的古埃及则有了十进制。

十进制的出现是顺理成章的，因为人类长着 10 个手指头，用十进制最方便。如果我们长了 8 根手指头或者 12 根手指头，那么今天用的就是八进制或者十二进制了。有人可能会觉得十二进制很别扭，因为 12 的整数次方，如 12（12 的一次方）、144（12 的平方）、1728（12 的立方）等数字，都是有零有整，不像 10 进制的 10、100、1000 看上去舒服。其实，如果人真有 12 根手指头，那看到 12、144、1728……就会比看 10 的整数次方更“亲切”。注意，为了让大家更好理解，这里 12、144、1728 依然采用了十进制中的写法。在十进制中，我们用从 0 到 9 十个数字来表达所有的数；如果用十二进制来表达，我们还需要设计 2 个符号来分别

如何将一个十进制的数转化为二进制？
比如，我们将 25 转化成二进制的表示形式。
25÷2=12 余数 1；
12÷2=6 余数 0；
6÷2=3 余数 0；
3÷2=1 余数 1；
1÷2=0 余数 1；
所以二进制中的 25 就是 11001。

代表 10 和 11，假设它们分别写作 a 和 b，那么我们的数数过程就会变成 0123456789ab，再往下数，才是十进制中的 10，而其中的 1 就代表着比 b 多 1 个，而不是比 9 多 1 个了，十二进制中的“10”代表的是十进制中的“12”，因为从左数第一位的含义已经发生了变化。

二十进制和六十进制的出现

除了十进制，人类历史上其实出现过很多种进制，但是因为使用不方便，它们要么消失了，要么今天即使存在也很少使用了。比如玛雅文明就使用二十进制，显然他们是把手指和脚趾一起使用了，玛雅文明实际上又把 20 分为 4 组，每组 5 个数字，正好与手指、脚趾分别对应。但是二十进制实在不方便，想一想，背乘法口诀表要从 1×1 一直背到 19×19（共 361 个）是多么痛苦的事情！所以，采用这种进制，数学是难以发展起来的。二十进制在很多文明中都曾和十进制混用过，但最后都被边缘化了。

美索不达米亚的数字 1 ~ 59（从左列到右列）

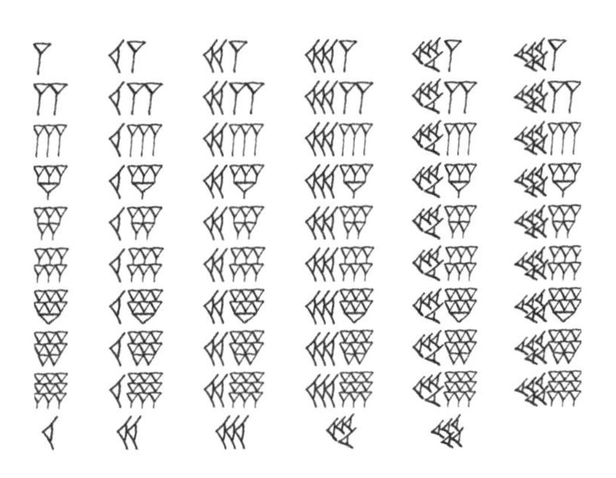

比二十进制更复杂的是六十进制，它源于美索不达米亚。从 1 到 9 都是 9 组相似的楔形的重复，而 10 则是另一个楔形。因此，美索不达米亚的六十进制实际上是十进制和六十进制的混合物。

既然二十进制已经很复杂了，那为什么要搞出更复杂的六十进制呢？这有两个重要的原因。

首先，是为了计算日期和时间。当农业初具雏形后，人类就要找到每年最合适的播种时间和收获时间。如果今年在春分前后播种，当年庄稼长势良好，明年大家还会选择在同样的时间播种，那么就需要知道一年有多少天。由于一年是 365 天多一点，约等于 360 天，因此把一个圆分为 360 度是合情合理的事情。而如果在春分和秋分（这两天全球昼夜平分，太阳轨迹正好是个半圆）时，从地球上观测太阳，自日出到日落，太阳划过天顶的轨迹长度正好是在地球上看到太阳直径的 180 倍，1 度正好对应 1 个太阳直径。因此，把角度的 1 度定为这么大，从天文观察来讲极为方便。

当然，直接用 360 作为进制单位太大了，更好的办法是用一个月的时间 30 天或者 30 天的两倍 60 天作为进制的单位。你有没有想过，为什么当时的人们选了 60 而不是 30。这就涉及 60 这个数的特殊性质了——60 是 100 以内约数最多的整数，它可以被 1、2、3、4、5、6、10、12、15、20、30 和 60 整除，因此把 60 个东西分给大家很好平分。这是使用六十进制的第二个原因。由于美索不达米亚采用了六十进制，后来它又被传到了古希腊，于是我们今天学几何时计量角度，或者学习物理时度量时间，都不得不采用它。在几何学上，1 度角等于 60 分，1 分角等于 60 秒；在时间上，1 小时等于 60 分钟，1 分钟等于 60 秒。可见那些我们习以为常的事物背后，往往都有一个令人恍然大悟的原因。

十六进制与半斤八两

无论是东方还是西方，在衡量重量时都使用过十六进制。比如，中国过去的 1 斤是 16 两，英制 1 磅是 16 盎司。这是采用**天平**二分称重的结果，这一习惯甚至影响到了美国纽约证券交易所股票的报价，直到 2000 年前后，他们依然采用 1 美元

在古代，由于技术有限，很难实现精确称重，比较实用的方法是使用天平。只要制造出一个标准的重一两的秤砣，就可以用天平称同样重一两的东西，然后将两者都移到一侧，就能称二两的东西。以此类推，便可以继续称四两、八两、十六两的东西。

的$\frac{1}{2}$、$\frac{1}{4}$、$\frac{1}{8}$和$\frac{1}{16}$来报价，这样非常不方便，因此后来才采用了纳斯达克以 0.01 美元为最小单位的报价方法。所以当别人用“半斤八两”形容你的时候，可不要开心自己是八两，在古代八两就是半斤。

来自东方的神秘力量

二进制竟源自《易经》

人们今天使用的进制，多出于生活需要，自然产生和不断优化的产物。但是还有一种在今天被广泛使用的进制——二进制是人为发明出来的，发明它的就是大名鼎鼎的数学家**莱布尼茨**。莱布尼茨是一位东方文化的热爱者，他通过法国耶稣会 1685 年派往中国的传教士白晋接触了中国的《易经》，见到了八卦图。莱布尼茨看到中国人通过阳爻（—）和阴爻（--）的组合可以表示 64 种不同符号，从而受到启发，他将阴爻变成 0，阳爻变成 1，这样就用 000000 ~ 111111 表示出了中国八卦盘上的 64 个卦象。莱布尼茨进一步将十进制数字通过 0 和 1 的组合表示出来，这就是二进制。然后，莱布尼茨给出了使用二进制进行加、减、乘、除的方法。《易经》是最早通过两种不同的符号表达这种信息的文献，莱布尼茨只用 0 和 1 来计数，并且提出了基于这两个数字的完整算术体系。

莱布尼茨的二进制计算手稿

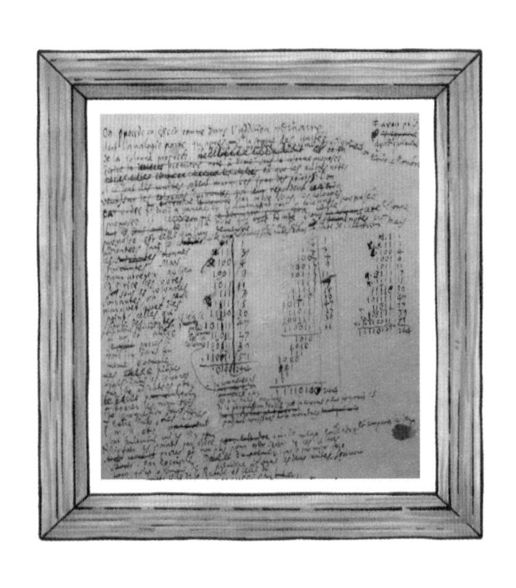

今天，二进制被用于计算机当中，这是因为它比十进制更容易通过机械或者电路来实现，0 和 1 其实也代表着是和否。在利用二进制实现计算的研究中，英国的一位中学数学老师乔治·布尔用一系列逻辑符号表示出了二进制的逻辑演算，而美国著名科学家香农则证明了布尔代数可以通过继电器电路实现。他们为计算机的应用做出了重要贡献。

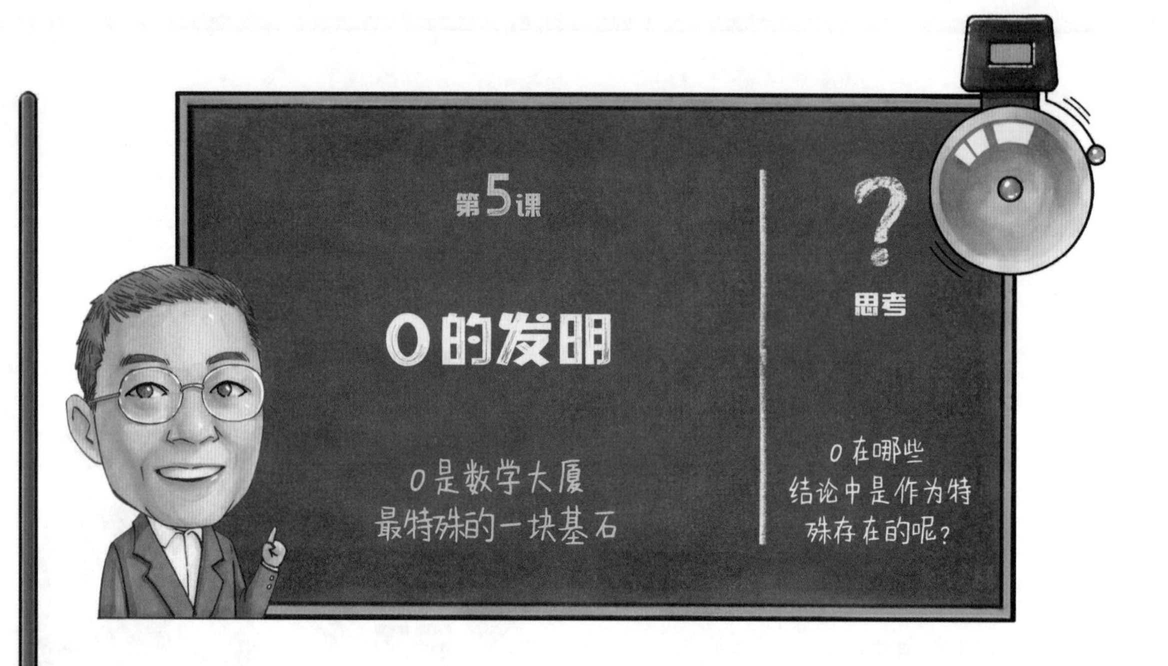

有了数字和进制，就能用少数几个符号代表无限的数目了。人类文明发展到这个阶段，就有了抽象概念的能力，在此基础上开始创造算术，进而建立起整个数学和自然科学的大厦。

但是，不知你是否注意到了，所有早期文明的计数系统中，都没有0这个数字。这使得计数和数学演算非常不方便。比如，我们用带有0的阿拉伯数字做加法"10+21"就很容易，你只要把这两个数字写成上下两行，然后个位数和个位数相加，十位数和十位数相加即可。

但是，如果你列一个竖式计算"十+二十一"，就很麻烦了，因为你根本对不齐。

因此，无论是计数还是运算，0这个数字都太重要了。

0 的由来

为什么美索不达米亚、古埃及、古希腊都没有人想到 0 这个数字呢？这是因为人类发明数字和计数的目的是有东西要记，如果没有东西，就不需要计数了。

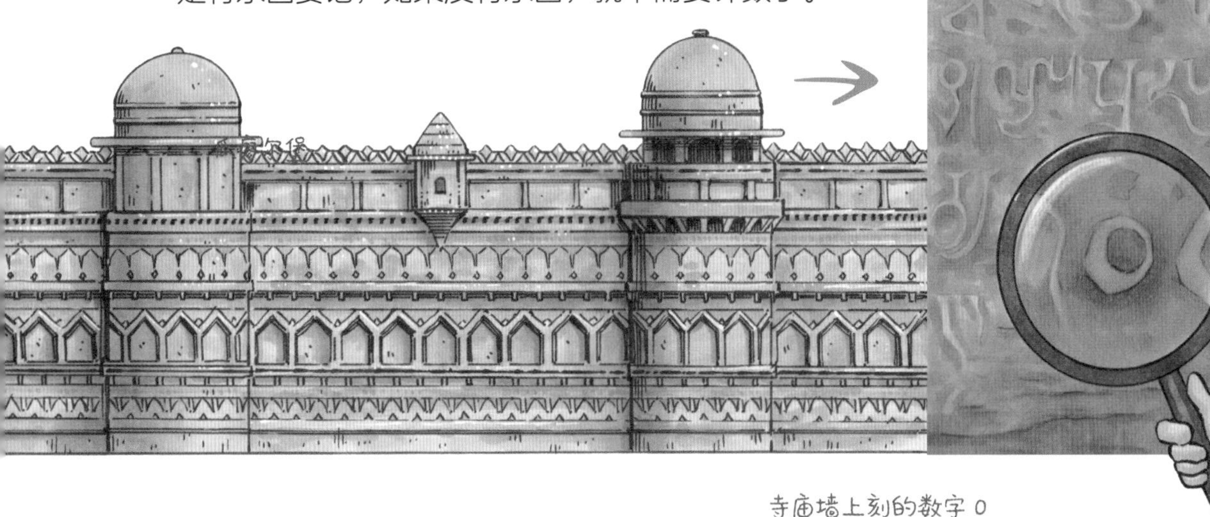

寺庙墙上刻的数字 0

人类发明 0 这个数字是比较晚的事情，在已知史料当中，最早关于数字 0 的明确记载是在 9 世纪。当然，在此之前，它很可能已经被使用了好几百年。

今天在印度中央邦的瓜廖尔堡一座小寺庙的墙上，还能看到最早的数字 0。

0 的由来

为什么是印度人发明了数字 0？对此，人们通常有两种解释。

一是和古代印度人的计数方式有关。印度人会把石头放在沙土上，如果把石头都拿光，沙土上就会出现一个石头留下的圆形印记，这个空的圆形印记逐渐演变成了数字 0。

二是和印度古老的吠陀文化有关。这种解释更被广泛接受。

大约从公元前 1500 年开始到公元前 1100 年，来自中亚草原的游牧部落不

雅利安人原为乌拉尔山脉南部草原上的古老游牧民族。大约在公元前 14 世纪，雅利安人南下进入南亚次大陆西北部，他们往南驱逐古达罗毗荼人，创造了吠陀文化，建立了种姓制度。

断南下进入南亚次大陆。这些游牧部落自称“**雅利安人**”，雅利安人在梵语中是“征服者”的意思。雅利安人在征服印度时，将自己的文化和当地文化相融合，形成了一种新的文化——吠陀文化。

吠陀是梵语中“知识”的意思。吠陀文化中，搞学问和做祭祀的人身居高位，人们的生活往往围绕着祈祷和祭祀，日常行为规范则写在《吠陀经》里。《吠陀经》反映了雅利安人的宇宙观、宗教信仰和人生态度。古代印度人相信，宇宙中的一切都有一个本原的主体，即本体，这个本体在不同的经卷中被描绘为不同的神。按照《吠陀经》的说法，宇宙结构的核心是空和幻，也就是说，宇宙本是空的，而我们看到的只是幻象，万物皆源于空。

从吠陀时代开始，印度人以虔诚对待神的方式追求宇宙的真理，但是他们探求知识的方式和许多其他文明是完全不同的。美索不达米亚、古埃及都从观察世界开始，总结出对世界的认识，他们的几何学和天文学就是这么产生的。到了古希腊文明时期，亚里士多德总结了前人科学研究的方法论，整理出一整套通过观察世界得到知识的方法。但是古代印度人则强调向内心，而不是向外部世界寻找问题的答案。知识阶层通过不断修行，对“**虚无**”进行冥想，获得对世界的认识。

中国古代的道家思想也有虚无的概念：“无，名天地之始；有，名万物之母。”“有无相生，难易相成，长短相形，高下相盈，音声相和，前后相随。”只不过道家更倾向于思考有和无的相互关系。

虚无在印度文化中是一个开放的概念，不同于我们通常理解的“没有”，它更像是世界万物的起始点。后来的佛教和印

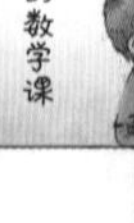

度教都将虚无这个概念作为其教义的一部分。包括今天大家练习的瑜伽，也是为了激励冥想，让练习者清空思想和涤荡心灵。

当今的印度神话学家德杜特·帕塔纳克（Devdutt Pattanaik）有一次在演讲中讲述了亚历山大大帝和一位印度修行者的对话。作为世界征服者，亚历山大看着一位赤裸的修行者，正坐在岩石上盯着天空发呆。
于是就问他：“你在做什么？”

“我在感知虚无。你在做什么？”修行者回应。

“我在征服世界。”亚历山大说。

他们都笑了，因为他们都觉得对方是荒废生命的傻瓜。

对生活在希腊文明圈的亚历山大来说，现实的世界才是真实的，拥有是很重要的事，而对那位印度修行者来讲，通过探究虚无，他可以了解整个世界。

0 与无穷大

在印度文化中，0 不仅必须存在，而且是产生其他数字的重要工具。

古代印度著名数学家和天文学家婆罗门笈多早在 7 世纪就总结了和 0 相关的基本规则，比如：

$$1+0=1 \qquad 1-0=1 \qquad 1\times 0=0$$

但是，当婆罗门笈多用 0 去除 1 的时候，就遭遇到了难题。什么数字乘以 0 会等于 1？印度数学家发明了一个新的数学概念：无穷大。

最终似乎得到的是……西瓜汁

无穷大的概念最初来自 12 世纪的印度数学家婆什迦罗，他是这样解释 0 和无穷大的关系的。

如果你将一个瓜切成两半，你就有两块瓜，但是每块瓜只有原来的一半；如果你将它切成三份，就有三块瓜；一直切下去的话就会是越来越多、越来越小的块。最终，你会得到无穷多的块数，但是每块的大小就是 0。

因此，婆什迦罗就得出一个结论，1 除以无穷大就是 0，或者说 1 除以 0 就是无穷大。

你看，在印度数学家的眼里，0 已经不仅仅代表“没有”了，它早就是一个重要的数学工具了。

0 与负数

从 0 出发再往前走，印度数学家就得到了负数的概念。如果我们用 1 去减 1，就得到了 0，那么 1 减去 2 会得到什么呢？显然，我们的答案会比“没有”更少。公元 628 年，婆罗门笈多完成了《婆罗门修正体系》，在书中正式提出了负数的概念，以及负数四则运算的各种规则。中国人在更早的汉朝就知道了负数的存在，只是没有将负数的各种运算规则讲得很清楚。

阿拉伯数字的由来

数字 0 的出现是人类数学史上一次认知上的飞跃，伴随 0 一同出现的还有今天大家都在使用的阿拉伯数字系统。它最大的优点就是在 0 的帮助下，个、十、百、千、万的进位变得非常容易。没有阿拉伯数字，我们今天做算术会非常麻烦。

阿拉伯数字虽然被冠以阿拉伯的名字，其实也是印度人发明的。今天，人们一般认为，阿拉伯数字系统的原型可以追溯到公元前印度发明的婆罗米文字，但是那些文字和今天的阿拉伯数字相去甚远。公元 630 年，阿拉伯帝国建立，并且将势力扩张到印度地区，阿拉伯人到了印度后，见识到印度人先进的计数方法，便将其引入。最初引入阿拉伯的印度数字并不包括 0。到公元 773 年，一位印度天文学家携带婆罗门笈多的著作来到巴格达，将其翻译成阿拉伯文。阿拉伯数学家研究了印度的数学著作后，写出了《印度的计算法》一书，告诉大家印度人发明的这十个数字如何使用、如何重要。那时候，阿拉伯文明比较先进，周边的文明都向它学习，这种源于印度的计数方法便逐渐传到了欧洲和北非。欧洲人从阿拉伯人那里学会了这种很方便的计数方法，以讹传讹，就叫成了“阿拉伯数字”。后来随着文艺复兴，欧洲的文明逐渐崛起，世界上其他文明又向欧洲人学习，“阿拉伯数字”的叫法也就被大家熟知了。

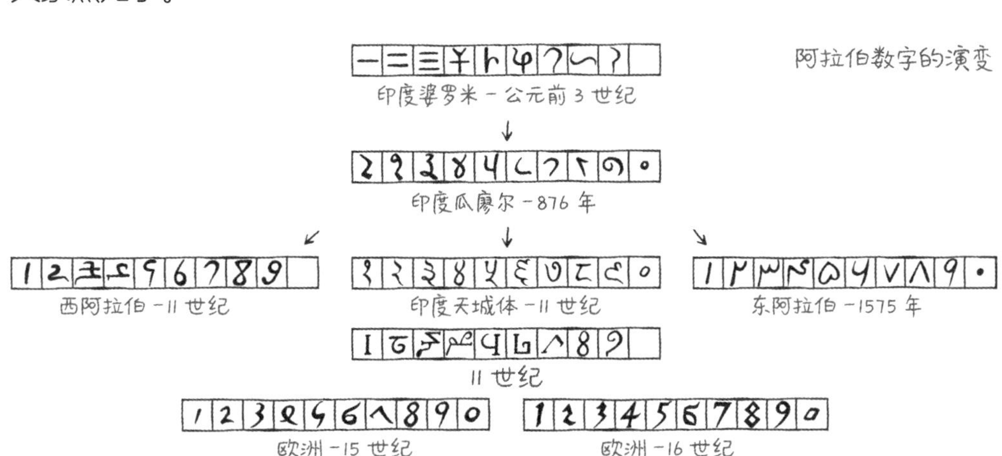

早期的阿拉伯数字和今天我们看到的样子还是有差别的，经过几百年的演变，到 16 世纪，才完全变成今天的样子。

数学、音乐和艺术都有相通的地方，而这一点常常被人们忽略，甚至有人觉得，擅长数学的人往往缺乏审美能力或者缺乏艺术细胞。其实，很多东西我们看起来觉得美，很多音乐我们听起来觉得好听，主要是因为它们符合一些特殊的比例。比例既是一个数学的概念，也是搭建在数学和美学之间的桥梁。在所有的比例中，最让人赏心悦目的要数黄金分割了。

我们先来看一张图，感受一下黄金分割。

雅典卫城的帕特农神庙

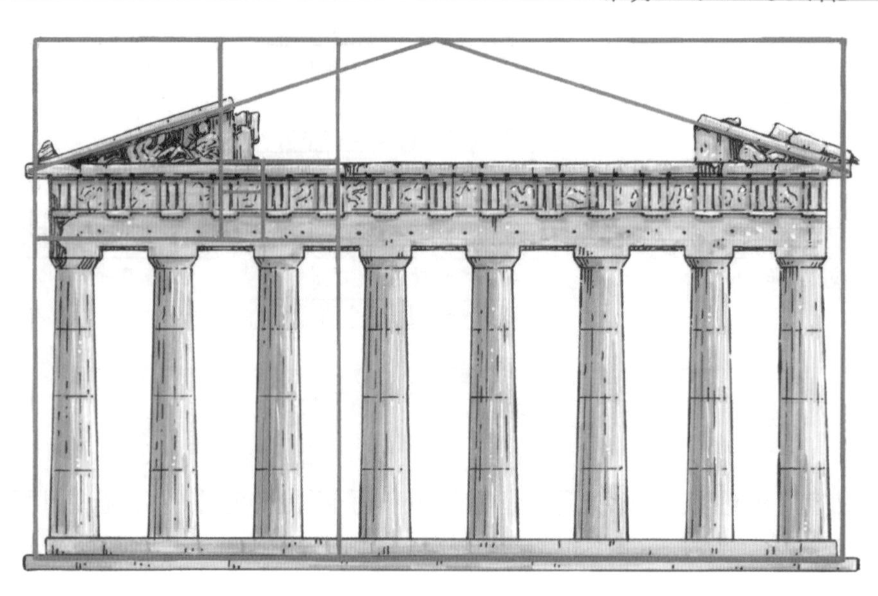

在建筑史上和艺术史上，雅典卫城的帕特农神庙具有很高的地位，其中很重要的原因是它的外观非常漂亮，而外观漂亮的原因是它主要尺寸的比例，比如它正面的宽与高，立柱的高度和房檐的高度，比例都是 1:0.618，也就是我们所说的黄金分割。

断臂维纳斯

不仅帕特农神庙，很多建筑和艺术作品中的关键比例都符合黄金分割，著名的雕塑《米洛斯的阿佛洛狄忒》（俗称“断臂维纳斯”）身高和腿长的比例、腿和上身的比例也都符合黄金分割。达·芬奇的名画《蒙娜丽莎》上身和头部的比例、脸的长度和宽度比例等也符合这个比值。

《蒙娜丽莎》

为什么黄金分割的比例看起来非常顺眼呢？它的美感来自几何图形的相似性。下面就让我们来看看黄金分割 1:0.618 这个比例是怎么来的。

黄金分割从哪里来

假设，我们有一个长宽之比符合黄金分割的长方形，它的长度是 X，宽度是 Y。如果我们用剪刀从中剪掉一个边长为 Y 的正方形（图中红色正方形），剩下来的长方形（上边红黄组合成的长方形），长宽之比依然会符合黄金分割。当然，我们还可以继续剪掉一个正方形（图中黄色正方形），剩下的红色小长方形长宽之比还是会符合

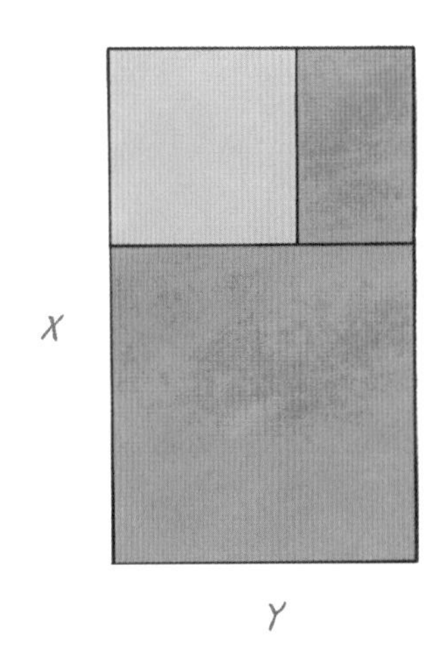

符合黄金分割的长方形，在截去一个内切的正方形后，剩余部分依然符合黄金分割

黄金分割比例。也就是说，如果我们这样不断地剪下去，剩余的长方形长宽比永远是符合黄金分割比例的。

根据黄金分割的这种性质，我们很容易找到 X 和 Y 之间的关系：

$$\frac{X}{Y}=\frac{Y}{X-Y}$$

通过解这个方程，我们就能得到：

$$\frac{X}{Y}=\frac{\sqrt{5}+1}{2}\approx 1.618$$

黄金分割比例是一个无理数，即一个无限不循环小数，我们通常就取小数点后三位，把它说成是 1.618。当然，如果我们说宽度和长度的比例，那么就是 0.618。你也许会在不同的场合看到黄金分割一会儿是 1.618，一会儿是 0.618，它们其实是一回事。

在后文我们会学到数列的知识，尤其是斐波那契数列：1，1，2，3，5，8，13，21，34，…，从第三项开始，每一项都是前两项之和。

这个数列中相邻两项的比值逐渐趋近黄金分割比例。这种必然联系揭示了数学的一个规律，即很多现象在数学这个体系中是统一的，很多人认为这其实就是数学之美的体现。

不懂数学的音乐家不是好音乐家

最先发现黄金分割的人是谁呢？很有可能是古埃及人，他们早在 4500 年前就知道了这个比例的存在。因为，大金字塔正切面的斜边长和金字塔高度之比正好是黄金分割的比例 1.618。事实上，大金字塔和周围的两个金字塔在形状和布局上，有很多尺寸都符合黄金分割。不过，古埃及人很可能是根据经验知道了这个神奇的比例，并没有证据表明他们找到了黄金分割比例的公式。

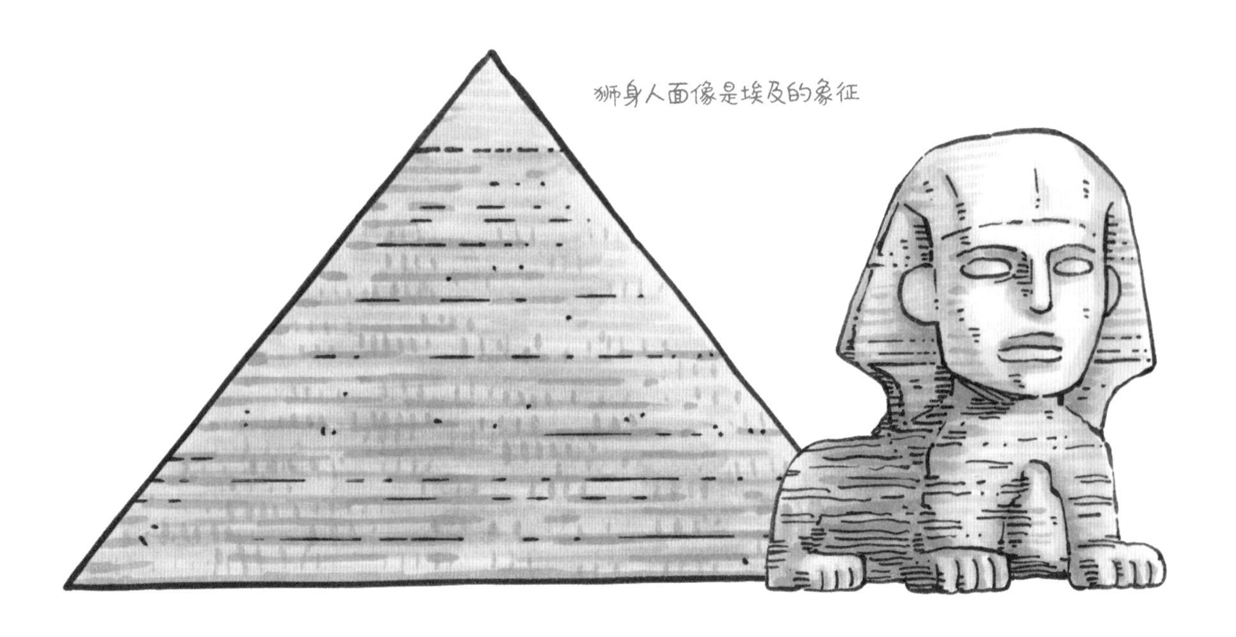
狮身人面像是埃及的象征

人们一般认为，计算出黄金分割比例公式的是毕达哥拉斯。相传，某天，毕达哥拉斯听到一个铁匠打铁的声音十分和谐而动听，并以此为依据研究出了黄金分割。不过这种说法缺乏依据。大家更加认可的说法是，毕达哥拉斯学派的人在做正五边形和五角星的图形时，发现了黄金分割比例。毕达哥拉斯学派非常崇拜五角星，对五角星、正五边形和正十边形有很多研究。在正五角星中，每一个等腰三角形的腰和底边的比例都是黄金分割比例 1.618。

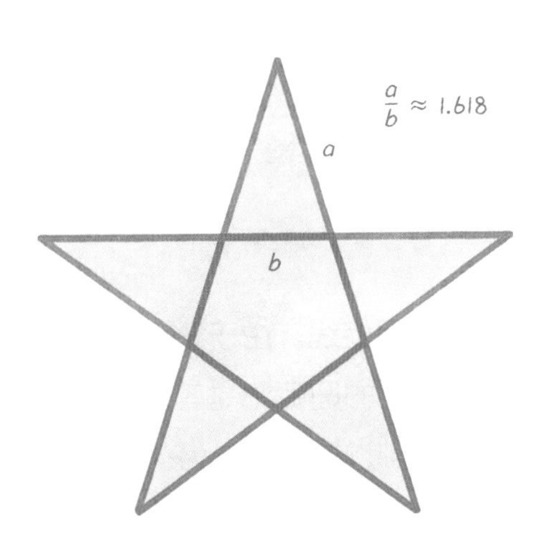

正五角星中，每个等腰三角形的腰和底边的比例都符合黄金分割比例

毕达哥拉斯是否从打铁声中获得了数学上的启发，我们无法证实，但是毕达哥拉斯学派利用数学指导音乐是真实的事情。

在毕达哥拉斯之前，人们对音乐是否动听悦耳并没有客观的标准，完全靠主观感受。这样一来，运气好一点，演奏出的音乐就好听；音稍微偏了一点，听起来就不和谐，但是大家也不知道如何改进。毕达哥拉斯是利用数学找出音乐规律的第一人。他认为，要产生让人愉快的音乐，就不能随机选择音阶，而需要根据数学上的比例设计音节。于是毕达哥拉斯设计了后来使用的七音音阶，它也被称为毕氏**音程**，也就是我们今天常见的1、2、3、4、5、6、7、$\dot{1}$。在毕氏音程中，从1到$\dot{1}$的频率增加一倍，也就是今天所说的倍增音程，而中间相邻两个音之间的频率比例都是固定的。有了固定的比例，音乐的创作和乐器的制造就有了标准。

音程指两个音级在音高上的相互关系，具体来说，就是两个音在音高上的距离，其单位名称是度。

无处不在的黄金分割

黄金分割不仅反映了一些几何上的相似性，以及音乐和艺术上的美感，也反映了自然界的物理学特征。如果我们不断切割右图中的长方形，然后将每个被切掉的正方形的边用圆弧替代，就得到了一个螺旋线。由于这个螺旋线每转动同样的角度，得到的圆弧都是等比例的，因此它也被称为等角螺旋线。

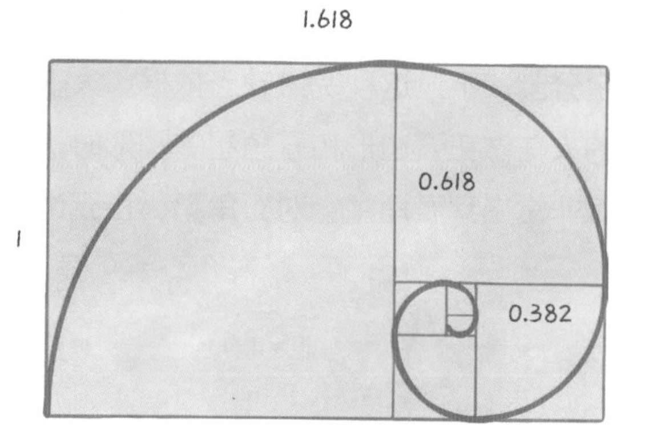

符合黄金分割的等角螺旋线

对比这个螺旋线和蜗牛壳，你是否觉得很相似？

小小的蜗牛壳形状符合黄金分割

不仅蜗牛壳如此，台风的外观乃至银河系的形状都是如此。这不是巧合，任何东西如果从中心出发，同比例放大，都必然得到这样的形状。

台风的云图符合黄金分割

或许正是因为黄金分割反映了自然的本质，我们对它才特别有亲切感，才感觉它特别美。

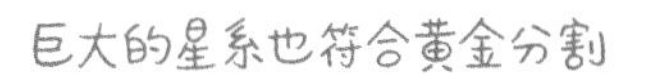
巨大的星系也符合黄金分割

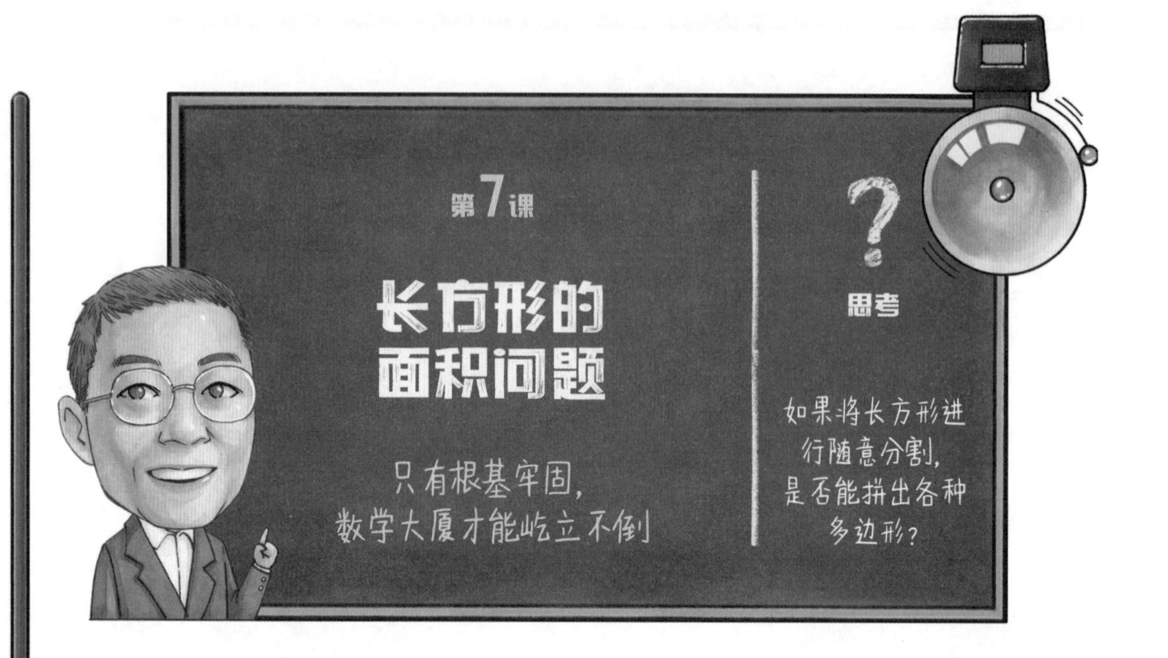

相信同学们都会计算简单图形的面积，这也是大家经常用到的几何知识。实际上，在人类文明的发展过程中，计算面积也是人类最早研究和发现的几何学知识。这是为什么呢？因为这些知识对于早期的农业生产和城市建设至关重要。

是丈量，不是拔河

面积计算起源于土地丈量

尼罗河下游地区是人类早期的文明摇篮之一。大约从公元前 6000 年开始，尼罗河下游就有了定居的农民。尼罗河每年都会发洪水，当洪水退去之后，农民就在洪水淹过的土地

> 尼罗河是世界上最长的河流，全长 6670 千米。它有两条主要的支流，白尼罗河和青尼罗河。尼罗河三角洲土地肥沃，正是古埃及文明的发源地。

上耕种。洪水虽然使农田更肥沃，但也淹没了原来的农田边界。因此，当地农民每年要重新丈量农田到新的河岸有多远，每家的农田面积有多少。

由于这种需要，古埃及人逐渐积累起了测量知识和计算面积的方法。在人类各个早期文明中，最初的几何学都是这么发展起来的。“几何学”在西方各种语言中的含义都是丈量土地的意思，比如它在英语中是 geometry，是由土地的**词根** geo 和测量的词根 metry 构成的，而这个词则来自更早的拉丁语词语 geometria 和希腊语词语 γεωμετρία，它们都有“土地丈量”的意思。

词根，是某些代表特定含义的字母组合，多掌握词根可以使语言学习事半功倍。但必须要清楚，这与我们中文的拼音是不同的。

在古代，官员分配土地和征税时依据的往往是土地的面积，农民买卖土地时也需要知道土地的面积。因此，丈量土地并计算面积尤为重要。此外，建造城市也需要计算面积，以便整体规划，准备足够多的建筑材料。

今天存世的最古老的几何书是古埃及的《莱因德纸莎草书》，它成书于公元前 1650 年前后。不过，该书的作者声称，书中的内容抄自古埃及另一本更早的书，那本书写于公元前 1860 年至公元前 1814 年之间。这样算下来，世界上最早的几何学文献应该在 3800 年之前。这本书记载了各种基本几何图形面积的计算方法。其他一些从古埃及出土的手卷中，也发现了关于各种几何图形面积计算的公式。比如，当时的人知道长方形的面积是长乘以宽，三角形的面积是底乘以高再除以 2。在微积分出现之前，人类计算面积的所有知识，几乎都来自这两个公式。在人类的另一个早期文明中心——美索不达米亚，古巴比伦人也已经掌握了计算面积和体积的基本知识。

在所有的面积计算中，我们最早学习的长方形面积计算是基础。正方形的面积公式“边长 × 边长”是长方形面积计算公式的特例，而平行四边形的面积计算公式“底 × 高”是长方形面积计算公式的延伸。

我们可以这样简单理解：正方形是特殊的长方形，长方形是特殊的平行四边形，长方形的两条对角线相等且互相平分。

长方形的变身

我们不妨对比一下底为 b、高为 h 的平行四边形，与长度为 b、宽度 $a=h$ 的长方形。大家不难发现，如果我们把平行四边形左边的直角三角形切掉，补到平行四边形的右边，它就变成了长方形，两者的面积相同。因此平行四边形的面积就是“底乘以高”。

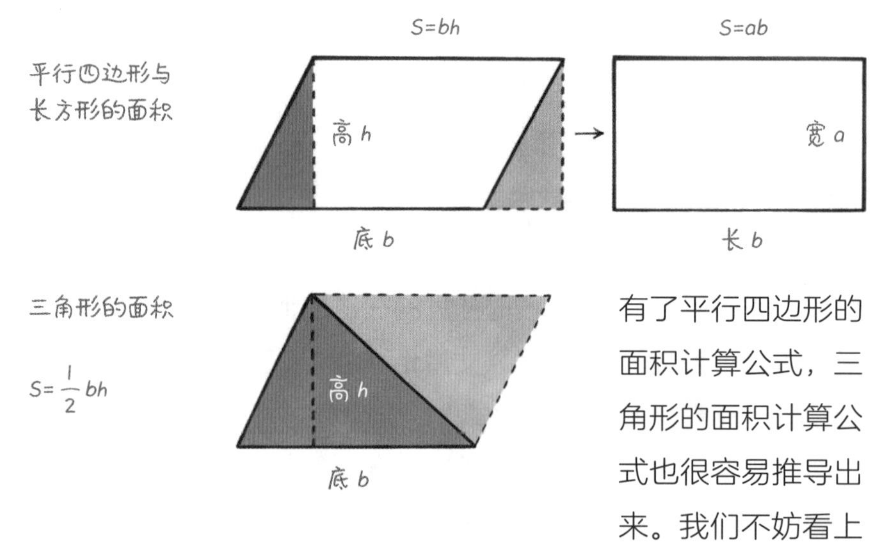

有了平行四边形的面积计算公式，三角形的面积计算公式也很容易推导出来。我们不妨看上面这个底为 b、高为 h 的三角形。我们首先复制一个和它相同的三角形，然后上下翻个，再和原来的三角形拼起来。由于这两个三角形完全一样，因此拼出来的形状就是平行四边形。

这样，两个完全相同的三角形的面积正好等于拼出来的平行四边形的面积，即底乘以高，原来的一个三角形的面积就是“底乘以高再除以 2”。类似地，当我们将梯形这样复制翻转再拼接，也可以得到一个平行四边形，所以梯形的面积是“上底加下底乘以高再除以 2”。这些都是我们在小学需要掌握的几何学常识。在学校里，大家也不会质疑这些计算公式的正确性，因为它们都是从长方形的面积公式推导出来的。

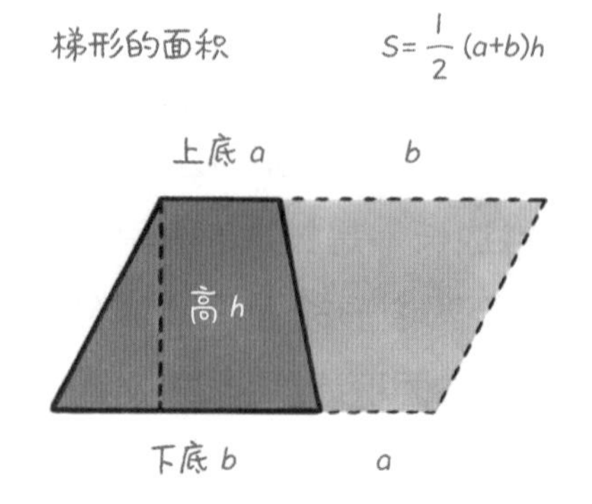

还记得有理数是什么吗？能写成分数形式的数都是有理数，而像$\sqrt{2}$这样的数就属于无理数，你无法把它写成分数形式。

边长为有理数的长方形面积

但是，我们又如何证明长方形的面积是长乘以宽呢？如果长方形的面积不是长乘以宽，那么人类关于面积的所有知识都将是错的。为了严格证明长方形的面积等于长乘以宽，人类花了上千年。

我们先要问一下自己：面积的定义是什么？在几何学上，面积是 1 的定义就是边长为 1 的正方形的面积。这个边长可以是任何单位（比如厘米、分米、千米等都可以）。比如，长方形的长度是 4，宽度是 3。我们拿一个面积是 1 的正方形沿着长方形的边摆 3 行，每行摆 4 个，如此一共可以摆 4×3=12 个，正好是长方形的长度乘以宽度。可见，如果长方形的长度 a 和宽度 b 都是正整数时，它的面积就是 $a\times b$。这其实就是长方形面积的定义，即我们需要用多少个面积是 1 的正方形才能将它填满。

当然，现实中的长方形边长不可能都是整数。现在，我们就来看看长方形的边长都是有理数的情况。我们假设长度 $a=\frac{p}{q}$，宽度 $b=\frac{r}{s}$。

为了简单起见，假设它们都是已经化简过的分数。我们试着用边长为 $\frac{1}{qs}$ 的小正方形把这个长方形填满。

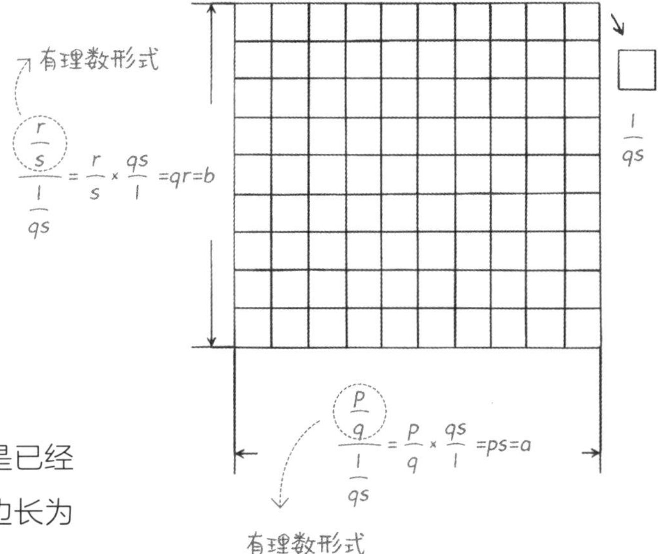

长度方向，需要 ps 个小正方形；同理，宽度方向，需要 qr 个小正方形，它们都是整数。所以，摆满这个长方形，需要 qr 行小正方形，每行 ps 个小正方形。于是，这个长方形的面积就是 $ps\times qr$ 个小正方形的面积。

这些小正方形的面积是多少？有人会说，它们的边长是$\frac{1}{qs}$，面积自然就是$\frac{1}{qs}\times\frac{1}{qs}$了。这个结论没有错，但这个逻辑有问题。我们正在证明的事情就是“边长为有理数的长方形的面积是长乘以宽”，所以不可以在证明过程中运用这个结论进行推理，否则就犯了逻辑学中循环论证的错误。我们必须先想办法证明小正方形的面积是$\frac{1}{qs}\times\frac{1}{qs}$。

我们可以用边长为$\frac{1}{qs}$的小正方形去填满边长为 1 的正方形，同理，可以摆出 qs 行，每行 qs 个小正方形。这么多边长为$\frac{1}{qs}$的小正方形的总面积，正好是边长为 1 的正方形的面积。因此每一个小正方形的面积就是$\frac{1}{qs\times qs}$。

现在，我们把上面两部分合起来，一个长度 $a=\frac{p}{q}$、宽度 $b=\frac{r}{s}$ 的长方形可以分为 $ps\times qr$ 个小正方形，每个小正方形的面积是$\frac{1}{qs\times qs}$，于是这个长方形的面积就是 $ps\times rq\times\frac{1}{qs\times qs}=\frac{p}{q}\times\frac{r}{s}=a\times b$，也就是长乘以宽。

边长为无理数的长方形面积

我们已经证明了所有边长为有理数的长方形，面积都可以使用“长 × 宽”这个公式计算，但如果长方形的边长是无理数呢？比如长是$\sqrt{3}$、宽是$\sqrt{2}$的情况，这时就无法把长方形切成整数个小正方形了。长方形面积是“长 × 宽”这个公式还成立，但是我们需要用新的方法证明它——无限逼近法。

$\sqrt{3}$ =1.73205080756⋯，$\sqrt{2}$ =1.4142135623⋯，因此，$\sqrt{3} \times \sqrt{2}$ 的长方形面积会比 1.7×1.4 得到的长方形面积更大，比 1.8×1.5 得到的长方形面积更小。

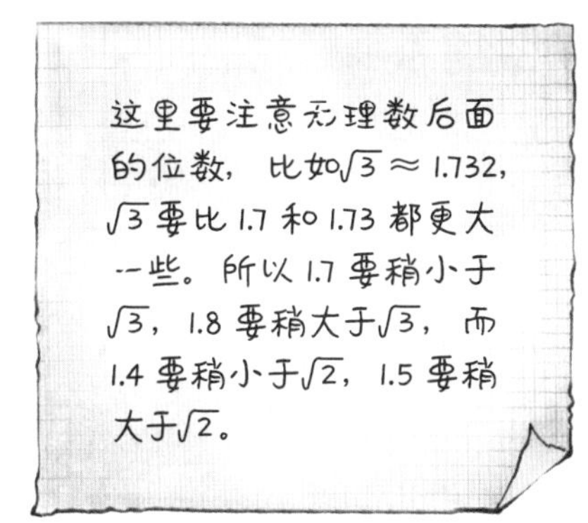

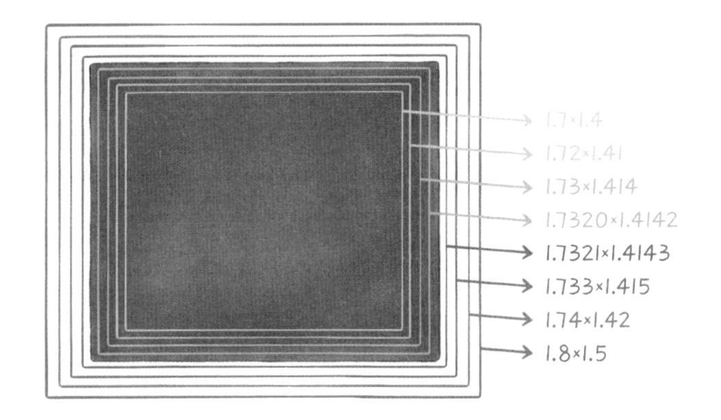

1.7×1.4 和 1.8×1.5 这两个长方形的边长都是有理数，我们可以用长乘以宽计算它们的面积。我们从 1.7×1.4 的长方形出发，一点点扩大；从 1.8×1.5 的长方形出发，一点点缩小。每次都选有理数作为边长，这样无限做下去，最终，从 1.7×1.4 出发越来越大的长方形，以及从 1.8×1.5 出发越来越小的长方形，它们的边长都会越来越接近$\sqrt{3}$和$\sqrt{2}$，所以它们面积的差异越来越接近 0。当我们做了无限次以后，原来长方形的面积就会等于$\sqrt{3} \times \sqrt{2}$。

长期以来，人类一直在使用“长 × 宽”这个长方形面积公式，但是直到近代，才通过无限逼近的方法严格证明了它的正确性。这种无限逼近的方法在数学中，特别是高等数学中被广泛使用。

在确立了长方形的面积计算方法之后，任何多边形的面积都可以计算出来了，因为它们都可以被划分成多个三角形，而计算三角形面积的方法人们早已掌握。但是，带有弧线的形状，比如圆的面积，依然无法计算。看来我们又需要拿出无限逼近法了。

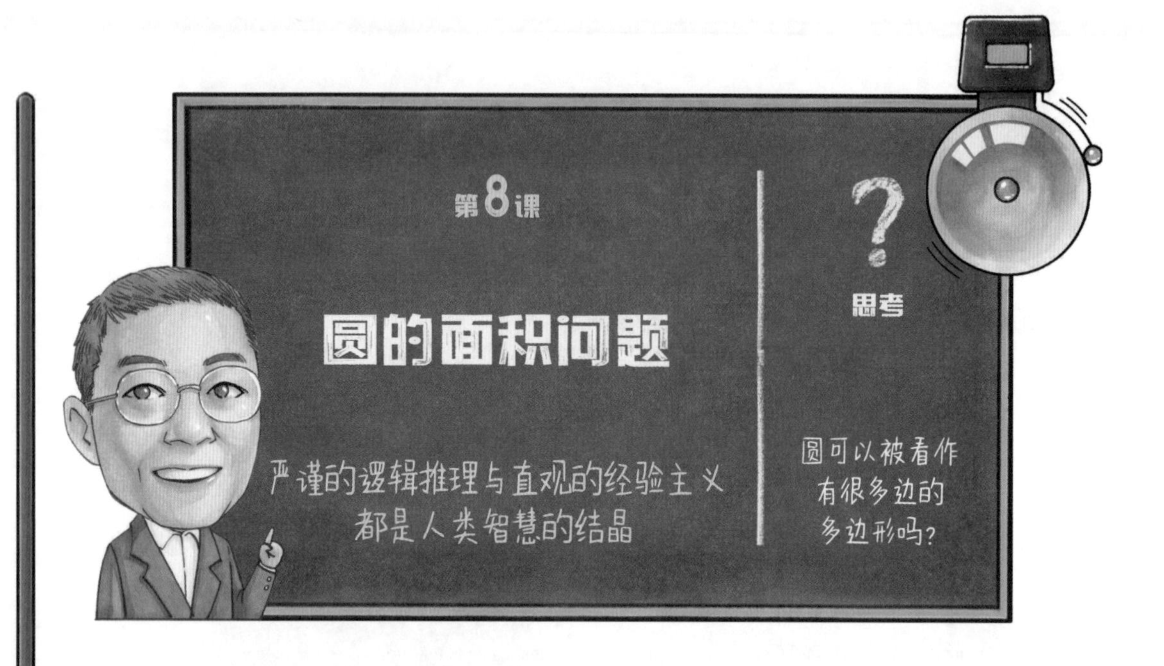

圆是最基本的几何图形，圆形的物品有很多有趣的性质，比如便于滚动和转动，耗费同等的材料能够制造出体积更大的容器，等等。早在 6000 多年前，生活在美索不达米亚的苏美尔人就发明了轮子，从而大大提高了运输的效率。但是，关于圆的各种计算，比如周长和面积的计算，都比多边形难得多，因为圆处处是弯曲的。

人类文明早期就会计算圆的面积

大约公元前 1800 年，古埃及人和古巴比伦人就发现，圆的周长和半径是成比例的：半径增加一倍，周长也增加一倍。他们还能够根据半径或者直径，比较准确地计算出圆的周长，不过他们还没有提出圆周率的概念，也没有明确圆的面积和圆周率的关系。那时，人们计算圆的面积的方法也很有趣。

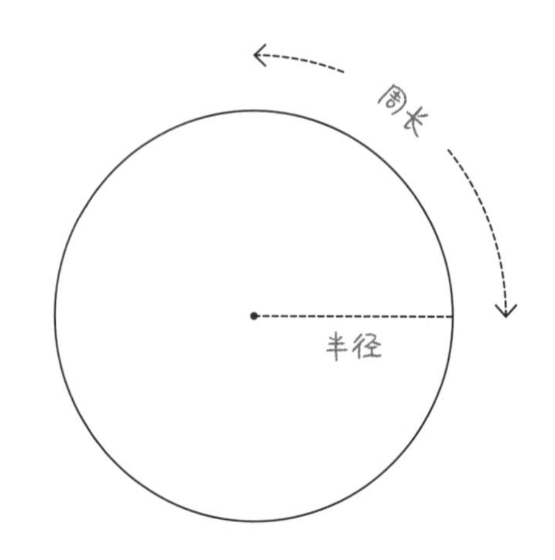

古埃及的《莱因德纸莎草书》记载了一个近似计算圆面积的方法。

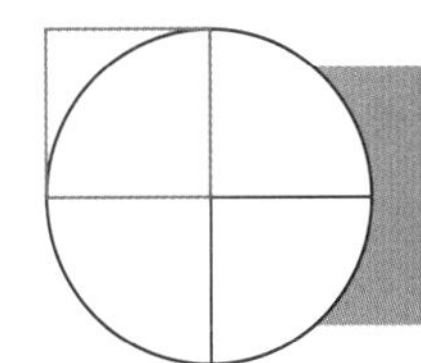

①他们把四分之一圆用一个外切正方形限制住。

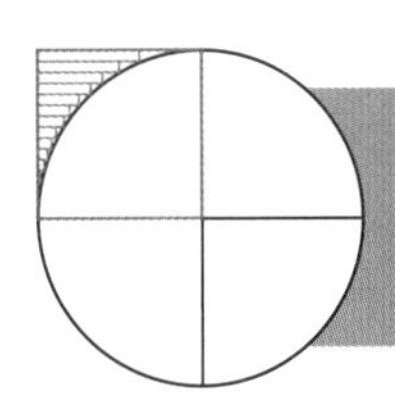

②再把正方形和扇形圆弧之间的空间用几个长方形填充。

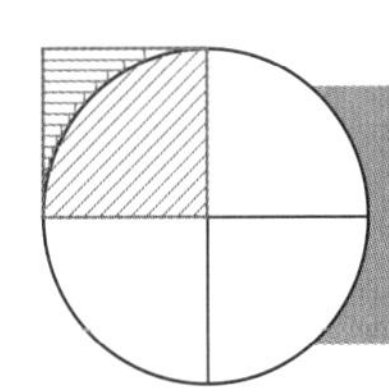

③最后，用正方形的面积减去填充的长方形面积，就是四分之一圆大致的面积。

这种计算方法的误差取决于填充的长方形数量有多少、缝隙填充得有多么细。《莱因德纸莎草书》给出了一个具体例子——圆的面积是图中正方形面积的$\frac{256}{81}$倍。

关于外切正方形，如果不好理解，你可以想象将圆放进正方形里，那个刚刚好能把圆放进去的正方形就是圆的外切正方形，圆的直径正好等于正方形的边长，图中这个正方形是该圆外切正方形的四分之一大小。

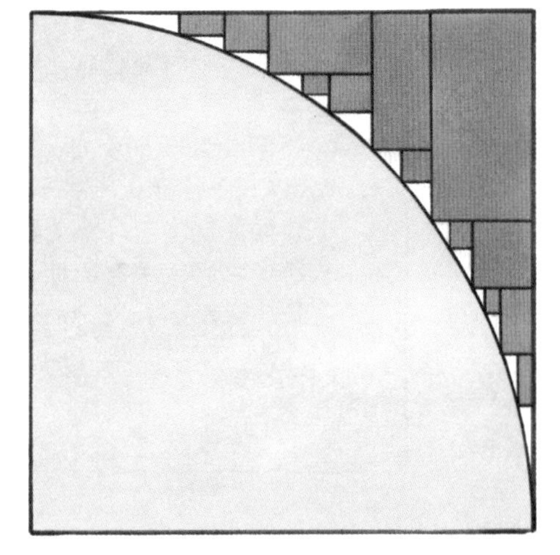

切一小块，再切一小块

$$\frac{\text{圆面积}}{\text{正方形面积}} = \frac{256}{81} \approx 3.16$$

我们知道，正方形的面积就是半径的平方，因此古埃及人给出的圆面积公式大约是 3.16 乘以半径的平方。

这个 3.16 已经非常接近 π 了。但有意思的是，古埃及人在计算圆周长时是用$\frac{22}{7}\approx 3.143$，近似圆周率，远比计算圆面积时用的 3.16 的圆周率准确得多。

更有意思的是，在同一本书中，他们在计算圆柱体体积时又用了第三个“圆周率”，而且误差更大。可见，古埃及人并没有意识到，圆的所有几何参数只有一个常量——π。

最早搞清楚圆周率和圆面积关系的是古希腊的学者。公元前 5 世纪的欧多克斯首先明确地指出，圆的面积与其半径的平方成正比，但是他没有给出证明。第一个证明这个结论的人是希俄斯的希波克拉底，他通过一张月牙图，证明了圆面积与半径的平方成**正比**，但是他没有指出二者之间的比例常数就是圆周率。

正比即正比例，是指两种相关联的量，一种量变化，另一种量也随之变化，而且变化的方向相同，即一个变大，另一个也变大；一个变小，另一个也变小。如果变化前后两个数比值一定，它们的关系叫作正比例关系。比如 $x=2a$，a 由 2 变为 4，x 随之由 4 变为 8，且$\frac{4}{2}=\frac{8}{4}=2$。

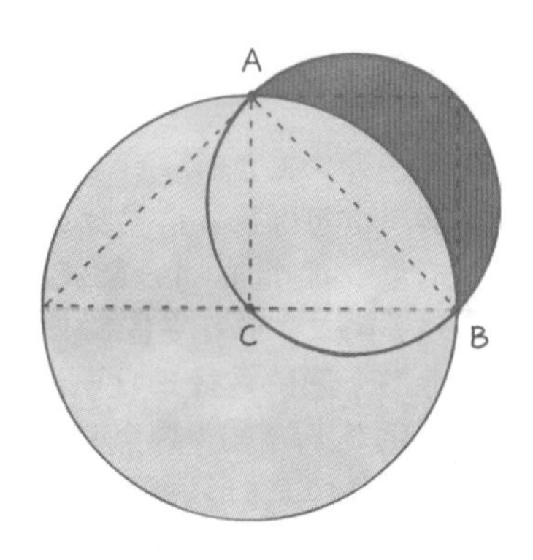

阿基米德的极限证明法

到公元前 3 世纪时，著名数学家阿基米德在他的《圆的度量》一书中指出圆的面积等于一个直角三角形的面积，这个三角形的底边是圆的周长，高等于圆的半径 r。我们知道圆的周长是 $2\pi r$，三角形的面积是底乘以高的一半，这其实就相当于说出了我们今天使用的圆的面积公式 πr^2。

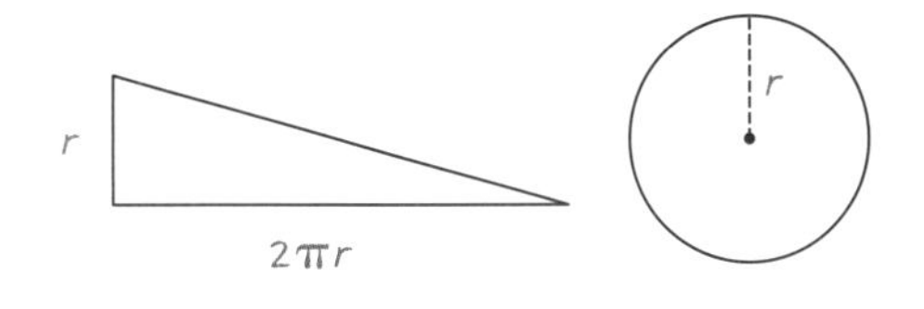

阿基米德证明这个结论的方法非常美妙。他构造了一个底为 $2\pi r$、高为 r 的三角形作为参照，再和半径为 r 的圆进行比较。我们从三角形的面积公式出发，证明了圆的面积既不能大于三角形的面积，也不能小于三角形的面积，只能等于它。这样就证明了 $S=\pi r^2$。

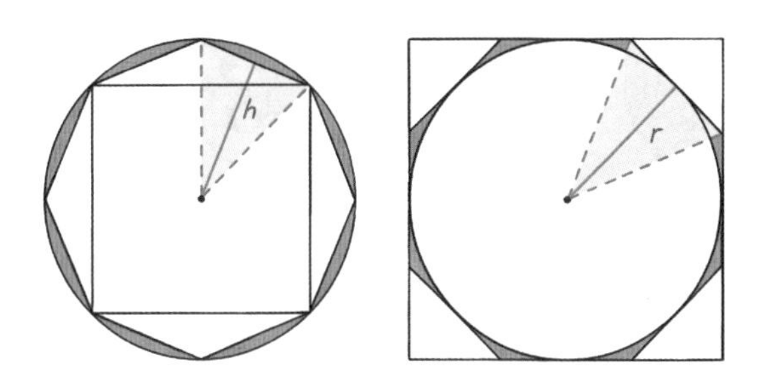

阿基米德的具体做法有点像我们前文提到的证明长方形面积时的无限逼近法。所不同的是，他是用很多内接和外切多边形逼近圆。

在前面圆周率部分，我们已经讲过了内接和外切等知识，没记牢的同学可以翻回去复习一下。

我们知道，圆内接多边形面积小于圆的面积，而圆外切多边形的面积大于圆的面积。只要这样不断扩展下去，让正多边形的边数趋近无穷多，内外两个正多边形的面积就相等了，且都等于圆的面积，也就是 $S=\pi r^2$。当然，阿基米德的证明步骤非常严格，我们这里只是讲了大致的原理。

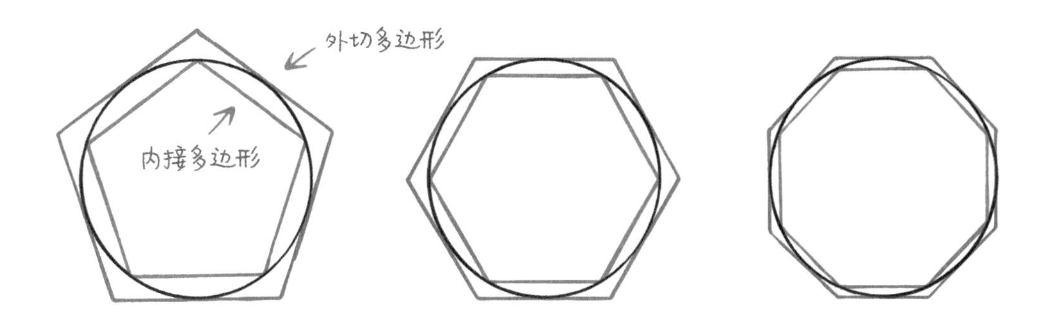

阿基米德的思想超越了时空。这种无限逼近的思想，直到牛顿的时代才被数学家普遍采用，并且被发展成高等数学中极限的概念。阿基米德在数学上的成就，与后来的牛顿和高斯可以相提并论，成为人类历史上三大数学家之一。

在没有学习高等数学之前，要大家理解阿基米德的思想可能还有点困难。因此，后来到了文艺复兴时期，既是艺术家也是科学家的达·芬奇用了另一种方式解释了 $S=\pi r^2$。

达·芬奇的近似证明法

达·芬奇从圆心出发，将圆等分成很多个“三角形”，并且对这些三角形进行编号。然后他把编号为奇数的三角形（红色）和编号为偶数的三角形（蓝色）交叉组成一个长方形。红色三角形和蓝色三角

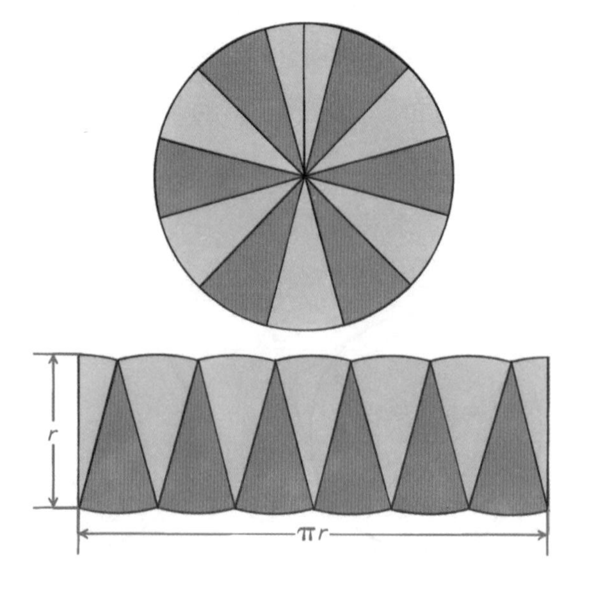

形共同组成了圆，三角形的底共同组成了圆的周长，所以当三角形被切分得足够小时，这个长方形的长就是圆周长的一半，即 πr，高度就是半径 r，于是圆的面积就是 πr^2。这种近似的方法比较直观，但是在数学上不严格。

一方面，达·芬奇拼出的长方形边长并不是严格的线段，而是由很多弧线组成的。这些弧线加在一起的总长度，并不一定等于线段的长度。很多时候，并非弧线分割得很细之后，长度就等于线段了。

如上图，即使左边的半圆被分成了右边这样一系列非常多、非常小的弧，甚至到最后被分为无穷多份，每一个小弧线的高度趋近 0，但总长度依然是原来半圆的长度，而不是线段的长度。

而且达·芬奇这个近似长方形的高度，是不是真就等于圆的半径，也没有经过严格的数学证明。因此，这是巧合得到的正确结论。不过，我们也不用太纠结达·芬奇的推理是否严谨，只要借助它理解圆的面积公式就好了。

两相对比，阿基米德是数学家，他非常讲究逻辑的严密性，并且通过证明给出了正确的结论；达·芬奇是科学家和艺术家，但他不是数学家，他解决问题的方式带有直观的、经验主义的色彩，他的方法很容易被理解，但是不严格。从这两位伟大学者不同的做事方式上，我们也能体会出数学和实验科学的区别。

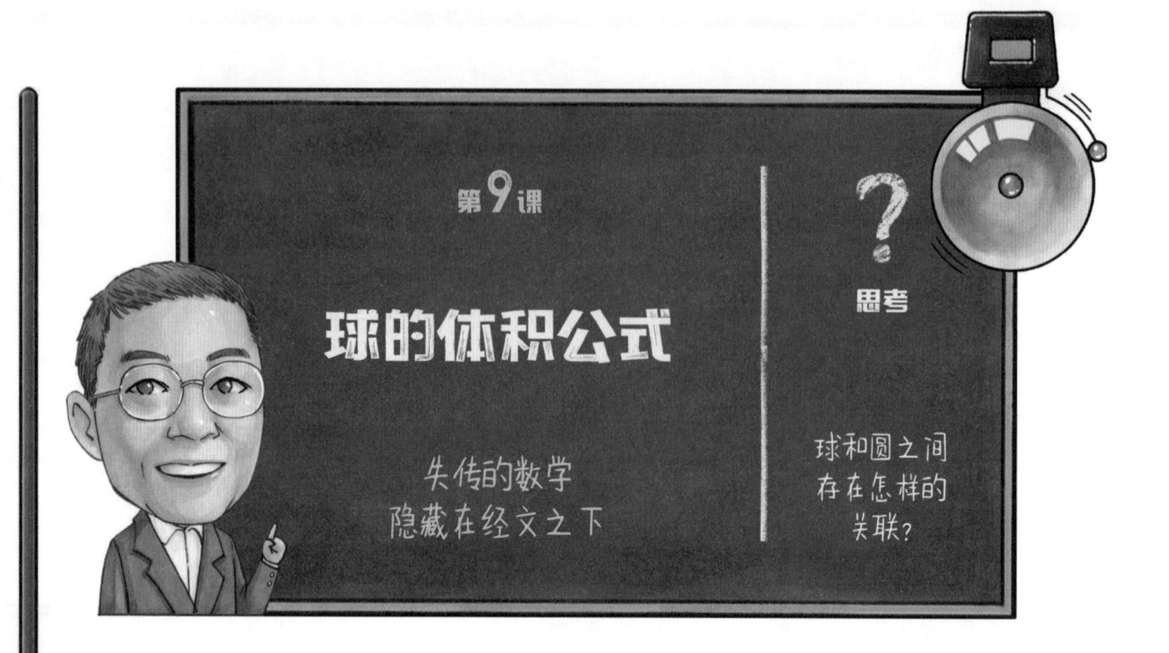

除了证明了圆的面积计算公式，阿基米德在数学上还有很多重要的发现。从前，人们多是通过传说和历史记载了解他的数学成就，因为他大部分的科学著作都已经散佚，流传下来的只有 8 篇，被保存在两个羊皮手抄本中。这两个手抄本被分别命名为《抄本 A》和《抄本 B》。

> 公元前 267 年，阿基米德的父亲把他送到埃及的亚历山大城跟随卡农和亚历山大图书馆馆长埃拉托斯特尼学习。这些经历在其后来的科学生涯中产生了重要的影响。

但在 1998 年，人们又发现了一本被称为《阿基米德羊皮书》的新的抄本，里面有 7 篇阿基米德的著作，其中第六篇《方法论》和第七篇《十四巧板》是新发现的。这里面的《方法论》一篇特别重要，里面有类似后来微积分的重要数学思想。

失而复得的“羊皮书”

《阿基米德羊皮书》的成书、流传、发现和破译，是一个充满传奇色彩的故事。

在罗马帝国灭亡后，大部分希腊学者的著作都散佚了，只有个别羊皮手卷上残存着阿基米德的著作，但却散落在世界各地。大约公元 1000 年时，有一个叫阿卡隆斯的人，他是阿基米德的忠实崇拜者，到处收集阿基米德的著作。

公元前 212 年，古罗马军队攻入叙拉古，阿基米德不幸被罗马士兵杀死，终年 75 岁。据说，阿基米德的遗体被安葬在西西里岛，墓碑上刻着一个圆柱内切球的图形，以此来纪念他在几何学上对人类做出的卓越贡献。

他把当时还能够收集到的著作抄写成一本羊皮书，希望这本书能够永久地流传下去。但是到 12、13 世纪时，这本书流传到了一个教堂中。当时一位教士想抄写经文，却找不到新的羊皮纸，正好发现了这本没人读的“破书”。这位“先生”可不关心数学，他把羊皮书上的字迹清理掉，重新抄上祈祷文。于是，这本书就这样被保留了下来，在随后的几百年里都无人问津。

1906 年，人们在土耳其找到了这本书。人家发现祈祷文下面有些没被完全擦拭干净的墨迹依然可读，并可以猜出被擦掉的内容大概是一本古代的学术著作。这件事引起了很多学者的关注。其中，丹麦哥本哈根大学的教授约翰·卢兹维·海贝尔专程跑到土耳其，拿到了这本书。经过多年的研究，他发现这本被擦掉过的书应该是阿基米德的著作。

扫描的阿基米德原文

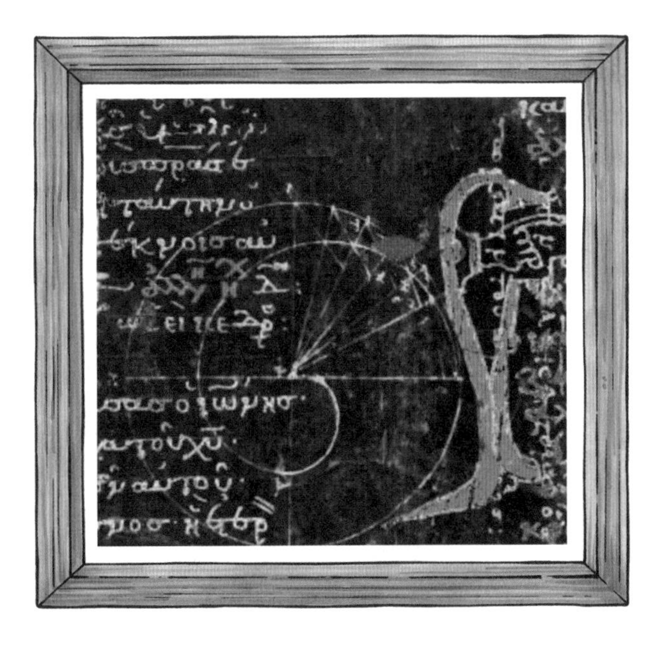

随后，因为两次世界大战，这本羊皮书再次遗失，直到 1998 年才被重新发现。一位代号为 B 先生的富豪在纽约花了 200 万美元将它买

走。B 先生表示，他购买这本书不是为了赚钱，也不是为了收藏，而是为了让阿基米德的著作重见天日。

他找到了巴尔的摩的沃尔特斯艺术博物馆修复古代文献的专家威廉·诺埃尔主任，请他来帮忙恢复书中原有的内容。诺埃尔主任在 B 先生巨额资金的支持下，建立了一个包括各种专家在内的团队，花了大约 11 年的时间，使用了各种当时最先进的技术，读出了隐藏在祈祷文和宗教图画下面的原文字。

其中用到的关键技术就是 X 光同步辐射技术。通过 X 光，使得阿卡隆斯当年抄书时所用墨水中的铁元素成像——那些被掩盖的文字终于重见天日。

在此之后，沃尔特斯艺术博物馆将这本书的内容放到了网上，供全世界阅读。在这本书的《方法论》一篇中，人们发现了阿基米德推导和证明球体积公式的方法。

在阿基米德之前，人们已经知道各种柱体的体积公式是底面积乘以高，对半径为 r、高度为 h 的圆柱体来讲，体积就是 $\pi r^2 h$。此外，人们根据经验，还知道圆锥体的体积是同样高度的圆柱体体积的 $\frac{1}{3}$，即 $\frac{1}{3}\pi r^2 h$。但是，计算球的体积很难通过直观经验来实现。

巧用杠杆计算球体积

阿基米德设计了一个巧妙的实验，推导出球的体积计算公式。这个实验用到了他所发现的杠杆原理，并且假设人们已经知道了圆柱体的体积公式 $V_1=\pi r^2h$ 和圆锥体的计算公式 $V_2=\frac{1}{3}\pi r^2h$。

阿基米德用了一个杠杆，杠杆左边的长度为 $2r$，右边的长度为 r。在杠杆的左边垂着一个底盘半径为 $2r$、高为 $2r$ 的圆锥体，圆锥体的下面又垂着一个半径为 r 的球体。在杠杆的右边垂着一个底盘半径和高度都是 $2r$ 的圆柱体，如图所示。阿基米德要证明这个杠杆是平衡的，这样就可以通过已知的圆锥体和圆柱体的体积公式，推导出球的体积表达式。

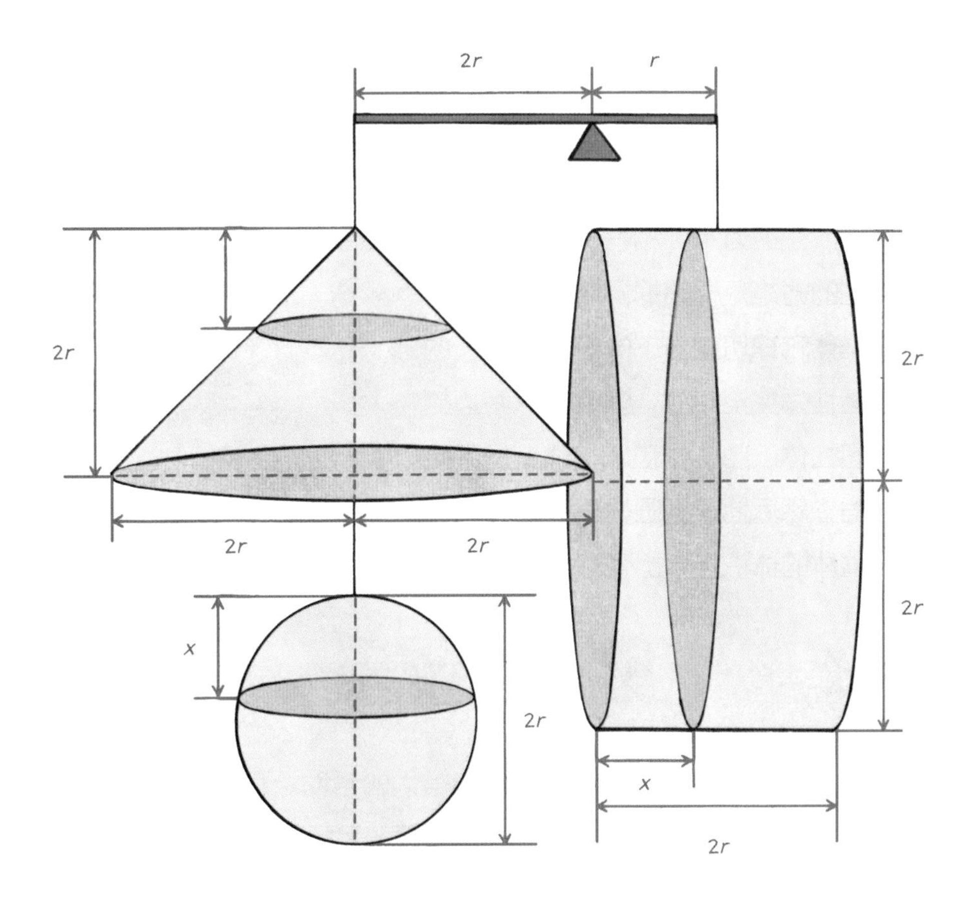

他在左边的圆锥体和球上各切一个非常薄的薄片，切片的位置离圆锥体的顶部和球的顶部距离都是 x。

然后再对右边的圆柱体进行操作，同样切一个薄片，薄片离圆柱体的左边界距离也是 x。这些薄片的厚度都相等，我们假设都是 d，同时我们假设这些物体的密度都是 k。

由于圆柱体、圆锥体和球的高度相同，因此它们能切出同样多的薄片。由于这些薄片非常非常薄，它们的体积就大致等于它们的面积乘以厚度，而重量就是体积乘以密度 k。

阿基米德为什么要设计一个这么复杂甚至奇怪的实验？直接认定杠杆两边平衡，之后解方程不就行了？也许在实践中，人们已经发现了存在这种平衡关系，但这不是数学家的思路，现实中可能有巧合、有误差，而数学家需要在逻辑上严格证明。所以，他选择这种切薄片的思路就是要证明，如果任意薄片都支持结论，那么整体也是成立的。

阿基米德证明了，左边的两个薄片所产生的**力矩**，和右边一个薄片产生的力矩是相等的。由于左边的圆锥体和球切割出来的份数与右边的圆柱体完全对应，因此支点两边的圆柱体、圆锥体和球整体上是平衡的，然后他根据圆柱体的体积和圆锥体的体积推算出了球的体积。

力矩表示力对物体作用时所产生的转动效应的物理量。简单理解，力矩就是力与力臂的乘积。力臂是支点到力的作用线的距离。

微积分想法的雏形

球体积的计算公式对工程学有非常大的帮助。在此之前，人类在做其他和圆相关的计算（比如圆的周长和面积、圆柱体的表面积和体积）时，即使找不到准确的公式，也可以根据多边形来求近似值。但是，对于球的表面积和体积，就很难找到直观的近似算法了。

因此，但凡涉及这两种计算的工程问题，工程师就会遇到麻烦。比如，做一个特定直径的铜球需要多少原材料，大家算不出来，只能靠实践积累经验。

阿基米德不仅是有记载的第一个给出球体积计算公式的人，也是最早发现球表面积计算公式的人。这些公式记录在他的另一部手稿《论球和圆柱》中。但是由于《方法论》手稿的散佚，人们并不知道他证明球表面积计算公式的方法。如果这个先进的方法能够流传下来，古代的数学会以更快的速度发展。

阿基米德使用的把几何体切成小薄片计算体积的方法，就是后来牛顿在微积分中提出的积分的方法。

当然，牛顿给出的方法是解决所有积分问题，并且是适用于计算所有几何体体积的通用方法，而阿基米德的方法只是解决一个具体问题的技巧，两者还不能等价。但是，阿基米德在比牛顿和莱布尼茨早 1800 年的时代就有了微积分想法的雏形，还是非常了不起的。

阿基米德的微积分雏形

古希腊时期是世界数学发展史上的第一个高峰，那时诞生了很多今天大家依然耳熟能详的名字——毕达哥拉斯、欧几里得、阿基米德等。这些人通过自己的发明和发现，构建起数学大厦。

不过，在数学史上，还有一位希腊人以“杠精”的形象出现，整天给数学家找碴儿，居然也对数学的发展做出了很大的贡献。他就是古希腊的哲学家芝诺。

历史上对芝诺的生平鲜有记载。我们今天所知道的是，这个人和他的希腊同胞（如苏格拉底等人）一样，都喜欢辩论，而且提出了好几个他自己搞不清楚，别人也解释不了的问题，也就是我们今天所说的芝诺悖论。芝诺的这些说法，被亚里士多德写进了书中，后人才知道他的存在。

芝诺的四大悖论

下面就让我们来看看芝诺悖论讲的是什么。

悖论一（二分法悖论）：从 A 点（比如天安门）到 B 点（比如王府井）是不可能的。

芝诺说，要想从 A 到 B，先要经过它们的中点，我假设是 C 点，而要想到达 C 点，则要经过 A 和 C 的中点，假设是 D 点……这样的中点有无穷多个，人们无法找到最后一个。因此从 A 点出发的第一步其实都迈不出去。

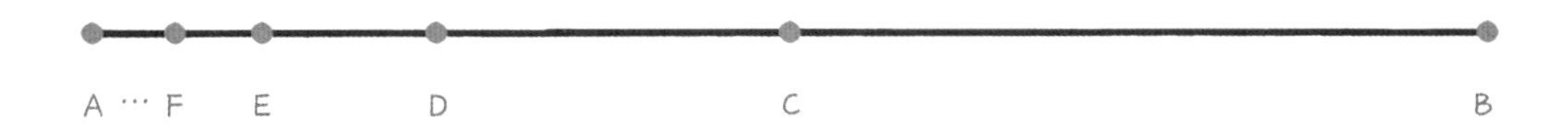

悖论二（阿喀琉斯悖论）：阿喀琉斯追不上乌龟。

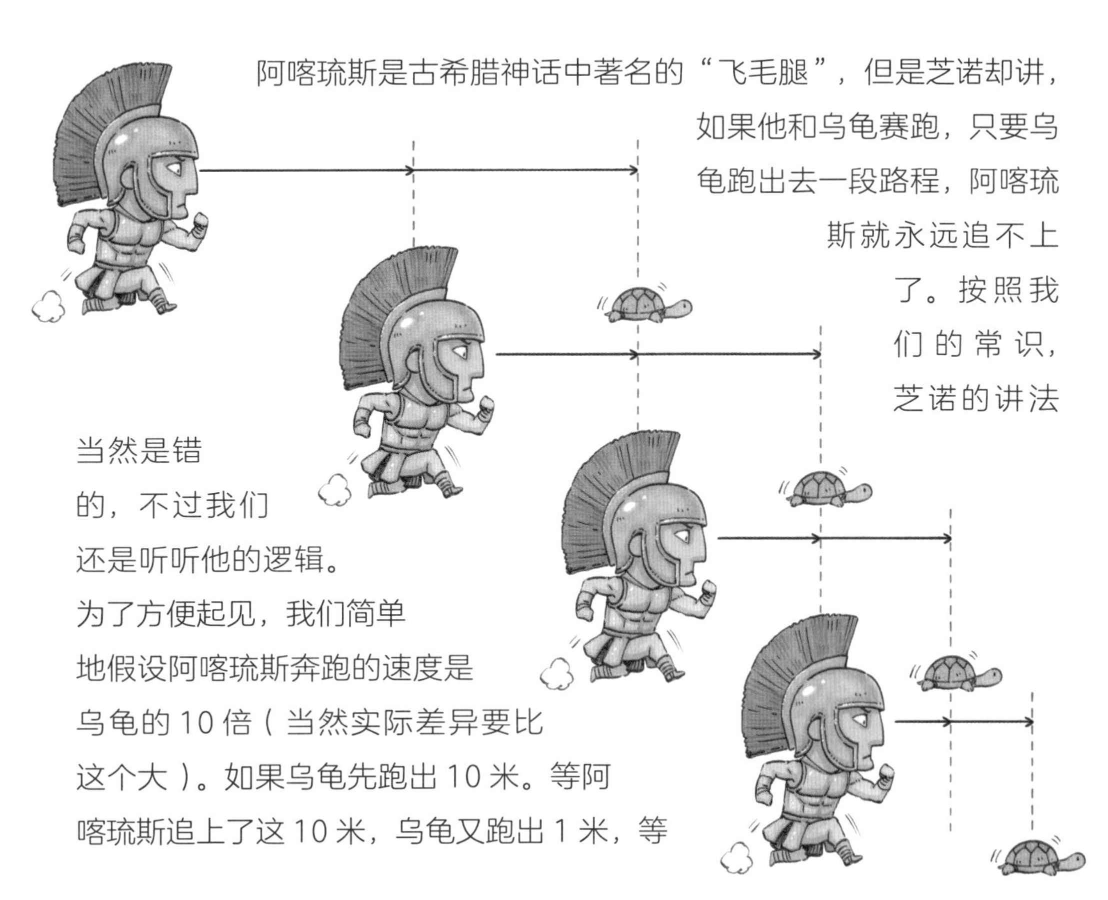

阿喀琉斯是古希腊神话中著名的“飞毛腿”，但是芝诺却讲，如果他和乌龟赛跑，只要乌龟跑出去一段路程，阿喀琉斯就永远追不上了。按照我们的常识，芝诺的讲法当然是错的，不过我们还是听听他的逻辑。为了方便起见，我们简单地假设阿喀琉斯奔跑的速度是乌龟的 10 倍（当然实际差异要比这个大）。如果乌龟先跑出 10 米。等阿喀琉斯追上了这 10 米，乌龟又跑出 1 米，等阿喀琉斯追上这 1 米，乌龟又跑出 0.1 米……总之，阿喀琉斯和乌龟的距离在不断缩短，却追不上。

同学们可以在这里停顿一下，想想有没有被他绕进去。

这两个悖论其实是同一个意思。如果从常识出发，芝诺的观点实在不值得一驳。我们从天安门出发，一步就走过了芝诺所说的无数中点；阿喀琉斯步子迈得大一点，不就轻松超越乌龟了吗？我们的常识当然没有错。但是，如果按照芝诺的逻辑来思考，他说的似乎也有道理，只是忽略了一些事实。因此，要想驳倒他，让他心服口服，就不能绕过他的逻辑。在解释这个问题之前，我们再来看看他另外两个悖论。

悖论三（飞箭不动悖论）：射出去的箭是静止的。

在芝诺的年代，人们常见的最快的东西是射出去的箭。但是芝诺却说它是不动的，因为在任何一个时刻，它都有固定的位置，既然有固定的位置，它就是静止的。而时间则是由每一刻组成的，如果每一刻飞箭都是静止的，那么总的说来，飞箭就是不动的。

这个悖论可能比前两个更难辩驳了。在反驳它之前，我们再来看看第四个悖论。

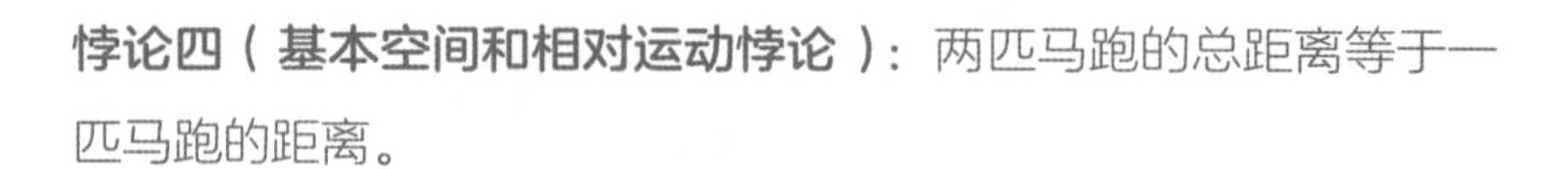

悖论四（基本空间和相对运动悖论）：两匹马跑的总距离等于一匹马跑的距离。

如果两匹马速度相同，一个向左，一个向右，同时远离我们而去，我们站在原地不动。在我们看来，若将时间划分成许多个相同的小片段，每个小片段里它们各自移动了一个单位 x，一匹马跑出去的总距离就是很多 x 相加。但是对两匹马上的人来说，他们看对方都是同样的小片段时间里移动了两个 x 长度，彼此的距离应该是两倍的 x 相加。那么，如果 x 非常非常小，接近 0，我们应该得出 x=2x 的结论。

但是左右两匹马跑出去的总距离怎么可能等于一匹马跑的距离呢？

哈哈，糊涂了吧

其实，中国古代也存在这样的“杠精”，例如，非要说“白马非马”的公孙龙，还有对庄子说“子非鱼，安知鱼之乐”的惠子。

再停下来想一想，你是觉得被绕糊涂了，还是想立刻抡起拖鞋揍这个“杠精”？

在中国的文化里，我们讲究的是学以致用，因此中国古代的知识精英是不屑理会芝诺这些没有用的傻问题的。但正是这些问题，让古希腊文明和其他文明有所不同，而这种严守逻辑的思维方式才让数学和自然科学成体系地发展。

实际上，芝诺悖论反映的是逻辑和经验之间的矛盾。芝诺的逻辑似乎没有错，而我们的经验也没有错，这种矛盾现象是如何造成的呢？主要是缺失了一些数学上的概念，或者说这些数学概念古希腊人还不知道。而一旦把那些缺失的概念补上，数学就获得了一次巨大的发展。

破解之法：无穷小和极限

在芝诺之后的上千年里，欧洲总有人不断地尝试找出这些悖论在逻辑上的破绽，包括阿基米德和亚里士多德，但都没有成功。不过亚里士多德的思考还是道破了这几个悖论的本质：一方面距离是有限的，另一方面时间又可以被分成无穷多份，以至有限和无限对应不上……这样说会让人摸不着头脑，别急，我们需要定义两个新的概念——无穷小和极限，这样才能找到芝诺悖论的漏洞。

接下来我们就用芝诺的第二个悖论，来说说无穷小和极限是怎么一回事。

在这个悖论中，芝诺其实把阿喀琉斯追赶乌龟的时间 s 分成了无限份，每一份逐渐变小，却又不等于 0。比如，我们假设阿喀琉斯 1 秒钟能跑 10 米，那他追赶乌龟的第一个 10 米就用时 1 秒，追赶乌龟 1 米就用时 0.1 秒，芝诺所分的每一份时间就是 1 秒、0.1 秒、0.01 秒、0.001 秒……如果我们把它们加起来，阿喀琉斯追赶的时间 s 就是一个等比**级数**：

$$s=1+0.1+0.01+0.001+\cdots$$

在这个级数中，每一项都是前一项的$\frac{1}{10}$。

> 级数是指将数列的项依次用加号连接起来的函数。数列是以正整数集（或者它的有限子集）为定义域的函数，是一列有序的数。

在芝诺看来，无穷多个不等于 0 的数加在一起，就会越来越多，变成无穷大，所以他的结论就是“飞毛腿”永远追不上乌龟。这就是芝诺悖论的问题所在。

如果我们要将无数个确定的数相加，那么它们即使再小，加起来确实也是无穷大。但是，在上面的级数中，相加的时间也在不断变小，最后会无限接近 0。也就是说，它们并不是特定的数。这种情况就不能用固定数字相加的办法来计算阿喀琉斯追赶乌龟的时间了。这种越来越接近 0，又不能和 0 等同起来的数的概念，就是无穷小。

今天在数学上对无穷小有比较明确的定义，当然这个定义比较难懂，大家不必太在意，我们换一种通俗的方式来理解它。首先，它不是 0；其次，它不是一个静态的数字；最后，它比你能说出来的任何正数都小。比如你给出了 0.000001，那么无穷小比它还小；如果你给出了 0.0000000001，无穷小依然比它小。我比较喜欢把无穷小解释成一种动态不断变小的趋势，它不断向 0 的方向靠近。

在 s=1+0.1+0.01+0.001+… 这个式子中，相加的数越来越小，最后变成了无穷小。那么无穷小加起来等于多少呢？首先，有限个无穷小加起来还是无穷小。其次，无数多个无穷小加起来可能是一个特定的数，也可能是无穷大，当然也可能是无穷小。这就要看那些无穷小以多快的速度接近 0。

不理解这些也没关系，具体到这个芝诺悖论，在 s=1+0.1+0.01+0.001+… 这个式子中，无数个无穷小加起来恰好是个有限的数 10/9，这个有限的数，就被称为级数的极限。这一点，大家学习微积分后就能证明了，现在只要记住这个结论就好。

无穷小和极限这两个概念在数学史上非常重要，它们标志着人类对数的理解从静态的、固定的数，进入了动态的、变化的趋势上。高等数学的基础就是这两个概念，而这两个重要数学概念的产生，和芝诺这个“杠精”刨根问底，寻找数学的漏洞，有着很大的关系。事实上，数学和自然科学，就是在这种解释悖论、弥补漏洞中创造新的概念，并发展完善起来的。

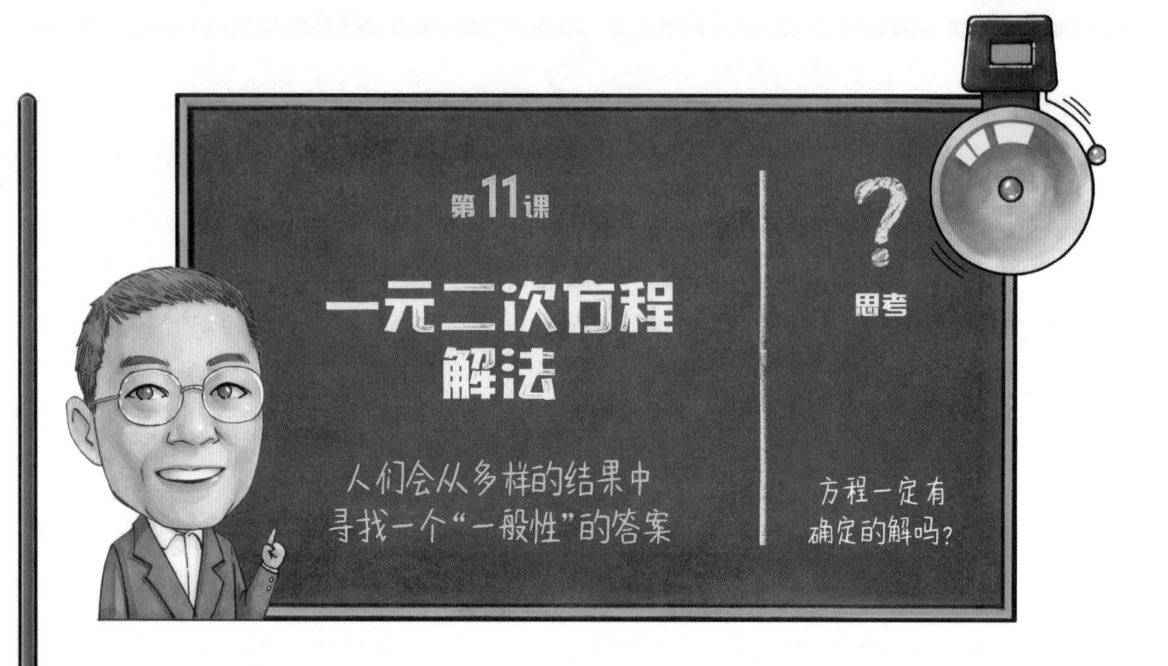

世界上有一大类的数学问题可以被归结为求解一元二次方程。什么是一元二次方程呢？我们先来看一个具体的例子。

假如一个水池的周长是 20 米，面积是 24 平方米，请问这个水池的长和宽各是多少？

如果用方程来解决这个问题，我们可以假设水池的长度为 x，那么宽度就是 $\frac{20-2x}{2}=10-x$，于是就可以得到这样一个方程：

$$x(10-x)=24$$

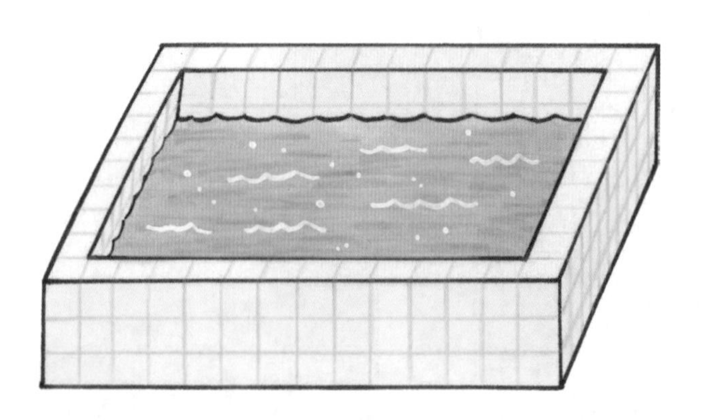

化简后得到：

$$10x-x^2=24$$

这个方程就是一元二次方程，因为在这个方程中只有一个未知数 x，它的最高次项是 x^2，幂是二次。

求解一元二次方程要比求解一元一次方程难得多。上面这个方程比较简单，x=4 或者 x=6 都是这个方程的解。但是很多看上去类似的方程，解起来就麻烦了。比如，当我们把上面方程中的 24 变成 23 时，就不好解了。

人类从能够解一部分一元二次方程，到找到所有一元二次方程的**通解**公式，花了 2000 多年的时间。

通解就是可以表示方程中所有解或者部分解的统一形式。简而言之，就是无论这个方程长什么样，你都可以通过它来求解，而不必通过凑数等方法。

根据古巴比伦留下的泥板显示，大约在公元前 2000 年，古巴比伦的数学家就能解一些特殊的一元二次方程了。差不多在同时代，古埃及中王国时期留下的纸莎草纸上，也记载了一些求解一元二次方程的方法。在大约公元前 2 世纪，中国人已经能够结合几何学求解一些比较容易的一元二次方程了。但那些一元二次方程的系数都必须是整数，而且解也必须是正整数。类似地，在古希腊，公元前 5 世纪和公元前 3 世纪左右，著名数学家毕达哥拉斯和欧几里得分别提出了用更抽象的几何方法求解一元二次方程的办法。这些方法比较复杂，我们就不介绍了。不过，虽然今天的很多学生都觉得几何比代数要难，但是，古代的人其实觉得几何比较直观，因此经常使用几何的方法解决代数问题。

请记住这个万能咒语

$ax^2+bx+c=0(a\neq0)$

第一个系统地解决一元二次方程问题的是古罗马的数学家丢番图。丢番图生活在亚历山大城，那里从希腊化时代开始就是西方世界的科学中心。丢番图对代数学有很深入的研究，他有很多数学著作，虽然今天大部分已经散佚，但是依然留下了一部比较完整的《算术》。在这本书中，丢番图找到了一种解决一元二次方程的通用方法。但是，那种方法只适用于系数都是有理数，解也是正有理数的一元二次方程，而且只能找到两个解中的一个，即便这个方程的两个解都是正数。

比如前面 $10x-x^2=24$ 这个方程，6 和 4 都是方程的解，但他的方法只能找到一个解。丢番图在《算术》中还介绍了大量不定方程的解法。所谓不定方程，就是像 $2x+5y=3$ 这种不能完全确定解的方程。对于大部分不定方程，丢番图也没有解决的方法，但是他提出了问题。从丢番图开始，解方程成为数学一个特定的研究方向，这个方向后来发展为今天的代数学。因此，丢番图也被称为“代数学之父”。

历史上关于丢番图生平的记载很少，以至今天的人搞不清楚他是希腊人还是希腊化的埃及人或者希腊化的巴比伦人。不过，丢番图在他的墓志铭中留下了一道数学题，今天很多人听说他就是因为这道题目。他的墓志铭是这样写的：

丢番图的墓志铭

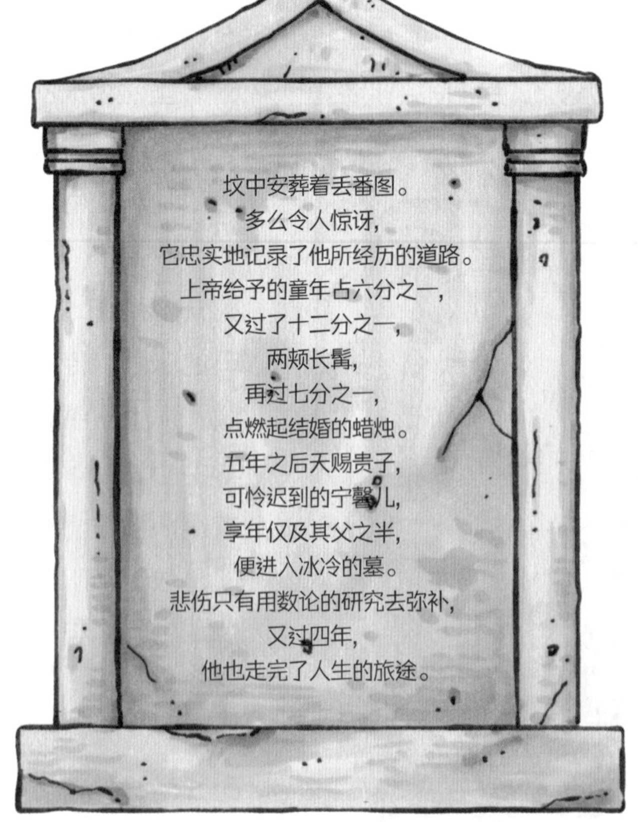

请问丢番图活了多少岁？从这道题目的答案可以知道，丢番图非常高寿，他活了 84 岁。

发现任意系数的一元二次方程通解公式的是印度数学家婆罗门笈多和阿拉伯著名的数学家花剌子米。婆罗门笈多已经给出了今天所使用的一元二次方程的部分通解公式，而且他的方法对于一元二次方程的系数没有特殊的要求。我们通常可以把一元二次方程写成 $ax^2+bx+c=0(a\neq 0)$ 的形式。婆罗门笈多给出的通解是：$x=\dfrac{-b+\sqrt{b^2-4ac}}{2a}$（$b^2-4ac\geqslant 0$）。和今天我们在初中所学的公式相比，婆罗门笈多漏掉了一个解 $x=\dfrac{-b-\sqrt{b^2-4ac}}{2a}$（$b^2-4ac\geqslant 0$），细心的你会发现，这两个式子长得很像。

需要指出的是，上面的解法中有一个开平方的运算，这就无法保证一元二次方程的解是有理数了。因此，一元二次方程这个工具，就迫使人类对数的认知提高到了无理数的层次。

花剌子米在看着你，要好好学习数学哦

配方法是指将一个式子或一个式子的某一部分通过恒等变形转化为完全平方式或几个完全平方式的和。比如，$x^2-10x=-24$ 可以转化成 $(x-5)^2=1$。

给出一元二次方程完整解法的是花剌子米。他给出的方法在今天被称为**配方法**。以前面讲的方程 $10x-x^2=24$ 为例。我们可以在等号的两边乘以一个 -1，把方程式改写为：$x^2-10x=-24$。

接下来我们要给等式的两边同时加上 25，我们就能得到：$x^2-10x+25=1$。

这个方程也可以写成：$(x-5)^2=1$。

我们知道，如果一个数的平方等于 1，那么它就应该等于 1 或者 -1。于是我们就得到两个一次方程。

第一个是：$x-5=1$，我们从中得到 $x=6$ 的答案。

第二个是：$x-5=-1$，我们从中可以得到 $x=4$ 的答案。这种方法其实对所有一元二次方程都管用，而且完全等价于我们今天使用的一元二次方程通解公式：

$$x=\frac{-b\pm\sqrt{b^2-4ac}}{2a}\quad(a\neq 0,\ b^2-4ac\geqslant 0)$$

花刺子米生活在公元 8—9 世纪，是伊斯兰文明黄金时代最杰出的科学家。他对数学、地理、天文学和地图学都有巨大的贡献，此外，他还为代数及三角学的革新奠定了基础。今天“代数”一词的英语单词 algebra 就出自阿拉伯语的拉丁拼写“al-jabr”，它是花刺子米所提出的解决一元二次方程的方法。而“算法”一词的英语单词 algorithm，就是花刺子米（al-Khwārizmī）的拉丁文译名。花刺子米的著作后来传入欧洲，对欧洲数学的发展造成深远的影响。今天数学界把花刺子米看作可以与牛顿、高斯和阿基米德等人相提并论的最伟大的数学家之一。不过遗憾的

是，我们今天对这位杰出科学家的生平了解甚少，只知道他可能是波斯人。来自中亚的花剌子米，后来大部分时间生活在巴格达。

有了方程这个工具后，我们日常遇到的数学问题，一大半都可以解决了。具体到一元二次方程，找到它们的解法对后来的物理学研究至关重要，因为在物理学中，很多方程都是一元二次方程，比如加速度和距离的关系、速度和能量的关系、万有引力和距离的关系等。一元二次方程的问题不解决，就不可能有文艺复兴后物理学的发展。

将数学的种子播向世界

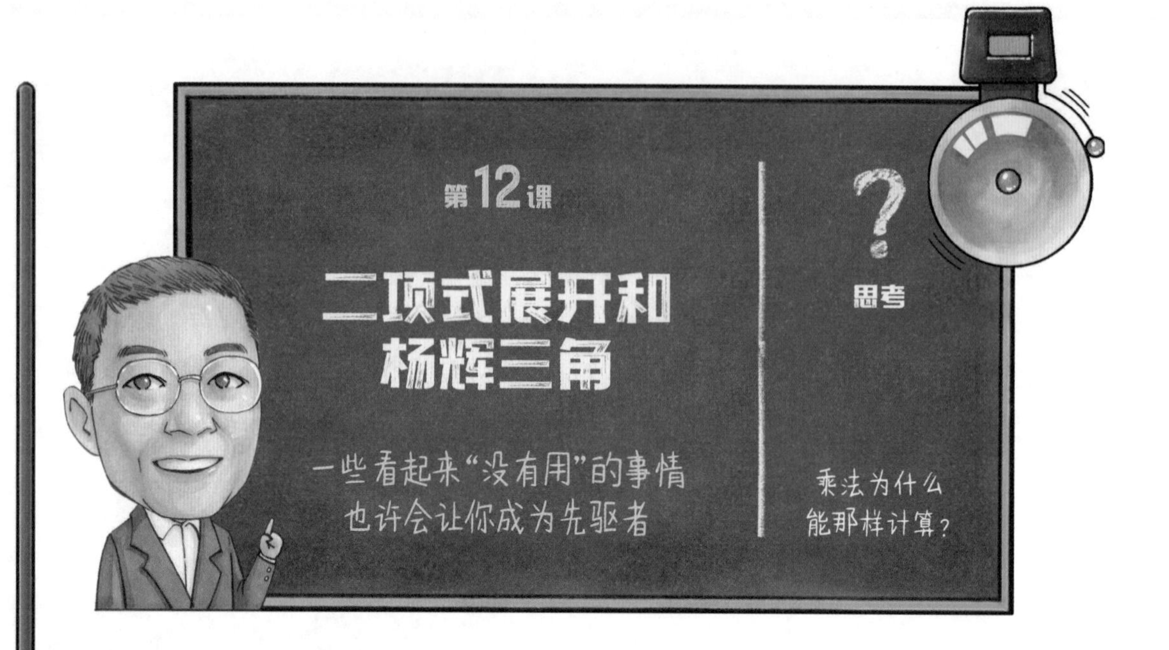

在学习数学的过程中，理解两位数乘法的方法是一个坎儿，因为这个方法已经非常不直观了。在此之前，任何位数的加减法都很直观，只要每一位相加减即可，最多考虑一下进位和借位。一位数的乘法也比较直观，大家只要把乘法口诀背下来就好了。

但是在计算两位数的乘法时，就需要进行交叉相乘再相加了。比如 34×26，就需要用下面这个竖式打草稿计算了。

神奇的拆解

在这个算式中，前两行是乘数和乘数，接下来两行是中间结果。中间结果的第一行，是用第二个乘数中的个位数 6 分别和第一个乘数中的个位数 4、十位数 3 相乘，再相加。如果我们把这个细节展开一下，就是 4×6+30×6=24+180=204。中间结果的第二行，是用第二个乘数中的十位数 2 分别和第一个乘数中的个位数 4、十位数 3 相乘，再相加，这个过程展开后就是 4×20+30×20=80+600=680。再把两个中间结果相加，得到最后的结果 884。

```
   34
×  26
-----
  204
+ 680
-----
  884
```

事实上，两位数的乘法能够这么做，是因为我们可以利用加法和乘法的分配律，把两位数的乘法拆解为一位数的乘法和加法，即 $(a+b)(c+d)$ 变为 $ac+ad+bc+bd$。

找规律

人类对于 $(a+b)(c+d)=ac+ad+bc+bd$ 的认识，是数学发展史上的一个里程碑。由于参加乘法的两个多项式 $a+b$ 和 $c+d$ 都只有两个项，因此这样的乘法也被称为二项式乘法，或者二项式展开。当人们找到了二项式相乘的一般规律后，就会自然而然地考虑多个二项式相乘的办法，比如 $(a+b)(c+d)(e+f)(g+h)$。在数学发展史上，有一类二项式相乘特别重要，就是自己乘以自己，比如 $(a+b)(a+b)$ 和 $(a+b)(a+b)(a+b)$ 等，这些二项式展开后，可以对同类项进行合并，比如：

$$(a+b)\times(a+b)=a^2+ab+ab+b^2=a^2+2ab+b^2,$$

$$(a+b)^3=a^3+a^2b+a^2b+a^2b+ab^2+ab^2+ab^2+b^3=a^3+3a^2b+3ab^2+b^3$$

$$\cdots$$

如果我们有 n 个 $(a+b)$ 相乘，结果中的系数分布就是杨辉三角。如图所示，第一行是 $(a+b)^0=1$，因此它就是 1，接下来的每一行就是 $(a+b)$ 各次方相应的系数。这时你就很容易看出每一行会多出一项，每一个位置的系数，就是上一行左右相邻两个系数相加的结果。

二项式展开系数三角

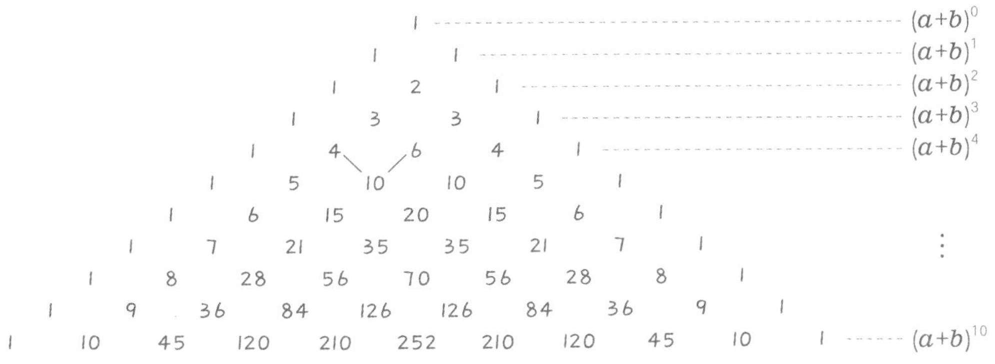

1 ---------- $(a+b)^0$
1 1 ---------- $(a+b)^1$
1 2 1 ---------- $(a+b)^2$
1 3 3 1 ---------- $(a+b)^3$
1 4 6 4 1 ---------- $(a+b)^4$
1 5 10 10 5 1
1 6 15 20 15 6 1
1 7 21 35 35 21 7 1 ⋮
1 8 28 56 70 56 28 8 1
1 9 36 84 126 126 84 36 9 1
1 10 45 120 210 252 210 120 45 10 1 ------ $(a+b)^{10}$

最早发现这个二项式相乘规律的人是10世纪波斯数学家卡拉吉和12世纪阿拉伯天文学家海亚姆。因此，在西方，上述规律也被称为海亚姆三角形。中国北宋的数学家贾宪在11世纪时也独立地发现了上述三角形的关系，并且将他的发现记录在《释锁算书》一书中，这本书后来被收入《永乐大典》，今天还能找到。因此，这个三角形在中国数学界也被称为贾宪三角形。不过，这个三角形真正出名是因为另外两位数学家。一位是中国南宋著名数学家杨辉，他在《详解九章算法》一书中引述了贾宪的发现，因此，长期以来大家都知道它叫杨辉三角形（也叫杨辉三角）。另一位是法国著名数学家帕斯卡，他用这个三角形所揭示的二项式相乘的规律解决了很多概率问题，因此，这个三角形在西方更为人所知的名字是帕斯卡三角形。无论这个三角形叫什么名字，它的发现在数学史上都很重要，因为它在应用数学领域有非常广泛的用途。我们不妨看三个比较简单的应用。

生活里的杨辉三角

第一个应用是理解复利问题，这与大家的钱包息息相关。

我们假定你存入的本金是1，年利率是x。一年下来连本带利就是$1\times(1+x)=1+x$，第二年你把收获的$(1+x)$当作本金继续存入，因为年利率依然是x，所以第二年连本带利就是$(1+x)\times(1+x)=(1+x)^2$，以此类推，n年就是$(1+x)^n$。我们看看利率的情况。

单利的计算方法中，一笔资金无论存期多长，只有本金计取利息，而复利是指在计算利息时，某一计息周期的利息是由本金加上先前周期所积累利息总额来计算的计息方式。

情况一，利率特别低，比如只有 3%。如果以**单利**计算，2 年后多了 6%，10 年下来就多了 30%。但若以复利计算，1 年下来的利息是 3%，2 年下来一共是 6.09%，摊到每个年头上其实只有 3.045%，比 1 年高不了多少。

二项式相乘 $(1+x)^n$ 展开之后，第一项 1 是本金，在利息上取决定作用的是第二项 nx。也就是说，复利看上去很诱人，其实当利率不够高，或者年限不够长时，和单利带来的收益差不多。今天，绝大部分国家 10 年的利率都不会超过 3%，因此复利因素完全不用考虑。

情况二，利率非常高的时候，比如 x=20%。我们还是以 10 年利率来说明。$(1+x)^{10}=1+10x+45x^2+120x^3+\cdots$，第二项是 $10x=2$，代表单利利息，第三项 $45x^2$，这时已经是 1.8 了，和第二项已经差不多了，第四项也有 0.96，你可以用杨辉三角接着往下算，一直到第六项，数值都不小，都不能忽略。事实上，当利率是 20% 的时候，10 年利滚利下来的总利息超过了 500%，这就非常可观了，这也是那些借了**高利贷**的人还不起的主要原因。

高利贷是一个金融名词，指那些索取高额利息的贷款。高利贷往往是违法的，同学们一定要远离。

复利的效果什么时候才会体现得很明显呢？一个简单的判断方法就是看 n 和 x 的乘积：如果 $nx<1$，基本上不用太担心，因为复利和单利差不了太多，但是 $nx>1$ 的时候，就需要小心了。

第二个应用是理解累积误差，这与大家买卖的产品息息相关。

一个合格产品的误差通常不会很大，可能只是零件尺寸的千分之一，或者更小。但是如果一个产品中零件数量多了，就会造成很大的累积误差，产品就

很容易损坏。最坏的情况是产品的累积误差等于每一个零件相对误差乘以产品中零件的数量。虽然千分之一是个很小的数，但是如果有 100 个零件，累积的误差也会很大。这也是为什么越复杂的产品和设备，每一个部分的设计和加工要求就越高，因为它们的零件太多，累积误差会很大。所以越复杂的产品越容易坏。

当然，如果我们运气好，有些误差可能会相互抵消，但是我们做产品，通常要考虑最坏的情况。

不仅制造产品会有累积误差，做一些要不断迭代（可理解为更新换代）的计算也是如此。如果每一次计算差出了千分之一，迭代了 100 次，就差出了 10%。这也是很多理论模型不准确的原因，因为它们实际上都是现实世界的近似，而使用时间长了，积累的误差就会非常大。比如钟表就是如此，微小的误差会被不断放大，因此其工艺要求非常高。

第三个应用是解决很多概率问题，这与大家的选择相关。

在概率论中，有一个经典问题：二项分布问题。比如你扔了 10 次硬币，6 次正面朝上的概率是多少？这个次数刚好是 $(a+b)^{10}$ 展开后 a^6b^4 那一项的系数。这并不是巧合。我们把 a 看成是硬币的正面，b 看成是背面，$(a+b)^{10}$ 看成扔 10 次硬币，结果中每一个 a^6b^4 就是 6 次正面 4 次背面的选法。通过查杨辉三角，就会发现这一项的系数是 210。因此，6 次正面朝上的概率是$\frac{210}{2^{10}}\approx 0.2$。

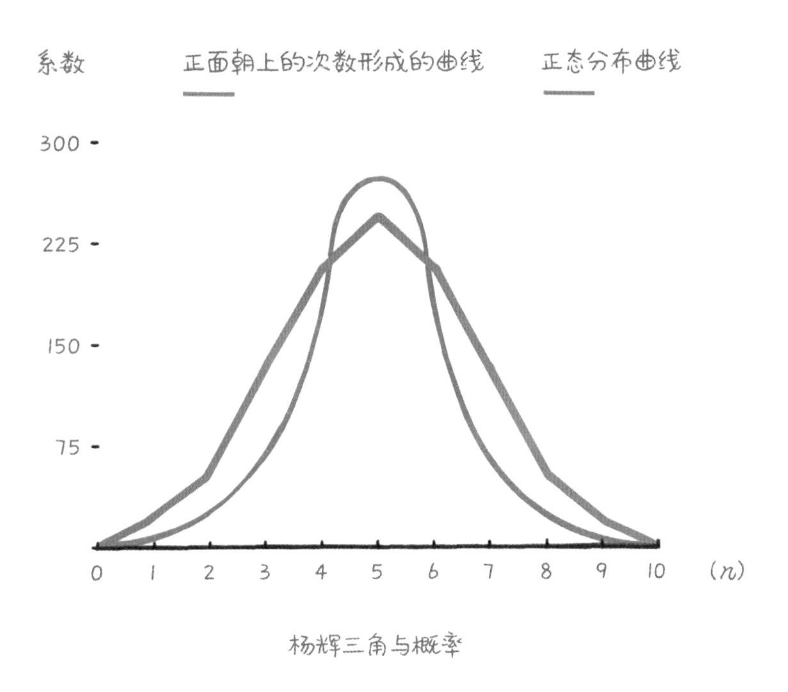

杨辉三角与概率

我们把 $(a+b)^{10}$ 各项的系数用一张图画出来，如上图所示。如果我们对比一下这个曲线的形状和**正态分布**的形状，你会发现它们高度吻合。事实上，当 n 非常大的时候，$(a+b)^n$ 的曲线就是正态分布的曲线。

所谓正态分布，顾名思义，它是自然界中一种正常的分布，也就是中间多、两头少的分布。比如，班上同学的考试成绩，一个社会中富裕、中产和贫困阶层的人数，如果符合中间多、两头少的情况，就比较正常，反之就不正常。

杨辉三角看似只是一个数学游戏，可能海亚姆、贾宪和杨辉等人在研究这个数学规律时并不知道它有什么用途，后来才发现它对解决很多实际问题、理解很多自然科学的规律大有帮助。这其实就是数学的特点之一：很多数学规律，一开始看似毫无用途，但是慢慢地，大家会发现它们非常有用。

中学阶段，我们会学习一元二次方程"通解"（各解的通用表达）的解法。

所谓一元二次方程的"通解"，就是无论你面前的一元二次方程长什么样子，只需要代入一个现成的公式，就可以解出这个一元二次方程了：

只含有一个（一元）未知数，并且未知数项的最高次数是2（二次）的整式方程，叫作一元二次方程。一元二次方程经过整理都可转化成一般形式 $ax^2+bx+c=0(a\neq0)$。其中 ax^2 叫作二次项，a 是二次项系数；bx 叫作一次项，b 是一次项系数；c 叫作常数项。

$$x=\frac{-b\pm\sqrt{b^2-4ac}}{2a}\quad(a\neq0,b^2-4ac\geqslant0)$$

把式子变成 $ax^2+bx+c=0$ 的形式，找到 a、b、c 分别是哪个数字并进行代入，就可以得到 2 个 x 的数值，它们都是这个式子的解。

但如果再复杂些呢？从 x^2 变成 x^3，你的方程升级成了一元三次方程，还有这样方便的式子吗？答案是有的，但是中学阶段并不会学到，大多数人可能一辈子都不会知道。

老师的独门秘籍

一元三次方程看上去只比一元二次方程未知数的次数高了一次，但是寻找它的通解难度非常大。阿拉伯数学家花剌子米发现一元二次方程的通解后又过了几百年，都没有人能够找到一元三次方程的通解。最终，一元三次方程的通解还是被人类发现了，至于是谁发现的，这就涉及数学史上的一桩著名公案了。

故事要回到 15 世纪时的意大利。当时正值文艺复兴的后期，有很多人对科学和数学的问题感兴趣。不过，当时的欧洲刚刚经历了漫长的中世纪，科学发展停滞，整体科学水平并不算高。不用说找到通解了，谁要是能想方设法解几个一元三次方程，就算得上是数学家了。

意大利有一所欧洲著名的大学——博洛尼亚大学，它是世界上第一所真正意义上的大学，距今已经有 900 多年的历史了。在 15 世纪时，博洛尼亚大学有一位叫费罗的数学家，他有一个学生叫菲奥尔。菲奥尔这个人既不聪明，也不好学，看样子将来也不会有什么出息。费罗临死前对这个不成器的学生有点不放心，就对他说："你将来怎么办啊？要不为师传给你一些秘诀，将来你要是实在混不下去了，就拿它们去找最有名的数学家挑战。如果你赢了他，便能在数学界扬名，站住脚了。"在传给菲奥尔秘诀之后不久，费罗老师就去世了。

在老师死后，菲奥尔果然混得不太好，于是就拿出了老师的秘籍，去找一个叫塔尔塔利亚的数学家挑战。"塔尔塔利亚"是意大利语中口吃的意思，这个数学家的真名叫尼科洛・丰塔纳，但是今天很少有人提及他的真名了，而是使用他的绰号。当时欧洲数学家之间盛行挑战，就是各自给对方出一些自己会做的难题，如果自己做出了对方的题，同时把对方难倒了，就算赢了。1535 年，菲奥尔听说塔尔塔利亚会解一些一元三次方程，就给他出了一堆解三次方程的难题。这些题目看上去大同小异，都是下面这样的一些方程：

$$x^3+x+2=0$$
$$2x^3+3x+5=0$$
$$x^3-8x+2=0$$
$$x^3+13x-6=0$$

从这些方程中你会发现，它们没有 x^2 项。费罗老师给菲奥尔留下的独门绝技，其实就是这一类方程的解法。当初，费罗在发现了这类方程的通解后，只悄悄告诉了自己的女婿纳韦以及这个不上进的学生，没让旁人知道。因此，费罗估计没有其他人知道怎样解这些方程。塔尔塔利亚在拿到菲奥尔出的这些难题后，也毫不客气地给对方出了一堆难题，也是求解一元三次方程的，但形式上略有不同——那些方程有 x^2 项，却没有 x 项，比如这样一些方程：

$$x^3+x^2-18=0$$

塔尔塔利亚当时已经摸索出这类特殊的三次方程的解法了。双方约定 30 天为期，并且押上了一笔钱做赌注，于是比赛就算正式开始了。

菲奥尔看了一眼对方的题，知道自己做不出来，干脆直接就放弃了努力。菲奥尔的如意算盘是，对方如果也做不出自己的题，双方就算打平了，这样他就能一战成名，毕竟是与当时最有名的数学家塔尔塔利亚平分秋色。塔尔塔利亚并不知道这些情况，他每天从早到晚待在书房里，认认真真地做这些数学题。而菲奥尔则每天偷偷到塔尔塔利亚家附近，透过窗户望上一眼，看到对方还在埋头解题，说明还没有解出来，他心里就踏实了一点。眼看 30 天的期限快到了，塔尔塔利亚还没有解出来，菲奥尔暗自高兴，这场比赛看似能打平。然而，皇天不负有心人，塔尔塔利亚日思夜想，终于解出了对方的难题，赢得了比赛，菲奥尔的如意算盘打错了，从此再也没有人关注他，而塔尔塔利亚又花了 6 年时间，找到了所有一元三次方程的解法。

1535 年的这次挑战赛，也吸引了当时很多数学爱好者的关注，很多人看到塔尔塔利亚解决了对方出的难题，就想向他学习一元三次方程的解法，但是塔尔塔利亚就是不肯透露他的独门绝技。当时的数学家和今天的很不一样。今天的数学家有了研究成果就想在第一时间发表，这样可以赢得声望，而当时的数学家有了新的发现都会保守秘密，然后用那些独门绝技来挑战其他数学家，博取名声和金钱，研究成果就像那些不外传的武功秘籍。这也是费罗和塔尔塔利亚都不把自己的发现告诉别人的原因。后来有一位叫卡尔达诺的数学家不断恳求塔尔塔利亚，想知道没有 x^2 项和没有 x 项的两种一元三次方程的解法，塔尔塔利亚受求不过，让卡尔达诺发下毒誓保守秘密后，在 1539 年将两类特殊的一元三次方程的解法告诉了他。

数学家的决斗

卡尔达诺有一个很聪明的学生叫费拉里。这师徒俩在塔尔塔利亚工作的基础上，很快发现了所有一元三次方程的解法，我们可以把它称为通解。他们俩自然非常高兴，但是由于之前发了誓要保守秘密，因此他们不能对外宣布自己的发现，这让他们非常郁闷。几年后，塔尔塔利亚也发现了所有的一元三次方程的解法，但是他依然保守秘密，不和别人说。

1543 年，也就是塔尔塔利亚和菲奥尔的比赛过去 8 年之后，卡尔达诺和费拉里访问了博洛尼亚大学，在那里他们见到了费罗的女婿纳韦，得知费罗早就发现了没有 x^2 项和没有 x 项的两类一元三次方程的解法，这让师徒二人兴奋不已，因为他们觉得费罗的发现先于塔尔塔利亚，他们就不再需要恪守对塔尔塔利亚的承诺了。于是，1545 年，师徒二人将一元三次方程的通用解法发表在《大术》这本书里。《大术》的意思就是“数学大典”，在随后的几百年里，这本书都是世界上最重要的代数书之一。在《大术》中，费罗是第一个发现了一元三次方程的解法的人，书中所给出的解法其实就是费罗的思想。同时，在三次方程解法的基础上，费拉里还给出了一元四次方程的一般性解法。

塔尔塔利亚和费拉里的决斗

塔尔塔利亚知道这件事后非常愤怒，认为卡尔达诺失信，于是专门写书痛斥了对方的行为，失信在当时是一件非常不光彩的事情。不过卡尔达诺并不认为自己失信，毕竟费罗在很多年前就完成了这项研究，自己算是站在费罗这位巨人的肩膀上，与塔尔塔利亚的工作无关。这件事在当时被闹得满城风雨，而双方各执一词，旁人也分不清是非，于是双方只好采用“决斗”的方式来解决。当然，这种决斗不是舞刀弄枪，而是给对方出数学难题。卡尔达诺这一边决定由学生费拉里出战，他和塔尔塔利亚给对方各出了些难题，结果费拉里大获全胜。从此，塔尔塔利亚就退出了数学领域。不过，在今天，一元三次方程的标准解法公式依然被称为卡尔达诺 – 塔尔塔利亚公式，大家并没有完全否认他的功绩。

听完这个故事，你可能会问，既然一元三次方程有标准的通解公式，为什么我们的中学老师不告诉我们，还让我们用各种技巧来解题呢？这主要是因为，一元三次方程的通解公式太复杂了。

实际上，今天中学不教一元三次方程的通解公式是对的，因为学生们根本记不住，即使把公式放在手边，带入数字计算，一不小心也会算错，所以还是不知道为好。

根据我的体会，今天学习数学，重要的是把实际问题变成数学问题，然后知道如何利用各种软件工具来解决，而不是花很多时间学一大堆无法举一反三的技巧。

一元三次方程通解公式的发现，在数学史上意义重大。它不仅让人类能够解决所有的一元三次方程，更重要的是，它导致数学中虚数的发明，因为在其通解公式中，涉及计算负数的平方根。过去在解一元二次方程时遇到这个问题，数学家会选择回避，直接宣布一元二次方程没有实数解。但是解一元三次方程，这个问题回避不了。最终，数学家通过发明虚数解决了这个问题。

最后顺便说一句，一元五次和五次以上的方程不存在通解公式，今天人们是在计算机的帮助下解决五次和五次以上方程问题的。

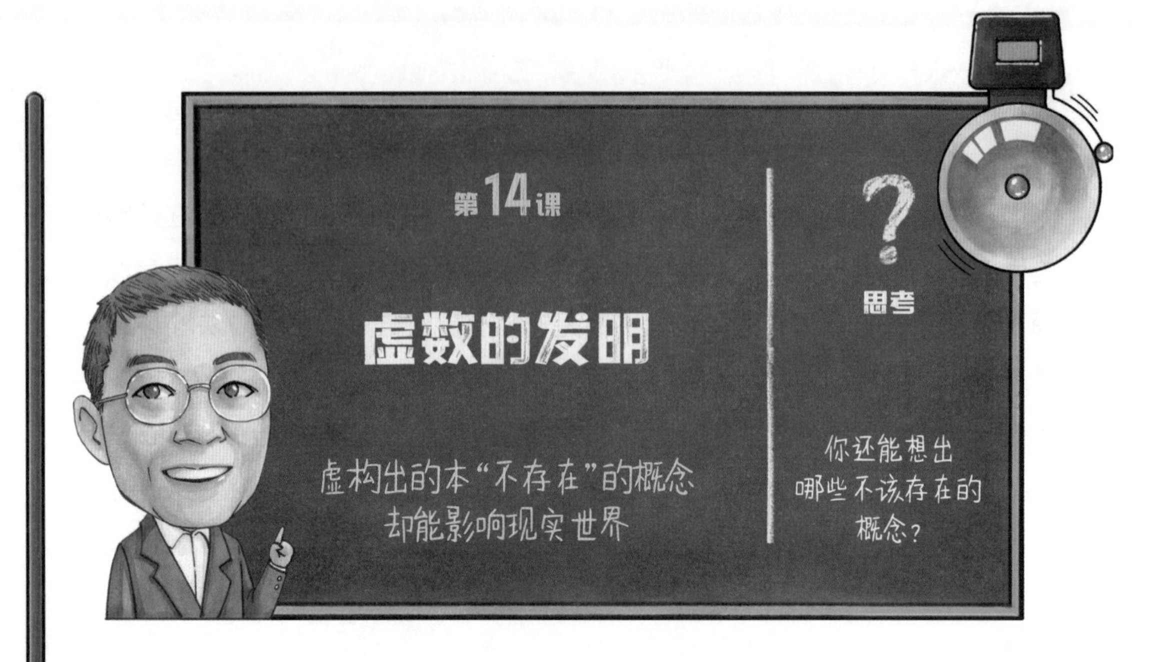

从一元三次方程的解开始

一元三次方程通解公式的发现带来的一个直接结果，就是人们无法回避负数开平方的问题。在现实世界里，我们无法找到一个数字，自己和自己相乘等于 -1。因此，像 $x^2+1=0$ 这样的方程，过去被认为是无解的。因此，在 16 世纪之前，人们回避负数开平方的问题。毕竟，现实生活中也不会遇到什么情况非要讨论这个问题不可。

但是当卡尔达诺发现了一元三次方程的解法之后，这个问题就回避不了了，因为在他的那个计算方程解的公式中要使用到平方根的运算，而且开根号的那个数字很可能就是负数，但这又不影响方程的解是一个现实世界里真实的数字。

我们不妨来看这样一个并不复杂的一元三次方程：$x^3-15x-4=0$，显然 4 是它的一个解。如果我们用卡尔达诺给出的公式计算，就会得出它的一个解是：

$$\sqrt[3]{2+\sqrt{-121}}+\sqrt[3]{2-\sqrt{-121}}$$

由于这个解的算式中需要对负数开根号，我们就算不下去了。实际上，负数开根号的结果最后可以相互抵消。为了解决这个问题，卡尔达诺在《大术》一书中引入了$\sqrt{-1}$的概念。后来，另一位同时代的意大利数学家拉斐尔·邦贝利直接使用了 i 来代表$\sqrt{-1}$。i 是拉丁语中 *imagini*（影像）一词的首字母，它代表非真实、幻象的意思，表示设计出来的数不是真的，而是虚构的，因此中文将之翻译成**虚数**。

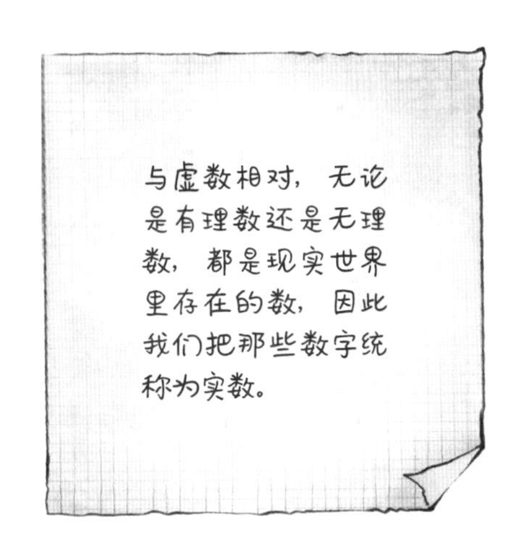

有了虚数 i 这个概念，我们就可以计算 $\sqrt[3]{2+\sqrt{-121}}+\sqrt[3]{2-\sqrt{-121}}$ 这个算式了，它其实等于 $\sqrt[3]{(2+i)^3}+\sqrt[3]{(2-i)^3}=2+i+2-i=4$。也就是说，虚数 i 被人为制造出来后借用了一下，然后又自行消失了。它的作用有点类似于几何中的辅助线——辅助线就是我们虚构出来的，但是没有它我们就无法解决问题，有了它问题就会迎刃而解。

在意大利数学家发明虚数后，在大约 100 年的时间里，数学界普遍不太愿意承认这个自然界并不存在的数。虚数被数学界广泛接受，要感谢法国的大数学家笛卡儿。一开始，笛卡儿也不认可虚数，但是经过更深入的了解和研究之后，他发现虚数是一个很好用的工具，于是开始宣传虚数的作用。到 18 世纪，法国数学家棣莫弗和瑞士数学家欧拉发现了虚数的很多非常有趣的性质，利用那些性质，可以解决原来实数的问题，数学界研究虚数的人就越来越多了。

虚数的用途

那么，除了能解方程，虚数还有什么用途呢?

在数学上，虚数可以让极坐标这个工具变得更完善。我们平时在生活中会使用两种坐标。一种是平面直角坐标，也被称为笛卡儿坐标，它是为了纪念发明平面直角坐标的法国数学家笛卡儿而命名的。比如，北京市的地图就基本上可以被理解为平面直角坐标，它的街道都是横平竖直的。天安门是这个坐标系的中心，我

平面直角坐标

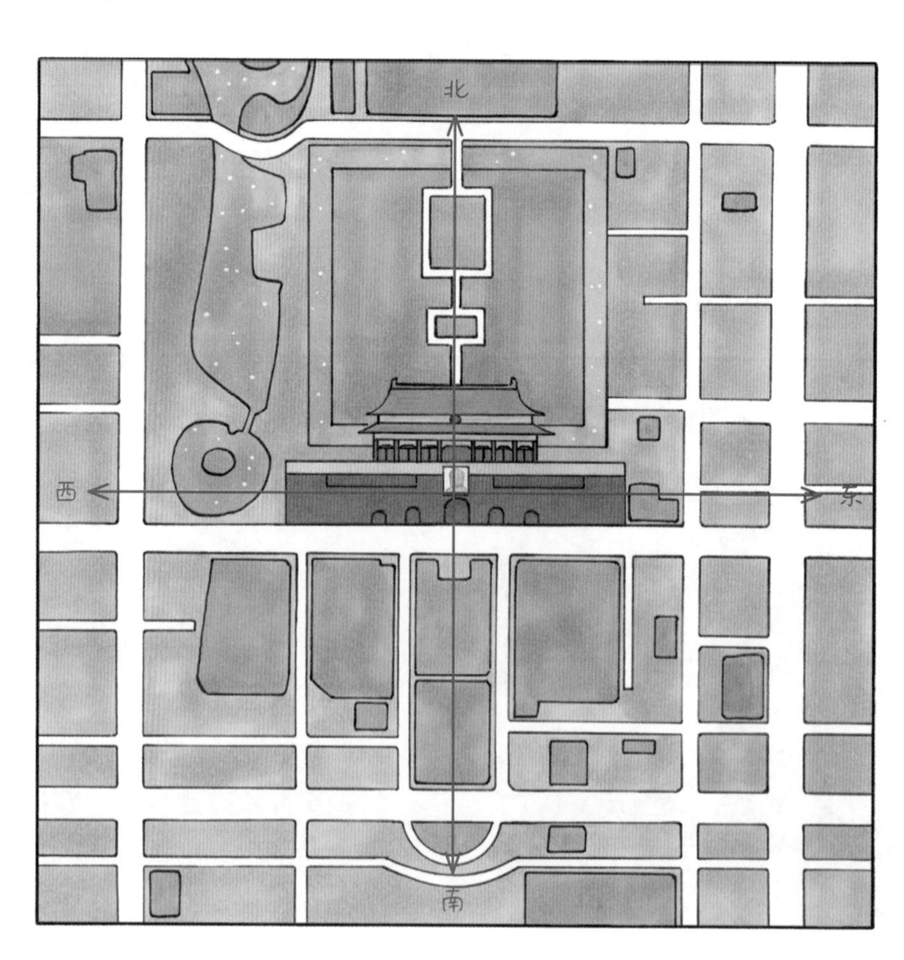

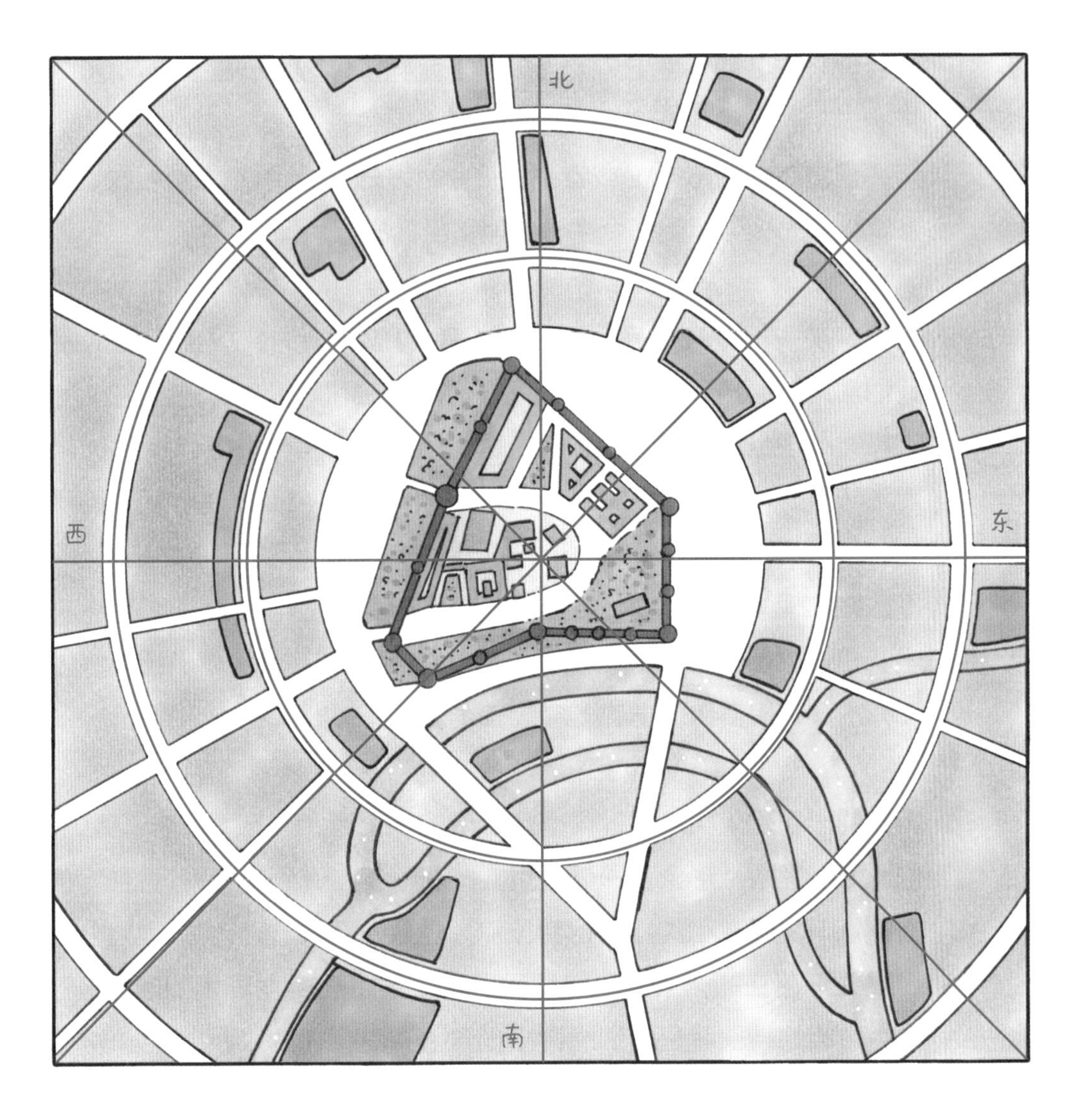

极坐标

们通常会说某个地点在天安门以东 3000 米、以北 2000 米。你在北京问路，人家会告诉你，往西走 500 米再往南拐 100 米就到了。这种确定位置的系统就是平面直角坐标系。在平面直角坐标系中，确定一个位置需要两个信息：一个是横向的距离，另一个是纵向的距离。

但是，其他很多城市的街道就不是横平竖直的了，而是围绕一些地标性建筑向四周扩展，一圈圈建起来的。比如，大家到了莫斯科，就会发现街道要么是像从克里姆林宫出发往各个方向发散的辐条，要么是围绕克里姆林宫的同心圆。此时在确定位置或者给别人指路时，用东南西北就不方便了。人们通常会说，往 2 点钟的方向走 2000 米就到了。因此，在莫斯科这样的城市里，确定一个地点也是用两个信息：一个是从中心克里姆林宫看过去的方向（或者说角度），另一个是距离。这种坐标系统被称为极坐标。那个中心，就是坐标的极点。

今天，在飞行、航海等场景中，或者使用 GPS 时，极坐标要比我们常用的直角坐标更直观、更方便。而在利用极坐标进行各种计算时，虚数就是不可缺少的工具。如果只用实数进行计算会非常不方便。

虚数在物理学中也有广泛的应用。今天电路学、电磁学、量子力学、相对论、信号处理、流体力学和控制系统等都离不开虚数。没有虚数，很多物理学的概念就表述不清楚。

虚数的出现是人类对数这个概念认识的一个巨大飞跃，标志着人们对数的理解从形象、具体、真实的对象，上升到了纯粹理性的抽象认识。虚数和实数的组合被称为复数，复数显然也是现实世界里并不存在的，但是能帮助我们解决很多现实世界里的问题。人类最大的特长就是能够虚构出世界上并不存在的东西。比如像法律、国家、有限公司、货币、股票等，这些都不是自然界原来就有的，而是人类虚构出来的东西。如果没有这些虚构出来的东西，我们今天的社会发展就不可能达到一个很高的水平。因此，学习数学，就是要练习掌握各种虚构的概念来解决问题，将来才能有所创新。

有了虚数和复数，人类对数的认识就基本上完整了。我们可以通过下页“数的集合”这张图来理解人类认识数的过程，并对各种数之间的关系做一个总结。

人类最早认识的是正整数，后来认识了 0，就形成了自然数的概念。从正整数出发，人类又认识了有理数，它们是整数的比值。

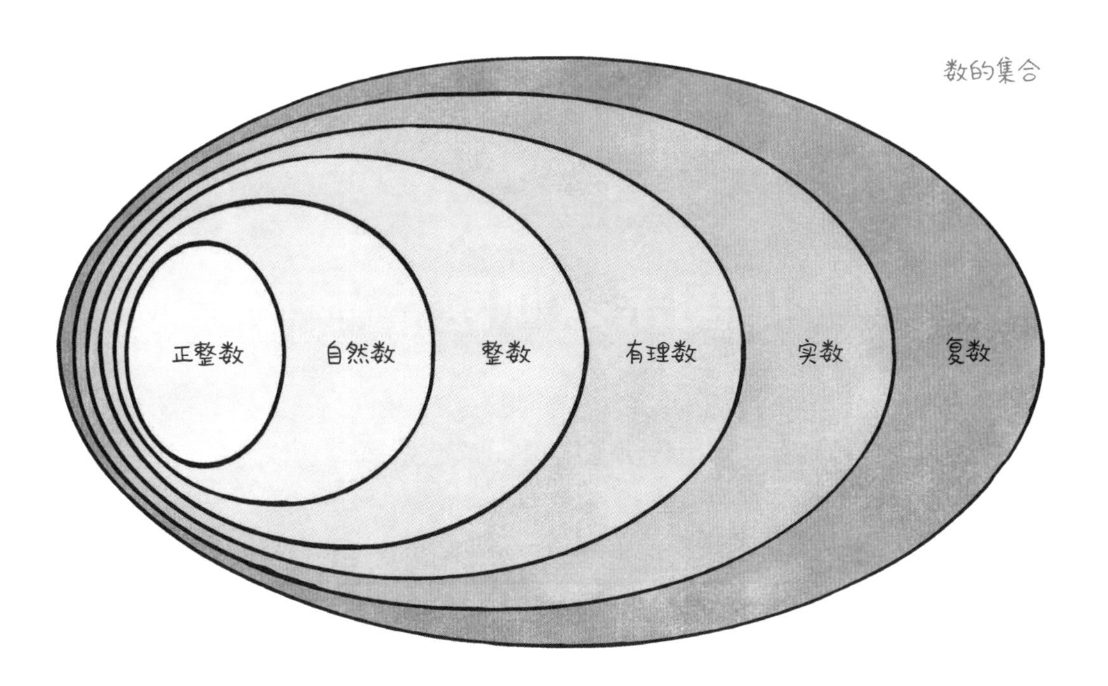

从 0 再往小走，人类发现还有比 0 更小的数，那就是负数。在人类文明的很长一段时间里，人类对数的认识就这么多。

到了毕达哥拉斯的年代，人类通过勾股定理认识到有理数之外还有数，那就是无理数。有理数和无理数合在一起，被统称为实数。

到 16 世纪，出于解方程的需要，人类不得不发明虚数的概念。实数和虚数合在一起，被称为复数。

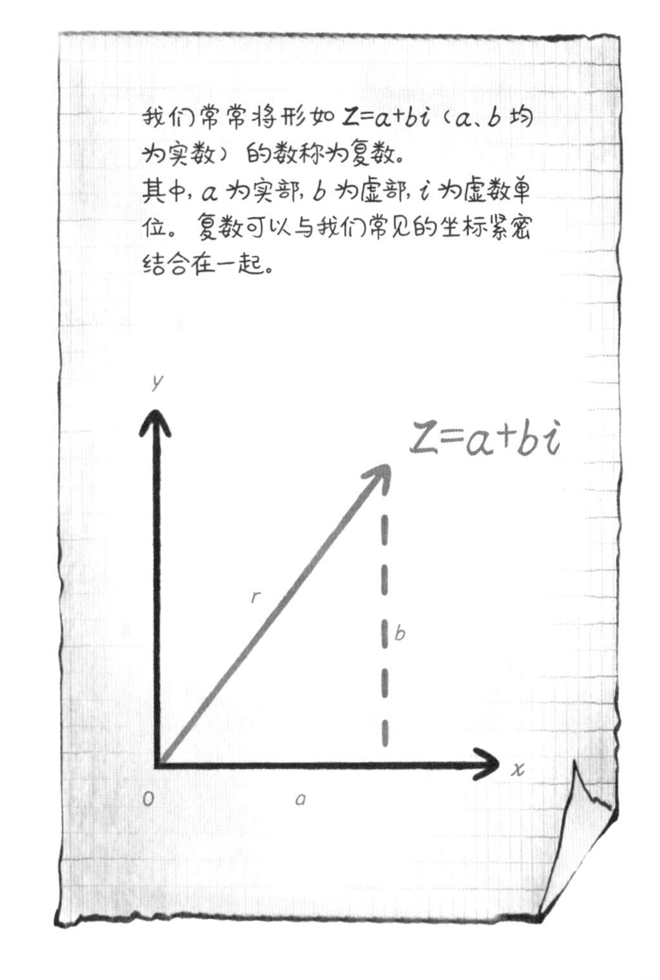

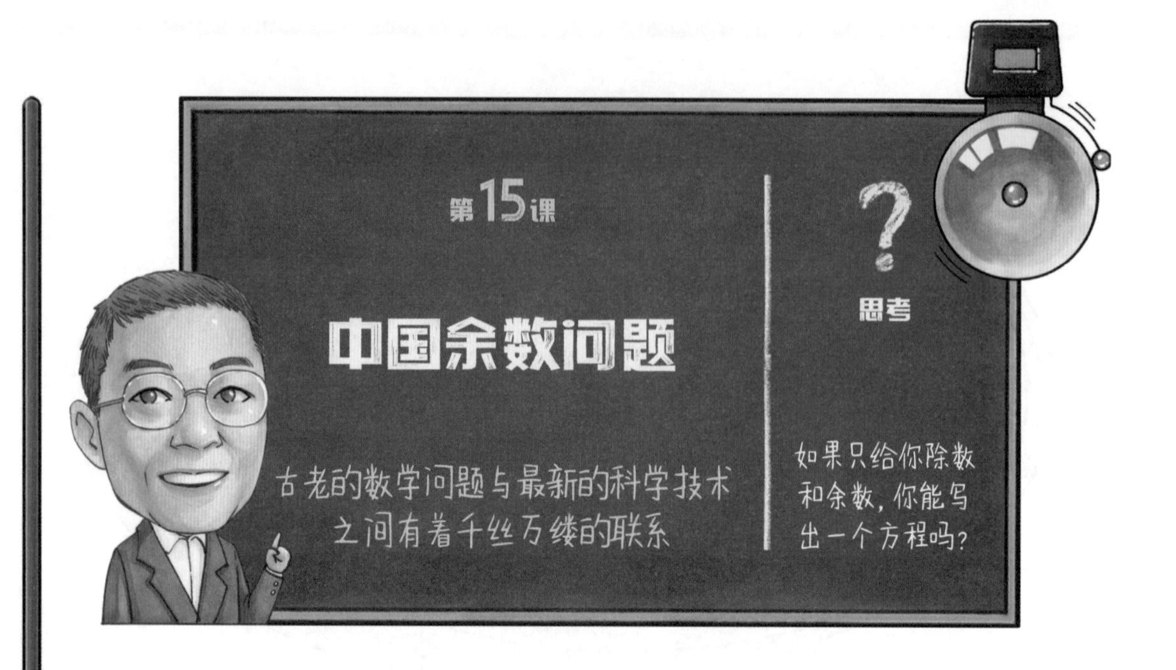

下图是中国一道古老的数学题，译成白话就是：一个数除以 3 余 2，除以 5 余 3，除以 7 余 2，求这个数是什么。

历史上的韩信大概不会这样点兵，谁会自己为难自己呢？这个问题还被称作“孙子点兵”“秦王暗点兵”等，就像我们平时见到

“今有物，不知其数，三三数之剩二，五五数之剩三，七七数之剩二，问：物几何？”

如何帮韩信来点兵？

的“应用题”，题干中总会出现一些耳熟能详的背景故事。

“点兵”问题最早出现在中国南北朝时期的数学著作《孙子算经》中，问题的正式题目是“物不知数”。

如果我们没有太多的数学知识，也可以通过“凑”的方法找到这个问题的答案。比如，我们从一个数除以 3 余 2 可以得知，这个数需要从 5、8、11、14 等数中寻找，因为它们都是除以 3 余 2 的数。我们再从除以 5 余 3 出发，知道这个数要从 8、13、18、23 等数中间找；类似的，我们从除以 7 余 2 出发，知道这个数属于 9、16、23、30 等数中的某一个，最终只要找到那个出现了三次的数就对了。

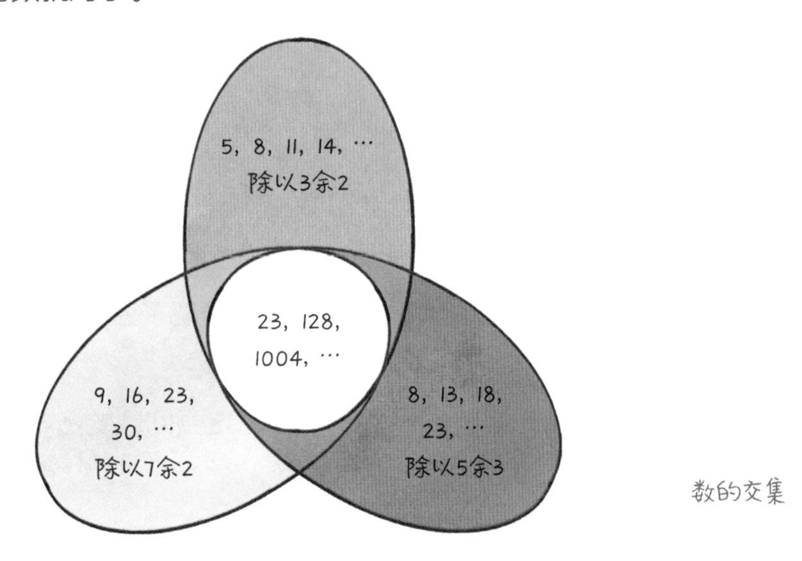

数的交集

如果用集合的形式把图画出来，它们的交集，即图中重合的部分，就是这道题的答案。

我们不难发现，满足条件的最小数字是 23。如果你熟知乘法分配律，很快就会找到第二个答案——3 × 5 × 7 等于 105，你只需要用 23 加上 105，得到的 128 依然满足题目中的三个条件。不过，既然是韩信大将军来点兵，总不能只点 23 人或是 128 人，如果韩信要点一支不少于 1000 人的突击队，你还能快速找到符合条件的数吗?

最接近 1000 的答案是 1004。

这一类已知整数相除后的余数，寻找原来整数的问题，后来在数学上有了一个标准的名字，叫“一元线性同余方程组求解问题”，读起来虽然有些绕口，但你只需要知道它是一个方程问题就够了。

“除以 3 余 2、除以 5 余 3、除以 7 余 2”，这个问题可以用下面三个方程构成的方程组来描述，我们最终要找到 x 是多少。

$$\begin{cases} x=3k+2 \\ x=5m+3 \\ x=7n+2 \end{cases}$$

由于方程组中有四个未知数，却只有三个方程，因此这个方程组可能有多个解，也如我们前文中得到的答案“23，128，1004，…”，那样，最终找到的 x 出现了许多种可能。

《孙子算经》是世界上第一本提出这类问题的数学著作，但遗憾

仰望星空

的是，这本书虽然给出了具体问题的答案，却没有从理论上解决这类问题。

第一个找到并证明这类问题求解方法的是印度著名的数学家和天文学家阿耶波多，他生活在 5 世纪末到 6 世纪中期，是个很厉害的人。在数学上，阿耶波多把圆周率计算到了小数点后 5 位；在天文学上，他根据天文观测提出日心说，并发现日食、月食的成因。因此，印度在 1975 年发射的第一颗人造卫星以他的名字命名。

阿耶波多用“构造法”解决了这类问题。在数学上，“构造法”就是通过一个步骤构造出答案，从而证明答案的存在。说回“韩信点兵”，南宋数学家秦九韶也用构造法给这个问题做出了完整的解答。他的工作记载在 1247 年写成的《数书九章》中。

19 世纪初，英国汉学家、伦敦传道会传教士伟烈亚力（卫礼）将《数书九章》翻译成英文，介绍给西方世界，这让当时的欧洲人了解到了中国古代的数学成就。而在西方世界，最早的完整系统解法是由高斯在 1801 年提出的。由于中国人提出方法的时间较早，所以这个问题今天被称为“中国余数问题”。

在近代中西文化交流中，伟烈亚力的贡献非常大。他在中国生活了近 30 年，一方面，他和李善兰合作，把西方的科学著作《几何原本》《数学启蒙》《代数学》和美国的大学数学教材《代微积拾级》介绍到中国，并翻译成中文。另一方面，他又将中国的文化传播至西方，包括《易经》《诗经》《春秋》《大学》《中庸》《论语》《孟子》《礼记》等经典著作。西方人了解屈原、李白、苏东坡等人，就是因为伟烈亚力的工作。

如果你想继续研究余数问题，得知道它属于初等**数论**这个分支。中国余数问题的意义在于，它引出了初等数论中一个重要概念——同余。所谓同余就是说，如果两个数 x 和 a 除以同一个数 m 的余数相同，我们就称 x 和 a 对于除数 m 同余，写成：$x \equiv a(\mathrm{mod}\ m)$，读作“$x$ 等于 a 模 m”，且 x 和 a 是整数，m 是正整数。

数论是纯粹数学的分支之一，主要研究整数的性质，研究各种数之间深刻而微妙的关系，比如勾股数组、费马大定理等。

有了同余这个概念，我们就可以把中国余数问题用下面这种形式写出来，这叫作“一般性描述”：

$$(S):\begin{cases} x \equiv a_1(\mathrm{mod}\ m_1) \\ x \equiv a_2(\mathrm{mod}\ m_2) \\ \qquad \vdots \\ x \equiv a_n(\mathrm{mod}\ m_n) \end{cases}$$

也就是要寻找除以 m_1 余 a_1，除以 m_2 余 a_2，…，除以 m_n 余 a_n 的整数。哪怕条件再多，今天也有现成的公式可以代入计算，因为过程比较复杂，这里就不列举了。

密码中的同余问题

在近代数论里，同余问题非常重要，它和近世代数、计算机代数、密码学和计算机科学都有密切的关系，特别是在密码学中有着非常广泛的应用。比如，今天国际银行账户（IBANs）就用到了模 97（以 97 为除数的同余）的算术，来检查用户在输入银行账户号码时的错误。此外，今天最常见的加密算法 RSA 和迪菲-赫尔曼密钥交换等公开密钥算法，都是以同余为基础；即便是区块链所用到的椭圆曲线加密算法以及新的加密基础，也离不开同余这个概念。你会发现，这些实际生活中的应用听起来非常复杂，但它们的基础都是简单的同余问题。

数学，正是无数大厦的基石，你越接近它，越会感到兴奋。

印度象棋和麦粒问题是一个广泛流传的数学趣闻，我最早是听父亲讲给我的，当时我很难理解为什么这个问题最后得出的数字那么巨大。印度象棋和麦粒问题有很多版本，其中最早的版本是伊斯兰教沙斐仪学派学者伊本·哈利坎在 1256 年记载的。

进击的麦粒

相传，古印度有一位国王，这位国王非常喜欢他的宰相西萨发明的国际象棋，于是决定赏赐西萨。西萨要的赏赐看似很简单，也很廉价：他提出让国王赏赐他一些麦粒就好，但麦粒的数目暗藏玄机。

西萨说，国际象棋有 64 个格子，在第一个格子里放 1 粒，第二、第三、第四个格子分别放 2、4、8 粒，后面的格子以此类推，翻番增加，摆满 64 个格子就可以了。

国王觉得这是小菜一碟，区区几个麦粒而已，这点要求很容易满足，就让仓库管理员拿来一袋麦子，按照西萨的要求一个格子一个格子地摆放，结果一袋麦子放了不到 20 个格子就用完了。接下来的麻烦就大了，因为下一个格子要放上整整一袋麦子，然后再接下来的要放两袋，就这样翻番下去，就算国王的粮仓里有 1 万袋麦子，也不够摆放半个棋盘。

“我怎么会坑您呢，陛下。”

国王只好让仓库管理员好好算算，到底需要多少麦子。计算的结果让国王大吃一惊——想要摆满棋盘，需要超过 1 万亿吨麦子。2020 年全世界的小麦产量是 7 亿多吨，宰相所要的麦子的数量，相当于全世界 1400 多年的产量。这个倒霉的国王无论如何是拿不出来的。

故事的后续发展有很多版本，在有的版本里，宰相成了国王的债主，而有的版本里，恼怒的国王觉得宰相贪得无厌，把他处决了。不管是哪个版本，国王都无法兑现承诺，因为宰相要的数量太大了。

我们也和仓库管理员一起算算这个巨大的数，宰相所要的麦粒的数量是 $1+2+4+8+16+\cdots+2^{63}$。参与计算的每一项比前一项多一倍，也就是后项与前项比值是 2 的数字连加，这被称为等比级数，也被称为几何级数。那么，这些数字加起来是多少呢？我们经过观察后可以发现：

$$1+2=3=2^2-1$$

$$1+2+4=7=2^3-1$$

$$1+2+4+8=15=2^4-1$$

$$\cdots$$

因此，我们可以找到规律：$1+2+4+8+16+\cdots+2^{63}=2^{64}-1$

这个结论并不难证明，它的推导过程我们这里就省略了。而 $2^{64}\approx 1.8446744\times 10^{19}$，大约是 1800 亿亿。一粒麦子的重量大约是 0.064

克，这么多麦子的总重量大约就是 12000 万亿吨，仓库管理员估算得没有错。

为什么麦粒的数量会增长这么快，这是因为翻番增长的速度实在是太惊人。如果在增长过程中，每一次增长都有固定的倍数，我们就称这种增长方式为指数增长。通常我们用 r 代表每一次增长的倍数，比如在上面的印度象棋例子里，$r=2$。

我们的图中画了一小段指数增长的趋势，这里 $r=2$。横坐标是增长的次数，纵坐标是增长后得到的数值。在图中，我们把纵坐标进行了压缩，一格代表 250。大家不难看出，这个函数一开始增长的趋势似乎不是很快，但是过了一个点后，它上升的速度就陡然提高，而且后面几乎是垂直的了。如果我在这张纸上把横坐标画到 64，这张纸的高度将达到 400 亿千米。要知道，太阳和地球之间的距离只有 1.5 亿千米。

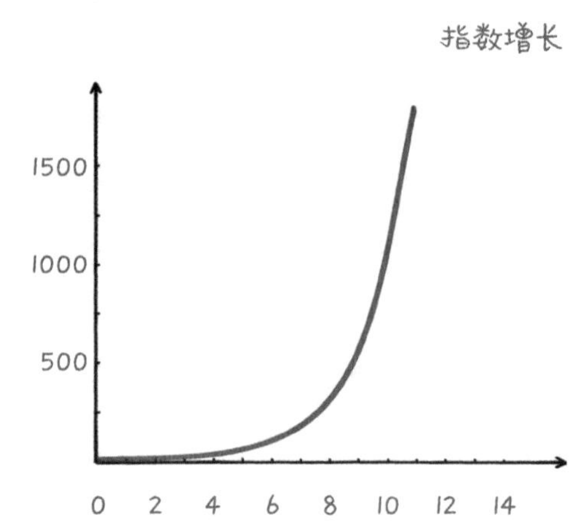

汉诺塔

几何级数增长的速度通常被人们低估。

古印度还流传着另外一些类似的故事，也是为了说明几何级数增长速度太快，其中比较有名的是汉诺塔的故事。

在印度的某个寺庙里有三根柱子，我们不妨称它们为 A、B 和 T。A 柱上摞着 64 个盘子，小盘子放在大盘子的上面。接下来要按照下列规则将所有盘子从 A 柱移到 B 柱：

1. 每次只能移动一个盘子。
2. 任何时候小盘子都不能放在大盘子的下面。
3. T 柱可以用于临时摆放盘子，但盘子的次序也不能违反第二条规则。最后的问题是，如何将这 64 个盘子从 A 柱移到 B 柱。

据说，如果寺里的僧侣把全部 64 个盘子从 A 移到了 B，那么世界就将毁灭。我们不妨来看看这个说法是否过于夸张。

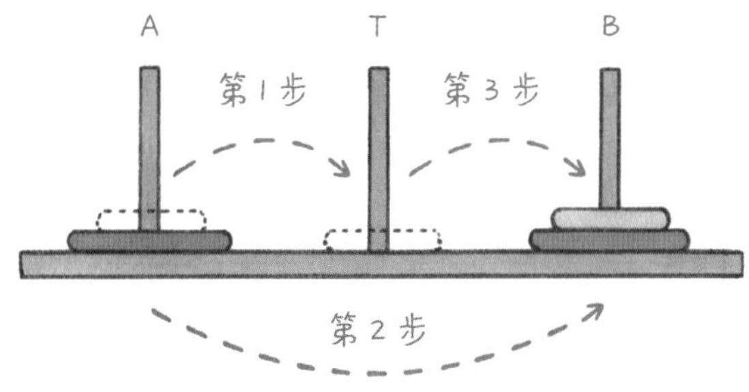

没想到吧，挪盘子有这么复杂

移动 64 个盘子是很复杂的事情，假如只有两个盘子，我们可以按照图中提示的方式，用三步完成移动。

如果大家有兴趣，不妨试试移动三个盘子，需要挪动 7 次。这是怎么算出来的呢？为了把最底下的第三个盘子从 A 挪到 B，先要把上面两个盘子从 A 挪到临时的柱子 T 上，这一步需要挪 2 次，而把第三个盘子从 A 挪到 B 是 1 次，最后，还要把上面的两个盘子从中间的柱子 T 挪到 B，这也需要挪 3 次，因此一共需要挪动 3+1+3=7 次。

如果要挪动 64 个盘子，情况也是类似的，但是过程会烦琐得多。经过计算，我们将要挪动的次数等于“ $2^{63}+2^{62}+\cdots+2+1$ ”。

这个数量正好和前面的麦粒数量一样多。如果那位老僧一秒钟挪动一个圆盘，那么他大约需要 5800 亿年（ 5.8×10^{11} ）才能完成这个看似并不复杂的操作。我们知道宇宙的年龄是 138 亿年，地球的年龄只有 46 亿年，等他按照要求把这 64 个盘子挪完，真要等到天荒地老了。

这些故事反映出，人类在 13 世纪或者更早一些时候就开始认识指数增长了，并且知道指数增长的速度是非常快的。如果我们把等比级数的每一项1，2，4，8，16…单独写出来，它们是一个由数字构成的序列，我们称之为等比数列，或者几何数列。

还是复利问题

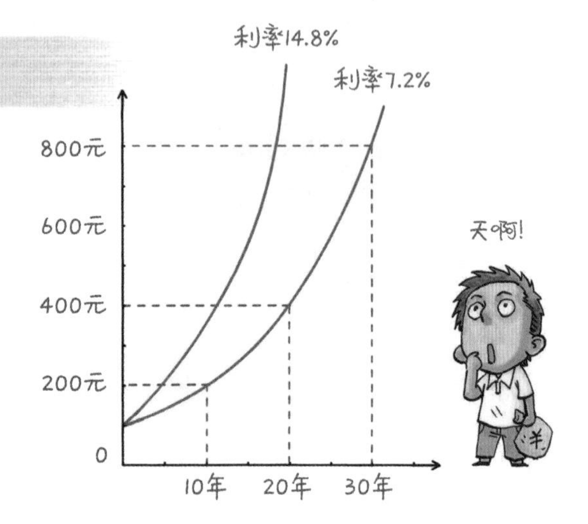

我们前文讲过的复利其实也是类似的道理。当然，在现实世界里，几乎没有什么形式的储蓄可以很快让你的钱翻倍增长，但是只要能够维持一定的增长率，并且增长足够长的时间，就会产生明显的复利效应。假设你将100元投入股市，每年的增长率都是7.2%，10年下来你的钱就会翻一倍，20年就是原来的4倍，30年就是8倍。如果一个人从刚开始工作就坚持投资股市，退休时大概率会有足够多的资产养老。听起来虽然很美好，但股市存在着各种未知的变化，很难维持这样的稳定增长，正所谓“投资有风险，入市需谨慎”。

如果每年的投资回报率提高到14.8%，那么翻番的周期就缩短到5年。到这里，你有没有想过，如果你不是存钱的人，而是借钱的人，几年后利滚利算下来，将是一个非常大的数目，意味着你要付出非常高的利息。所以借钱的时候一定要三思而后行，一旦冲动借钱，或许就很难翻身了。

等比数列的特质

关于等比级数和等比数列，还有三个事实我们应该知道。第一个事实是关于等比级数累积的数量，后半段要比前半段多得多，特别是翻番增长，甚至最后一项抵得上前面所有项的和。比如，我们知道初夏荷叶生长的速度是每天翻一番，假如荷叶 20 天铺满荷塘，那么请问是第几天铺满荷塘的一半呢？很多人觉得是 10 天，其实是第 19 天才铺满一半，而第 20 天一天铺的面积等于前 19 天的总和。这就如同我们开头故事中的国际象棋棋盘上，最后一个格子需要的麦粒数量抵得上前面所有格子麦粒数量的总和。如果你注意观察春天柳树新叶生长的情况就会发现，突然某一天，柳树一下子就变绿了。这其实也是由翻番增长，或者说复利效应造成的。复利是一把双刃剑，既有令人欢喜的一面，也有令人恐惧的一面。有人说复利效应是世界第八大奇迹，就是这个道理。

第二个事实是关于比值的。虽然在我们的例子中，等比数列的比值大于 1，也就是说后面的数会比前面的大，但是，等比级数的比值也可能是小于 1 的。比如，当比值为二分之一时，哪怕一开始的数字非常大，数列也会衰减得非常快，并且最后趋近 0。假设某个富翁用 10 亿元投资，但是他比较莽撞，每次投资都会亏一半。你以为 10 亿元很多，其实只要 10 次，他就会亏掉 99.9%。在历史上，很多超级富豪或者他们的后代，就是这样在极短的时间里把亿万家产赔光的。

第三个事实是，除非是公比非常大的等比数列，否则一开始它的增长并不显著。我们说过，复利效应需要有足够长的时间才能看到效果，很多人会等不及，甚至质疑复利效应。我们从下图可以看出，等比数列的增长会在某个地方出现一个转折点，过了那个点，增长就特别明显。但是很多人在达到这个转折点之前就已经放弃了。如果尝试更浪漫的说法，可以将复利效应看作化茧成蝶的过程，如果我们能坚持做某些事，在未来或许就会迎来意想不到的成长。

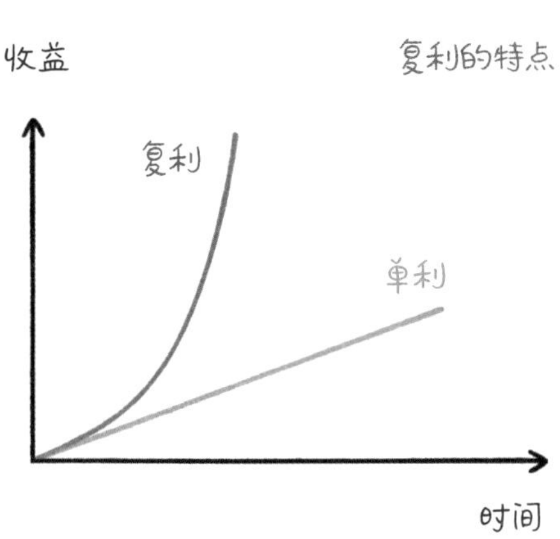

等比数列和等比级数是高等数学中非常重要的概念，人们通过它研究数量的变化趋势和变量增加到无穷大时数量的极限。在自然科学和经济学中，它们也是重要的理论工具。

复利的特点

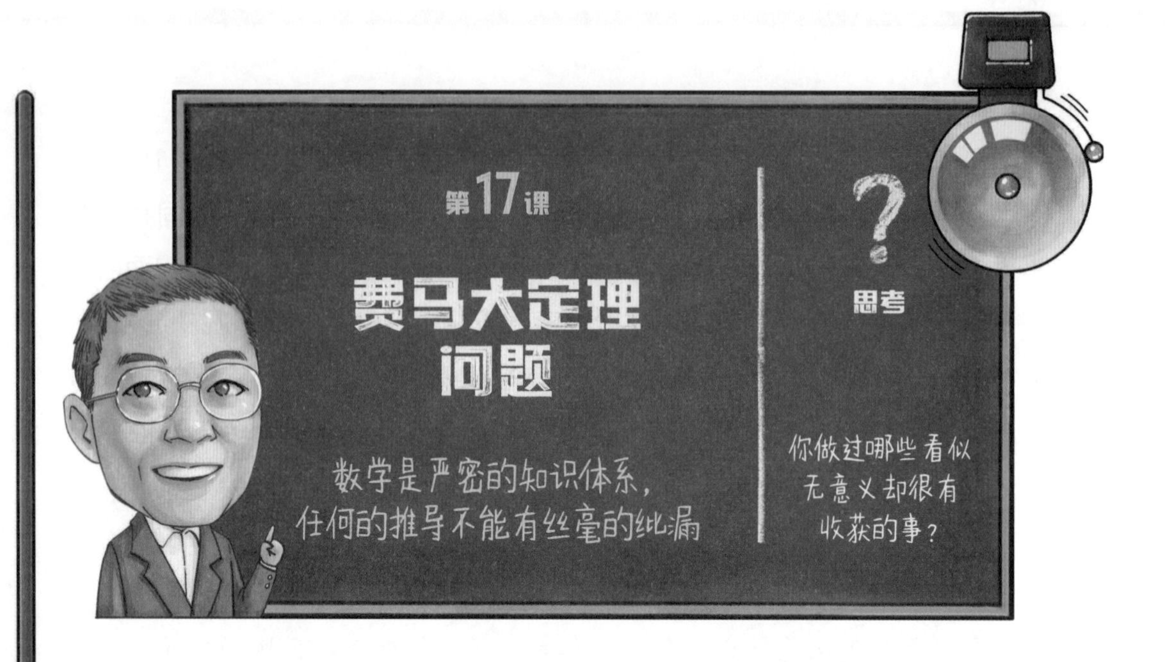

我们前面提到的勾股定理有 $a^2+b^2=c^2$，那么，有没有可能找到一些整数，使得 $a^4+b^4=c^4$，如果把 4 依次替换成 5、6、7……呢？这类问题被称为不定方程整数解的问题。因为一个方程有多个未知数，这些未知数的值无法完全确定，所以称为不定方程。早在古罗马时期，数学家丢番图就开始思考这类问题。但是这类问题数量太多，丢番图不可能找到一种系统性的方法来解决。

费马猜想的提出

我负责猜想，你负责解决

1637 年，法国数学家费马在阅读丢番图《算术》一书时，在第 11 卷第 8 命题旁写下了这样一段话：

将一个立方数分成两个立方数之和，或将一个四次幂分成两个四次幂之和，或者一般地将一个高于二次的幂分成两个同次幂之和，这是不可能的。关于此，我确信我发现了一种美妙的证法，可惜这里的空白处太小，写不下。

费马的话用数学语言准确地表述一下就是：除了 n=2，不可能找到三个非 0 的整数 a、b、c，使得 $a^n+b^n=c^n$。

这个命题过去被称为费马猜想，今天被称为费马大定理。它看上去很简单，却困扰了人类 350 多年。

由于费马声称自己想到了一种证明方法，因此这个问题给人的第一感觉便是证明它大概不会很困难。但事实并非如此，今天回过头来看，应该是费马自己搞错了，以他的知识是无法证明这个难题的。

在费马提出这个猜想之后，数学家纷纷上阵，试图解决这个问题，但是很快发现这个问题比想象的要复杂得多。

1770 年，大数学家欧拉证明 n=3 时这个猜想成立。也就是说，不可能有一个立方数，被拆成两个立方数之和。

1825 年，高斯和法国女数学家**热尔曼**同时独立证明了费马猜想在 n=5 的情况下成立。

热尔曼是 19 世纪著名的女数学家，她师从著名数学家拉格朗日。1830 年，在高斯的推荐下，哥廷根大学为她颁发了荣誉学位。

在费马猜想提出之后的 200 多年里，数学家证明了对于很多取特定值的 n，这个猜想是成立的，但是对于一般情况，大家依然一筹莫展。1908 年，德国人保罗·弗里德里希·沃尔夫斯凯尔还宣布设立一个 10 万德国马克的奖金给第一个证明该猜想的人。于是，不少人尝试并递交他们的“证明过程”，当然，这些证明绝大部分都极不靠谱。后来德国在“一战”中战败，他们的货币马克大幅贬值，10 万德国马克连一粒米都买不到，大家的兴趣也就锐减了。

不过，还有很多数学家并不是为了金钱，他们致力于探索新的知识领域，孜孜不倦地研究这个问题，但是大多数人都走错了方向。

怀尔斯的证明

情况到 1955 年才有了转机。这一年 9 月，年轻的日本数学家谷山丰提出一个猜想，这个猜想描述了椭圆曲线和数论的一些关系。1957 年，谷山丰和志村五郎又把这个猜想描述得更加严格了，这个猜想后来就被称为谷山－志村猜想。遗憾的是，1958 年谷山丰自杀身亡，这方面的研究就暂时停止了。到 20 世纪 80 年代，德国数学家格哈德·弗雷发现谷山－志村猜想如果被证明了，应该就能证明费马猜想，于是，很多数学家的注意力就被吸引到这个方向上了。在这些人中，最突出的是年轻的英国数学家安德鲁·怀尔斯。

1953 年，怀尔斯出生于一个英国高级知识分子家庭，他在 10 岁的时候被费马大定理吸引，并因此选择了数学专业。虽然他的父亲是研究哲学而非数学的，但怀尔斯还是受到了父辈的熏陶，养成了很好的科学素养。他不会像民间科学家那样用初等数学的知识去证明那些初等数学根本无法解决的问题，而是接受了长期的训练并做了充足的准备。1986 年，33 岁的普林斯顿大学教授怀尔斯在做了 10 多年的准备后，觉得证明费马大定理的时间成熟了，终于决定将全部精力投入该定理的证明上。为了确保别人不受他的启发率先证明这个著名的定理，他决定在证明出这个定理以前不发表任何关键性的论文，而在此前，他是在数论领域最为活跃，发表论文也非常多的数学家。当然，怀尔斯也知道，证明费马大定理这样的难题，如果只是一个人苦思冥想，难免会陷入死胡同而不自知，有时自己的推导出现了逻辑错误，自己也不容易看出来。为了避免这种情况的发生，怀尔斯利用在普林斯顿大学教课的机会，不断将自己的部分想法作为课程的内容讲出来，让博士生来挑错。

1993 年 6 月底，怀尔斯觉得自己准备好了，便回到他的故乡英国剑桥，在剑桥大学著名的牛顿研究所里举办了三场报告会。为了产生爆炸性的新闻效果，怀尔斯甚至没有预告报告会的真实目的。因此，前两场报告会的观众并不多，但是这两场报告之后，大家都明白接下来他要证明费马大定理了，于是在 1993 年 6 月 23 日最后一场报告会举办时，牛顿研究所里挤满了人。据估计，现场可能只有 1/4 的人能听懂报告，其余的人来这里是为了见证一个历史性的时刻。很多听众带来了照相机，而研究所所长也事先准备好了一瓶香槟酒。当写完费马大定理的证明过程时，怀尔斯很平静地说道：“我想我就在这里结束。”会场上爆发出一阵持久的掌声。这场报告会被誉为 20 世纪该研究所最重要的报告会。随后，《纽约时报》用了“尤里卡”（Eureka）

做标题报道了这个重要的发现，而这个词是当年阿基米德在发现浮力定律后喊出来的，意思是“我发现了”。

补上“小”漏洞

不过，故事并没有到此结束，数学家在检查怀尔斯长达 170 页的证明逻辑之后，发现了一个很小的漏洞。怀尔斯和所有人一开始都认为这个小漏洞很快就能补上，但是后来才发现这个小漏洞会颠覆整个证明的过程。随后，怀尔斯又独立工作了半年，但毫无进展，在准备放弃之前，他向普林斯顿大学的另一位数学家讲述了自己的困境。对方告诉他，他需要一位信得过的，并可以讨论问题的助手帮忙。

经过一段时间的考虑和物色，怀尔斯请了剑桥大学年轻的数学家理查德·泰勒来普林斯顿大学一同工作。1995 年，安德鲁·怀尔斯和理查德·泰勒共同证明了谷山－志村猜想的一个特殊情况（半稳定椭圆曲线的情况），这个特殊情况被证明后，费马猜想就迎刃而解了。于是，在泰勒的帮助下，怀尔斯补上了那个小漏洞。

由于有了上一次的“乌龙”，怀尔斯这次有点怀疑自己是在做梦，于是他到外面转了 20 分钟，发现自己没有在做梦，这才喜出望外。由于怀尔斯在证明这个定理时已经超过 40 岁，无法获得**菲尔兹奖**，因此国

菲尔兹奖是依加拿大数学家约翰·查尔斯·菲尔兹的要求设立的国际性数学奖项，于 1936 年首次颁发。菲尔兹奖是数学领域最高奖项之一。获奖者必须在该年元旦前未满 40 岁，每人能获得 1.5 万加拿大元奖金和金质奖章一枚。因诺贝尔奖未设置数学奖，故该奖被誉为“数学界的诺贝尔奖”。

这次肯定没有摆乌龙

际数学大会破例给他颁发了一个特别贡献奖，而这也是迄今为止菲尔兹奖唯一的特别贡献奖。怀尔斯后来还获得了数学界的终身成就奖——沃尔夫奖。

此后，泰勒在怀尔斯工作的基础之上，继续研究谷山 - 志村猜想的一般情况，并且最终在 1999 年和布勒伊、康莱德、戴蒙德完成了对这个猜想的全部证明。泰勒后来也获得了很多数学大奖，包括美国的克雷奖和 2015 年的**突破奖**。

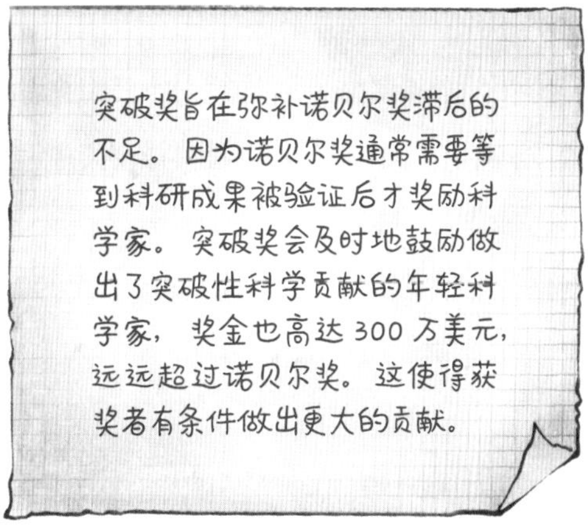

突破奖旨在弥补诺贝尔奖滞后的不足。因为诺贝尔奖通常需要等到科研成果被验证后才奖励科学家。突破奖会及时地鼓励做出了突破性科学贡献的年轻科学家，奖金也高达 300 万美元，远远超过诺贝尔奖。这使得获奖者有条件做出更大的贡献。

费马猜想和谷山 - 志村猜想被证明后，被正式称为“费马大定理”和“谷山 - 志村定理”了，而前者其实是后者的一个特例。

从怀尔斯证明费马大定理的过程，我们能够体会到，数学是世界上最严密的知识体系，任何推导不能有丝毫的纰漏，怀尔斯就差点因为一个小的疏忽毁掉了整个工作。

证明这个古老的数学难题有什么意义呢？这个定理的证明过程出现了很多数学研究成果，特别是对于椭圆方程的研究。今天区块链技术用到的椭圆曲线加密算法，就是以它为基础的。除了怀尔斯，很多数学家，特别是谷山丰和泰勒，对这一系列理论做出了重大贡献。今天的比特币就是谷山丰理论的一次有意义的应用。

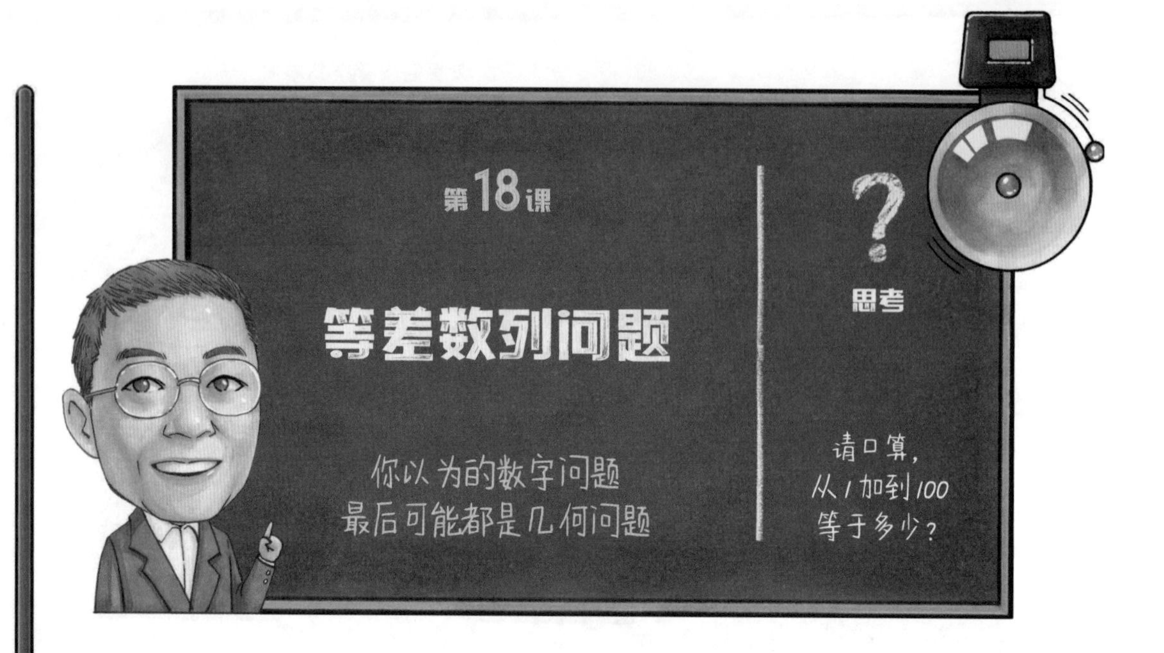

小时候，老师给我们出了一道数学题，问我们从 1 加到 100 是多少。虽然可以使用算盘，但由于计算这么多数字难免出错，我们班上 20 个人，没有一个人最终得到正确答案。我回到家后，父亲给我讲解了这道题，原来这道题还有特别的解题技巧，并不需要做 99 次加法。

我们先把这道加法题的式子写出来：

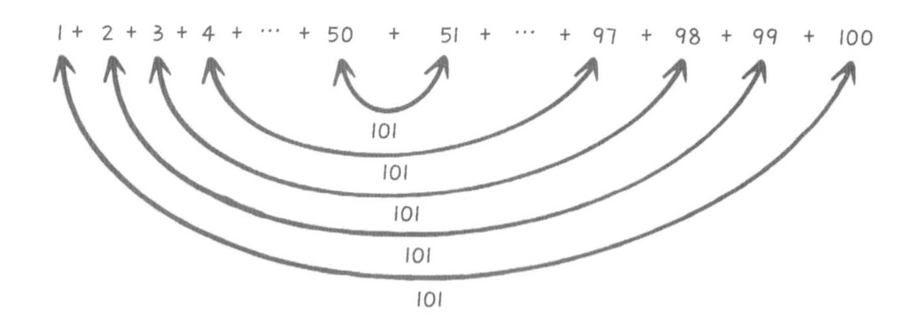

我们不难看出左边第一个数字 1 和右边第一个数字 100 相加等于 101，左边第 2 个数字 2 和右边第 2 个数字 99 相加也等于 101。我们这样不断加下去，直到加到中间两个数字 50 和 51，它们相加依然是 101。从 1 到 100 这 100 个数字可以组成 50 组相加为 101 的数字对，于是 1+2+3+4+…+50+51+…+97+98+99+100=101×50=5050。

高斯求和

这个问题并不复杂，但当时的我们都没有靠自己想出上面这种简洁的方法。不过，世界上还是有一些数学天才的。相传，德国著名数学家高斯在 10 岁的时候，就独自思索出了上面这种从 1 加到 100 的计算方法。据说当时他的老师布特纳刚在黑板上写完这道题，高斯就给出了答案。

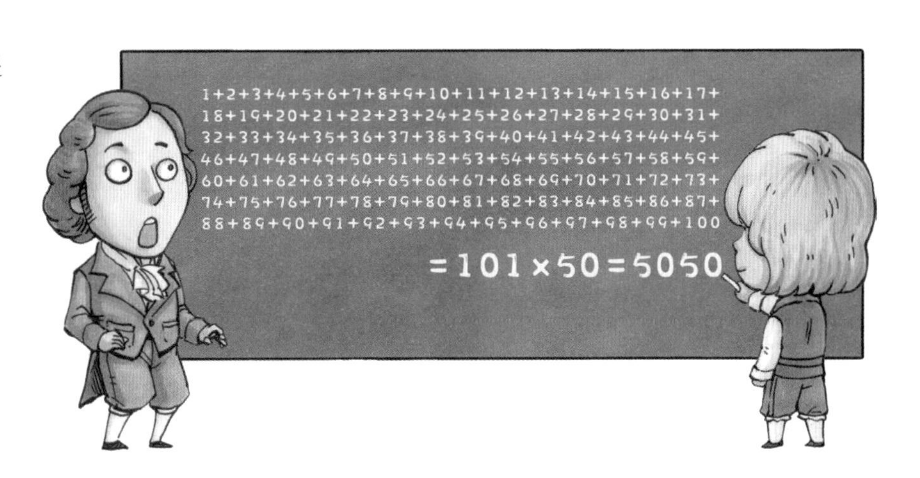

不过，人们对这个传说的真实性一直表示怀疑。于是，专门研究高斯的著名数学史家埃里克・坦普尔・贝尔对此进行了专门的考证，发现布特纳老师当时给孩子们出的是一道更难的加法题：

81297+81495+81693+81891+…+100701+100899

这道题也是 100 个数相加，两个相邻的数之间相差 198，我们也可以用从 1 加到 100 的办法解决它，因为左右相应位置两个数加起来都是 182196。因此，81297+81495+81693+81891+…+100701+100899=182196×50=9109800。

当时布特纳刚刚写完这个长长的式子，高斯的计算就完成了，并把写有答案的小石板交了上去。埃里克·坦普尔·贝尔在《数学大师》一书中写道，高斯晚年经常喜欢向人们谈论这件事，说当时只有他的答案是正确的，其他孩子都做错了。不过高斯从来不喜欢讲他是如何解题的，也没有明确地告诉大家他是用什么方法如此快速地解决了这个问题。

从这个例子可以看出，高斯从小就注意寻找好的数学方法解决问题，而不是一味蛮干。

在课堂上，我们更习惯叫它等差数列。等差数列是指这样一种数列：从它的第二项起，每一项与它前一项的差等于同一个常数。这个常数叫作等差数列的公差，公差常用字母 d 表示。公式中为什么是 $(n-1)$ 乘公差 d 呢？这其实是表示，某一项和第一项中间有多少个公差的距离，比如第二项就是 2-1=1，也就是说，第二项距离第一项有一个公差的距离；第三项就是 3-1=2，说明第三项距离第一项有两个公差的距离，以此类推。

上面这类问题，在数学上被称为等差级数求和问题。所谓等差级数，就是指在一系列进行连加运算的数字中，相邻两个数的差都是相同的。通常，我们把第一个数称为 a_1，两个相邻的数之间的差称为 d，一个等差级数就是 $a_1+(a_1+d)+(a_1+2d)+\cdots+[a_1+(n-1)d]$，一共有 n 项。

计算等差级数的方法就是头尾相加之后，乘项数的一半，也就是：

$$a_1+(a_1+d)+(a_1+2d)+\cdots+[a_1+(n-1)d]=\frac{[2a_1+(n-1)d]\cdot n}{2}$$

当然，可能有同学会问，如果级数中只有奇数项怎么办。没有关系，这时这个计算公式依然有效，证明的过程并不复杂，我们就省略了。

聪明的数学王子

在数学史上，阿基米德、牛顿、高斯被认为是人类历史上最伟大的三位数学家，当然，还有人把欧拉也算进来，把他们四个人并称为四大数学家。高斯在很多数学领域都做出了杰出的贡献。他在 18 岁时就发明了最小二乘法，这是今天使用最多的，也是最简单的从数据出发获得数学模型的方法。高斯还研究了概率论中最重要的概率分布——正态分布。因此，这种概率分布在西方也被称为高斯分布。正态分布反映了自然界很多现象背后的规律性，即非常极端的情况比较少，中间的情况比较多。比如大家班上同学的身高，非常高的和非常矮的人都不多，中等身高的人比较多。

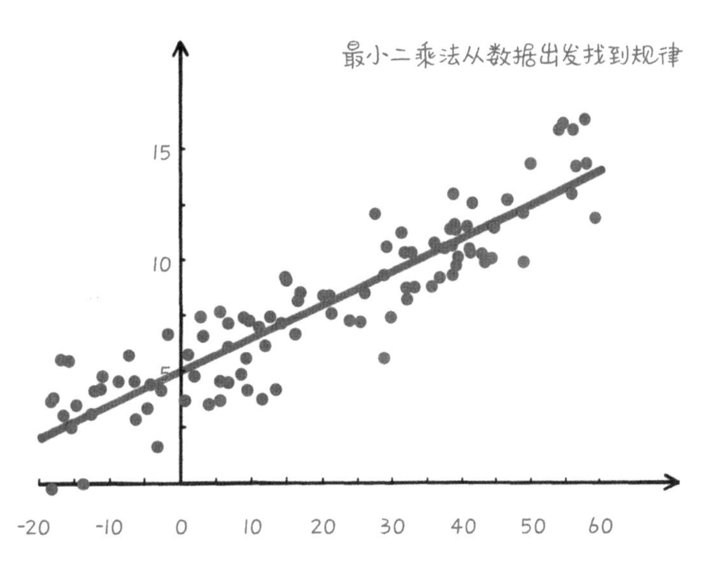

高斯分布

在几何学上，高斯仅用直尺和圆规就构造出了正十七边形，这是平面几何学在欧几里得之后长达 2000 年的时间里获得的最重要补充。高斯当时只有 19 岁，他一生为自己能解决这个难题而自豪，因为他之前的大数学家牛顿也没能解决这个问题。因此，高斯请后人把正十七边形的图案刻在了他的墓碑上。

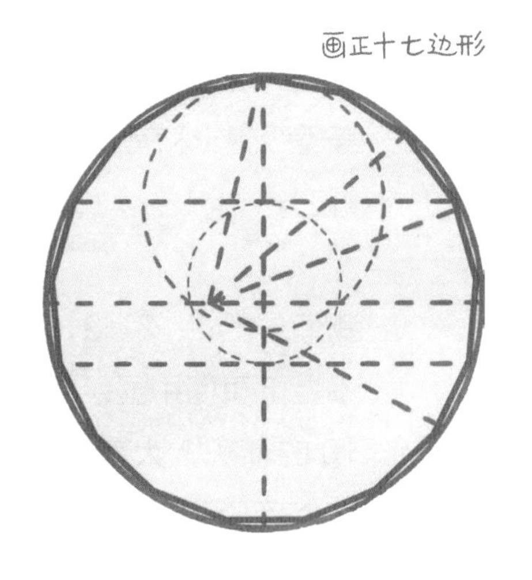

高斯

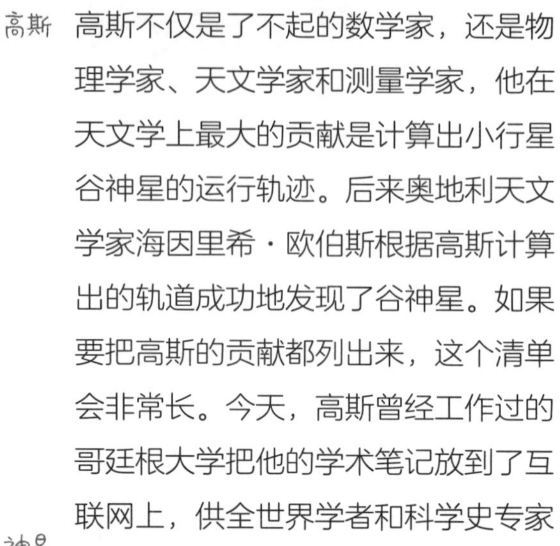

高斯不仅是了不起的数学家，还是物理学家、天文学家和测量学家，他在天文学上最大的贡献是计算出小行星谷神星的运行轨迹。后来奥地利天文学家海因里希·欧伯斯根据高斯计算出的轨道成功地发现了谷神星。如果要把高斯的贡献都列出来，这个清单会非常长。今天，高斯曾经工作过的哥廷根大学把他的学术笔记放到了互联网上，供全世界学者和科学史专家研究，这是属于全人类共同的财富。

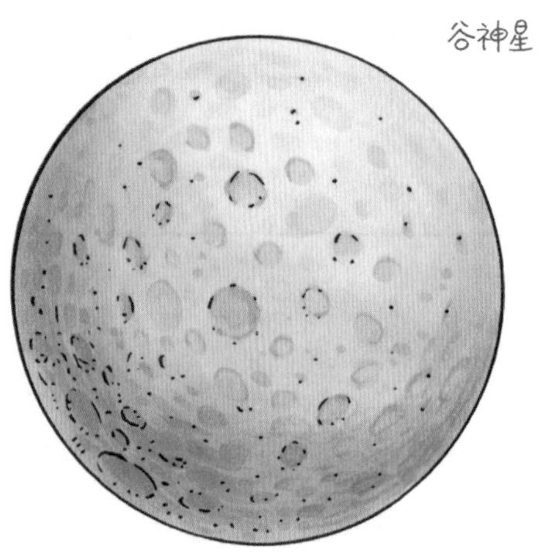
谷神星

虽然等差级数的计算方法一直和高斯的传奇故事相关，但是这个巧妙的方法其实并不是高斯最先发明的。早在公元前 6 世纪，古希腊著名的数学家毕达哥拉斯就发现了等差级数的计算方法。随后阿基米德、希庇亚、丢番图等古希腊数学家，以及我国南北朝时的数学家张丘建、印度数学家阿耶波多、意大利数学家斐波那契等人，都在高斯之前发现了相应的算法。

小面积大应用

等差级数求和有什么用途呢？我们可以从几何的角度来进一步理解它。

我们先把 1，2，3，4…这些数值用直方图表示出来放在一起，就是下页图中显示的形状。为了清晰起见，我们只画了从 1 到 10 的情况，大家可以看出 1+2+3+4+…+10 之和，其实就是这个直方图的面积。如果我们相加的项数较多，这些直方图放在一起的形状就像一个三角形。类似的，如果等差级数的第一项数值较大，把级数中的每一项画出来，就构成了一个梯形，级数的和，就是梯形的面积。

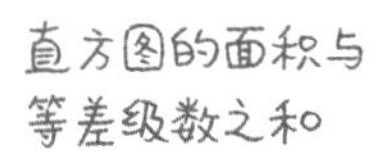

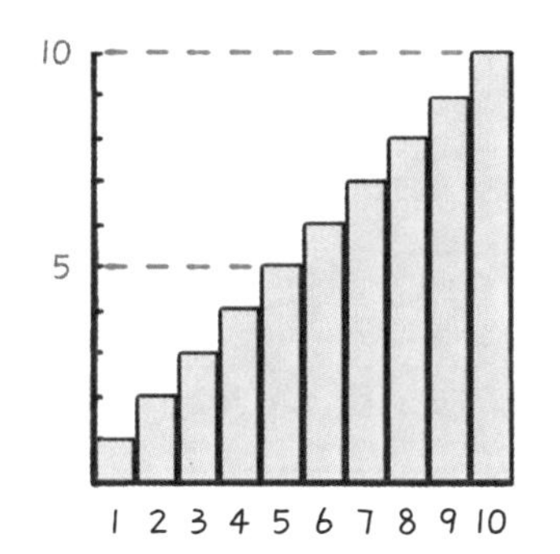

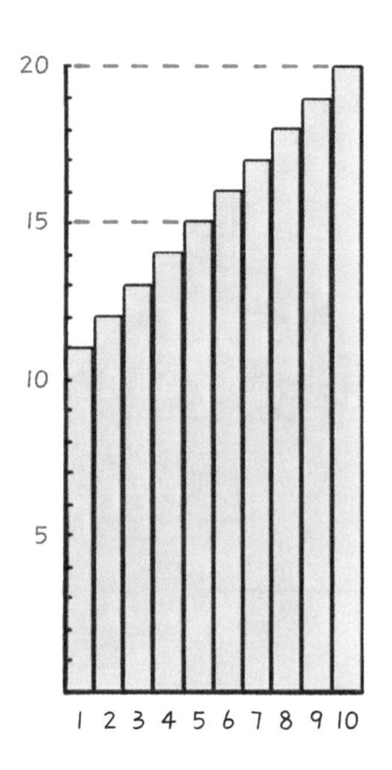

因此，等差级数求和问题其实对应着三角形或者梯形面积计算的问题。或者说，任何级数求和问题，都对应着某一个几何形状的面积计算问题。面积计算问题不仅是一个几何学问题，在物理学中也有广泛的应用，比如通过加速度计算速度、通过速度计算距离，都等同于面积计算问题。虽然我们在中学学习了一些特定几何形状的面积计算方法，但是对于任意曲线围成的面积，就需要用微积分中的积分计算了。

遗憾的是，在微积分中，绝大部分曲线的积分是无法直接计算出来的，因此，人们通常将那条曲线细分为很多份，每一份都对应于一个很小的长方形，把这些长方形的面积加起来，就近似于原来曲线所围的面积，而这就是级数求和的方法。

等差级数求和，是级数求和问题中最简单的。绝大部分人学习级数求和，都是从这个简单的例子开始的。

除了等差数列，还有很多种数列，比如：

1. 有穷数列和无穷数列：项数有限和无限的数列。
2. 递增数列：从第 2 项起，每一项都大于它的前一项的数列。
3. 递减数列：从第 2 项起，每一项都小于它的前一项的数列。
4. 周期数列：各项呈周期性变化的数列。
5. 常数数列：各项相等的数列。

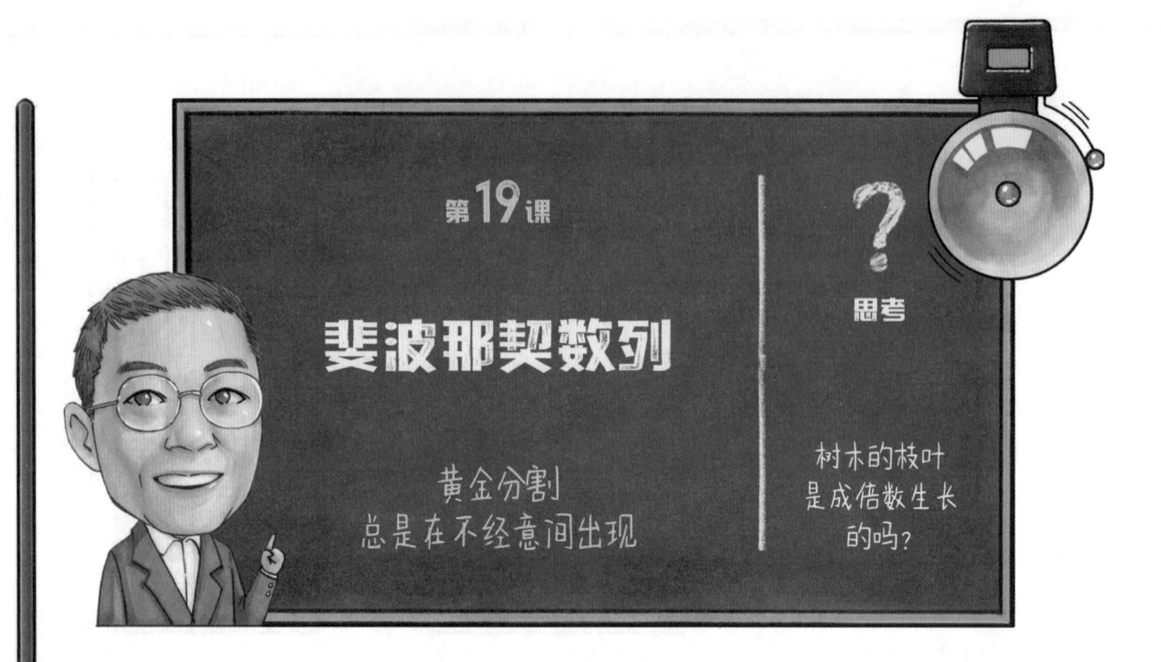

我们在前面讲了等比数列和等差数列，其实还有一个非常有名的数列，就是斐波那契数列，这个数列是怎么来的呢？

兔子大家族

它是从研究兔子繁殖的速度得到的。假如有一对兔子，我们不妨称它们为第一代兔子。它们生下了一对小兔子，我们称为第二代。然后这两代兔子各生出一对兔子，这样就有了第三代。这时第一代兔子老了，就生不了小兔子了，但是第二代、第三代还能

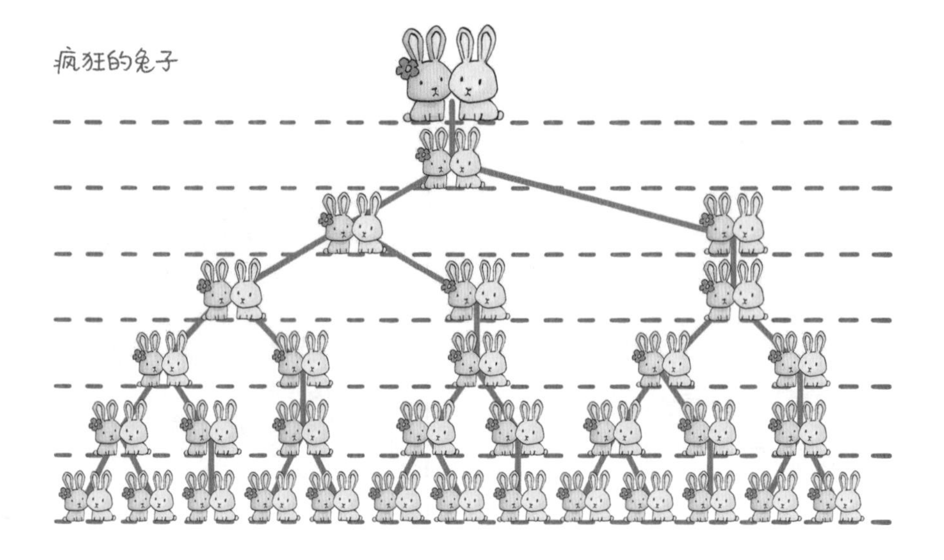

生，于是它们生出了第四代。再往后，第三代、第四代能生出第五代，然后它们不断繁衍下去。那么请问第 n 代的兔子有多少对？

解答这个问题并不难，我们不妨先给出前几代兔子的数量，它们是 1，1，2，3，5，8，13，21，34…，稍微留心一下这个序列的变化趋势，我们就会发现，从第三个数开始，每一个数都是前两个数之和，比如：

$$2 = 1+1$$
$$3 = 1+2$$
$$5 = 2+3$$
$$\cdots$$

这个规律很好解释，因为每一代兔子都是由前两代生出来的，因此它的数量就等于前两代的数量相加。我们可以把它写成 $F_{n+2}=F_n+F_{n+1}$，其中 F_{n+2} 代表当前这一代兔子的数量，F_n 和 F_{n+1} 分别代表前两代的数量。掌握了这个规律后，我们一代代地加下去，一直加到第 n 代，就得到了问题的答案。这个序列最初是由斐波那契想出来的，因此被称为斐波那契数列，这些数也被称为斐波那契数。

斐波那契的故事

斐波那契生于 1175 年，是意大利比萨人，他的名字其实叫莱奥纳尔多，他的父亲叫波那契，斐波那契实际上是波那契儿子的意思。但是今天没有多少人知道他的真名，只知道他是波那契的儿子。

斐波那契的父亲是个商人，经常和阿拉伯人做生意。斐波那契很早就给父亲做助手，他有一项特殊的任务，就是为父亲记账。在做生意的过程中，斐波那契接触到很多阿拉伯人，并且学到了阿拉伯数字。斐波那契发现，记账时阿拉伯数字比罗马数字方便很多，就对阿拉伯人非常崇拜，于是他决定前往阿拉伯世界学习更多的数学知识。大约在1200年，斐波那契学成回国，然后花了两年时间，将他在阿拉伯世界学到的知识写成了《计算之书》一书。

这本书系统地讲述了数学在记账、利息和汇率计算，以及重量的算法等领域的应用。它一方面体现出数学的应用价值，另一方面将阿拉伯数字引入欧洲。不过，由于当时欧洲还没有印刷术，因此，阿拉伯数字的普及主要是在**谷登堡**改良印刷术之后的事情了。当时欧洲神圣罗马帝国皇帝腓特烈二世热爱数学和科学，便把斐波那契奉为座上宾。

西方世界改良印刷术的是德国人约翰内斯·谷登堡，比中国宋代的毕昇晚了几百年，但谷登堡印刷术所用的材料和技术要更加先进，他的发明迅速推动了西方科学和社会的发展。

回到斐波那契数列。当我们每次计算当前某一代兔子的数量时，比如第 n 代的数量时，必须知道前面几代的数量。比如，我要问你第20代有多少对兔子，你恐怕得从第一代开始算起，这实在是不方便，我们希望能找到一个公式，直接算出第 n 项的数量，比如将20代入式子，就知道第20代有多少对兔子了。

斐波那契数列的公式是存在的，但是比较复杂，大家不需要记住。不过斐波那契数列有一个性质值得大家了解，那就是它相邻两项 F_{n+1} 和 F_n 的比值 r_n 最后趋近黄金分割数1.618…。我们不妨把这个数列前几项的比值计算一下，然后画一张图，大家就能看到这个规律了。

n	1	2	3	4	5	6	7	8	9	10	11	12
F_n	1	1	2	3	5	8	13	21	34	55	89	144
r_n	1	2	1.5	1.66	1.6	1.625	1.615	1.619	1.618	1.618	1.618	1.618

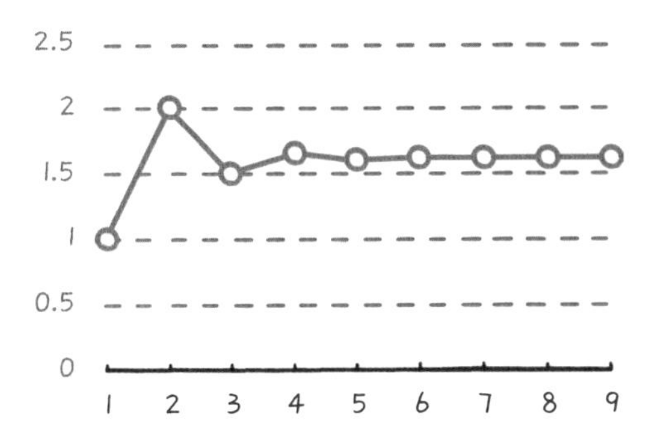

斐波那契数列比值变化

斐波那契数列中，相邻两项比值的最终走向是收敛于黄金分割的，但是一开始的几个数并不符合这个规律，这种情况在数学上很常见。我们所谓的“规律”，通常是在有了大量数据后得到的，从几个特例中得到的所谓的规律，和真正的规律可能完全是两回事。

了解了斐波那契数列的这些特点以后，我们不难看出，它增长的速度是很快的，虽然它赶不上 1，2，4，8，16…这样的翻番增长，但它也是等比增长的，只是比值是黄金分割数，比 2 小罢了。事实上，在现实生活中，兔子在没有天敌的情况下，繁殖速度真的是如此迅猛的。

猜一猜兔子一年能繁殖几代？惊人的速度！年初刚生下来的兔子，年底就会成为曾祖辈。因此那 24 只兔子 10 年后便繁殖了 200 万只，这是世界上迄今为止有记录的哺乳动物繁殖最快的纪录。

1859 年，一个名叫托马斯·奥斯汀的英国人移民来到澳大利亚，他在英国生活时喜欢打猎，主要是打兔子。到了澳大利亚后，他发现没有兔子可打，便让侄子威廉从英国带来了 24 只兔子，以便继续享受打猎的快乐。这 24 只兔子到了澳大利亚后被放到野外，由于没有天敌，它们便快速繁殖起来。

几十年后，兔子的数量飙升至 40 亿只，这在澳大利亚造成了巨大的生态灾难，不仅使澳大利亚的畜牧业面临灭顶之灾，而且植被、河堤和田地都被破坏了，引发了大面积的水土流失。有人可能会问，为什么不吃兔子？澳大利亚人也确实从 1929 年就开始吃兔子肉了，但是吃的速度远没有兔子繁殖得快。后来澳大利亚政府动用军队捕杀，也收效甚微。最后，在 1951 年，澳大利亚引进了一种能杀死兔子的病毒，终于消灭了 99%以上的兔子，可是少数大难不死的兔子产生了抗病毒性，于是“人兔大战”一直延续至今。

无处不在的斐波那契数列

除了和黄金分割有着天然的联系，斐波那契数列是否还有其他的意义？或者说，我们为什么要专门研究这个数列呢？

自然界很多物种生长、繁衍和发展的规律，都包含在斐波那契数列中了。比如，很多杂交物种过了两代就会衰退，因此它们能够繁殖出的后代数量不是 1 变 2、2 变 4、4 变 8 这样翻番增长，而是像斐波那契数列那样增长，如同兔子增长一样。很多没有修剪过的大树，它们树冠分枝的数量和大小不是成倍增长的，而是每年增长 60% 左右。为什么会是这样的呢？因为树木中新长出来的枝条往往需要“休息”一个周期，积累养分，供自身生长，然后才能萌发新枝。而已经休息过的老枝条，第二年会一分为二地长出枝杈。当然，新枝接下来仍然先进入“休息”状态。在下图中，红色的代表休眠的树枝，绿色的代表可以长出新枝的树枝。大家可以看到，树枝的数量是 1，2，3，5，8…这样增加的，这和斐波那契数列增长的方式是一致的。在生物学上，这个规律被称为“鲁德维格定律”。

鲁德维格定律

由于鲁德维格定律的作用，树冠通常是不对称的，这一个生长周期长出的部分，下一个生长周期就会休眠，这样树的各个分枝就会交替生长。如果你观察一下树叶的叶脉，会发现它们也是这样生长的。

大树分枝的数量符合斐波那契数列，树的形状并不对称

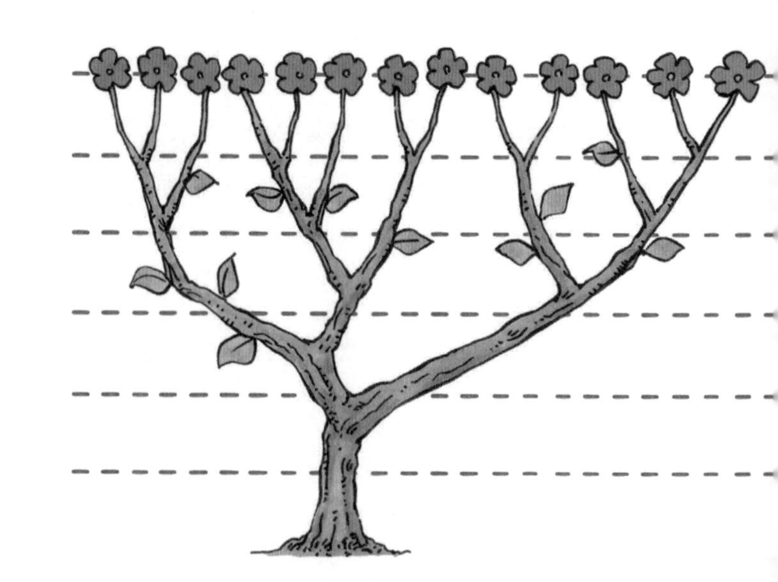

在自然界中，一些植物，比如野玫瑰、大波斯菊、百合花的花瓣，以及一些植物（如番茄）果实的数目都是斐波那契数列中的数字，比如 3，5，8，13，21 等。为什么会是这样的呢？因为一朵花萼片的生长与树枝生长一样，分裂和休眠交替进行，当然它分裂若干次就停止了。因此，我们一般不会看到 55 或者 89 个萼片的花。类似的，结果实的枝杈生长也是分枝和休眠交替进行，这样花瓣和果实的数量都符合斐波那契数列。不过，由于植物会遇到病虫害，或被动物吃掉，或被风吹雨打损坏，因此，你所见到的花瓣、果实与枝杈的数量未必全都符合斐波那契数列。

不仅植物的花瓣和果实在数量上符合斐波那契数列，一些植物果实的形状，以及一些软体动物的外形，也符合黄金分割螺旋线。这也是因为它们的生长是按照 1，1，2，3，5，8，13…这个数量增加的。从这里我们可以看出，自然界的美学符合数学特性。

绿菜花的形状和黄金分割螺旋线一致

关于斐波那契数列，还有两点值得说明。

第一，由于斐波那契数列增长的方式和自然界很多事物增长的方式一致，因此斐波那契数列增长的速率，是我们人为设计的很多组织所能成长的速度极限。比如，一个企业在扩张时，需要给新员工指定导师或者师傅，才能保证企业文化得到传承。通常一个老员工会带一个新员工，而当老员工带过两三个新员工后，他们都会追求更高的职业发展道路，不会花太多时间继续带新人了，因此，带新员工的基本是职级中等偏下的人。这很像兔子繁殖，只有那些已经性成熟而且还年轻的兔子在生育。类似的，一个单位业务的扩张速度也需要符合自然规律，如果太快，就会出现各种各样的问题。

第二，斐波那契数列不仅和黄金分割有联系，还和很多数学规律相关。比如我们前面讲的杨辉三角竟然也包含着斐波那契数列，这不是巧合，如果有兴趣，你可以想想这是为什么。

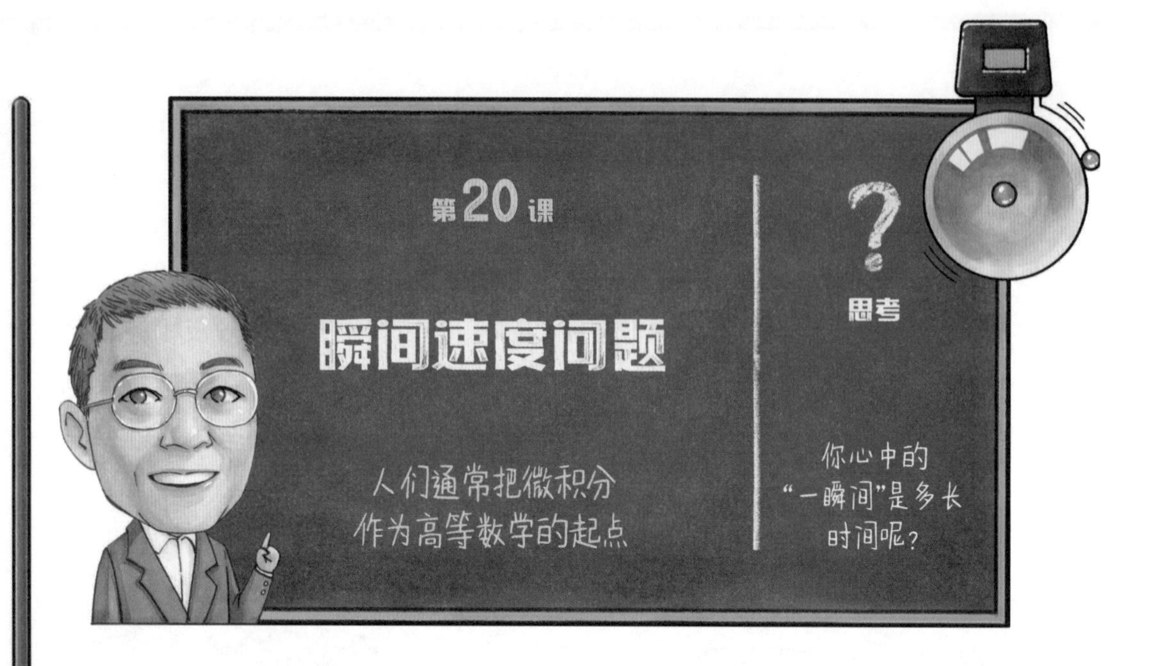

在知名游戏《我的世界》中，无数个小方块可以组成各种宏伟的建筑，构成了一个神奇的“方形世界”。但如果你远望那些漂亮的建筑，并不会觉得它们是方的，因为足够小、足够多的小方块连起来就塑造了圆润的弧线。其实微积分也是类似的道理。

到底是谁发明了微积分

今天，人们一般认为，微积分有两位主要的发明人——牛顿和莱布尼茨。但他俩可不是伙伴关系，关于到底是谁发明了微积分，

你这不行，我的行

大家可是吵了好几百年呢！

牛顿不仅是数学家，也是一位物理学家，他发明微积分的目的是建立科学（当时叫作**自然哲学**）的数学基础。而莱布尼茨除了是数学家，还是逻辑学家以及研究方法论的哲学家，他发明微积分是为了创造出一种符合逻辑学和符号学的工具。因此，比较有可能的情况是，他们从不同的目的出发，各自想到了微积分的概念。

所谓自然哲学，就是今天所说的科学，在牛顿那个时代，科学家都被称为自然哲学家。科学这个词被广泛使用，是牛顿去世上百年之后的事情了。

重新认识速度

在牛顿的时代，有很多物理学，特别是力学的问题需要解决，比如研究天体运行的速度，而牛顿发明微积分的一个重要目的就是计算物体运动的瞬间速度。可能你会觉得，计算速度还不容易，我们在小学就学过了，不就是距离除以时间吗？

没错，但这只是一段时间的平均速度，不是物体在某一刻的瞬间速度，在很多场合，物体运动的速度并不是均匀的，甚至是变化很大的。举个例子，有时警察叔叔巡查车辆超速时，不会询问你行驶过这段时间的平均速度，而是会探测你的车子达到过的最高速度。因为如果你撞车了，撞击的威力与你撞车时的瞬间速度息息相关。如果我们想知道物体在某一时刻的瞬间速度是多少，小学的方法就不太适用了。

那么，牛顿是怎么解决这个问题的呢？他采用了我们前面讲过的无限逼近的方法。我们先回顾一下速度的定义：

如果一个物体在一段时间 t 内位移了 s，它在这段时间内的平均速度 $v=\frac{s}{t}$。

比如一辆汽车在 5 秒内走了 100 米，它的平均速度就是 100 米 ÷5 秒 =20 米 / 秒。

但是如果这辆汽车在不断加速，这样的估算就不够准确了。如果我们把 5 秒缩短成 1 秒，那么得到的结果会更贴近现实一点。

我们不难理解，汽车移动的距离 s 是随着时间 t 变化的，也就是说，时间 t 决定了距离 s，我们把这种相关性称为“距离 s 是 t 的函数”。如果把汽车行驶的距离 s 和行驶的时间 t 的关系画在一张图中，它是一条曲线。利用这条曲线，我们可以直观地了解什么是平均速度，以及取不同时间间隔时平均速度的差异。

在下图中，横坐标代表时间 t，纵坐标代表移动的距离 s。假如在 t_0 时刻，汽车的位置在 s_0 处，在 t_1 时刻，汽车移动到 s_1 的位置，汽车移动的距离是 s_1-s_0，花费的时间是 t_1-t_0，那么汽车在这个时间段的平均速度 $\bar{v}$ 就是

距离－时间曲线图

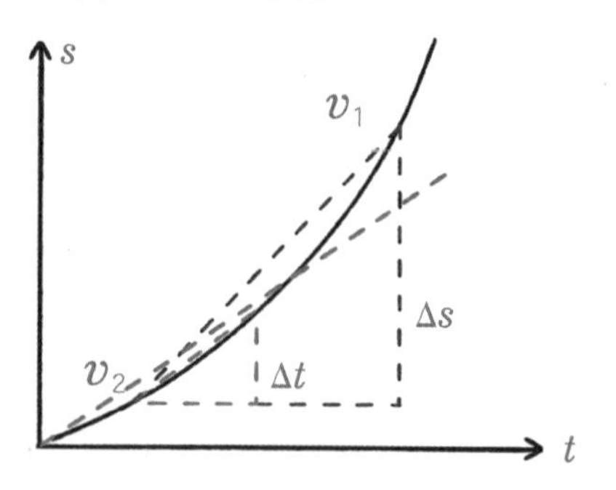

$$\bar{v}=\frac{s_1-s_0}{t_1-t_0}$$

我们把它简单地写成 $\bar{v}=\Delta s/\Delta t$，其中 Δs 代表距离的变化量 s_1-s_0，Δt 代表时间间隔 t_1-t_0。比如，在前面的例子中 Δs=100 米，Δt=5 秒。

“Δ”是希腊字母，读音近似“德尔塔”。它常常用于数学和物理计算中，以表示变化量。比如，t 代表时间，Δt 就代表时间的变化量。

接下来我们一起来看看在距离－时间曲线图中，平均速度 $\bar{v}$ 是怎么表示的。在图中，平均速度，就是以 Δt 和 Δs 为

斜率，数学、几何学名词，在直线语境下，它表示一条直线关于横坐标轴的倾斜程度。在直线上取两个点，它们的纵坐标之差与横坐标之差的比值就是直线的斜率。一般来说，斜率越高，表示直线越倾斜；斜率越低，表示直线越平坦。

直角边的那个黑色虚线直角三角形斜边的斜率。我们可以看出，如果时间间隔 Δt 减小了，距离的间隔也减少了，它们就成为图中红色三角形的两个直角边，红色三角形的斜率和原来黑色三角形的斜率是不同的。随着 Δt 的变化，计算出来的平均速度就不一样了。Δt 越小，算出来的平均速度就越接近汽车在 t_0 时刻的瞬间速度。如果我们让 Δt 趋近 0，那么平均速度就非常接近瞬间速度了。这时，如果我们用同样的方法做一个很小很小的三角形，它的三角形斜边所在的直线，就是曲线在 t_0 点的切线，也就是图中蓝色的虚线，而汽车在这个点的瞬间速度就是在曲线 t_0 点时切线的斜率。

极限的提出

在微积分中，我们用这样一个公式来描述瞬间速度：

$$v=\lim_{\Delta t\to 0}\frac{\Delta s}{\Delta t}$$

其中 lim 代表无限趋近。这个公式代表，当 Δt 无限接近 0 的时候，瞬间速度等于相应的路程除以相应的时间，即瞬间速度 v 等于那很短很短的时间内移动的路程 Δs 除以那段很短很短的时间 Δt。

牛顿给出了平均速度和瞬间速度的关系，即某个时刻的瞬间速度，是这个时刻附近一个无穷小的时间内的平均速度。这种无限趋近的描述，就是极限的概念，它将平均速度和瞬间速度联系了起来。

极限的概念在科学史上有很重要的意义，它说明宏观整体的规律和微观瞬间的规律之间并非互不相关，而是有联系的。当然，如果只是通过极限思想计算出一个时间点的瞬间速度，那么比起 2000 多年前阿基米德用割圆术估算

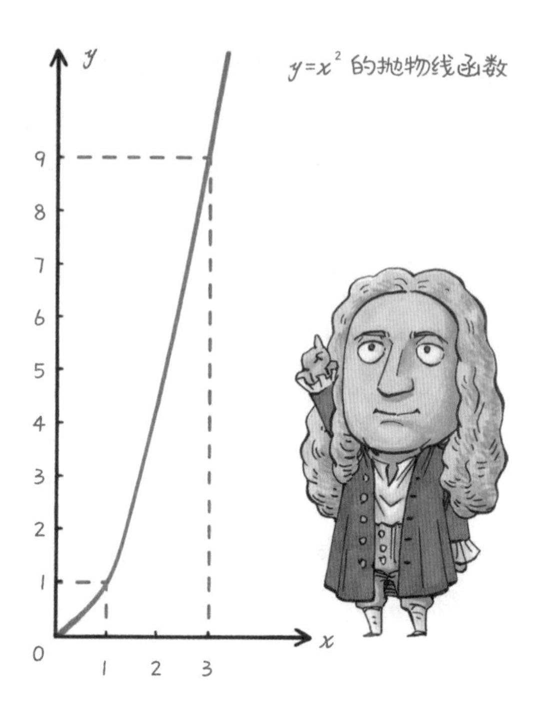

圆周率也没有太多进步。牛顿了不起的地方在于，他用动态的眼光来看待物体运动的速度，并且将这种认识扩大到对于任何函数变化快慢的描述。也就是说，函数曲线在每一个点的切线斜率，反映出这个函数在这个点变化的快慢。函数变化的速度，本身又是一种新的函数，牛顿称之为“流数”，我们今天则称之为“导数”。举个例子，函数 $y=x^2$ 的导数 $y'=2x$。在 $x=1$ 时，$y=1$；$x=3$ 时，$y=9$，也就是两点坐标分别为（1，1）（3，9）。而当 $x=1$ 时，$y'=2$；当 $x=3$ 时，$y'=6$，这意味着在这两点上，函数的变化速度分别是 2 和 6，也就是一开始增长得比较慢，后来增长得比较快。

有了导数，人们就可以准确度量函数变化的快慢了，从定性估计精确到了定量分析，我们甚至可以准确地度量一个函数在任意一个点的变化，也可以对比不同函数的变化速度。也就是说，人类对于物体运动的认识在牛顿时代从宏观进入了微观。

导数是微积分的基础，也可以用来描述很多物理学规律，比如在物理学中，速度是位移（距离）的导数，因为它反映了距离变化的

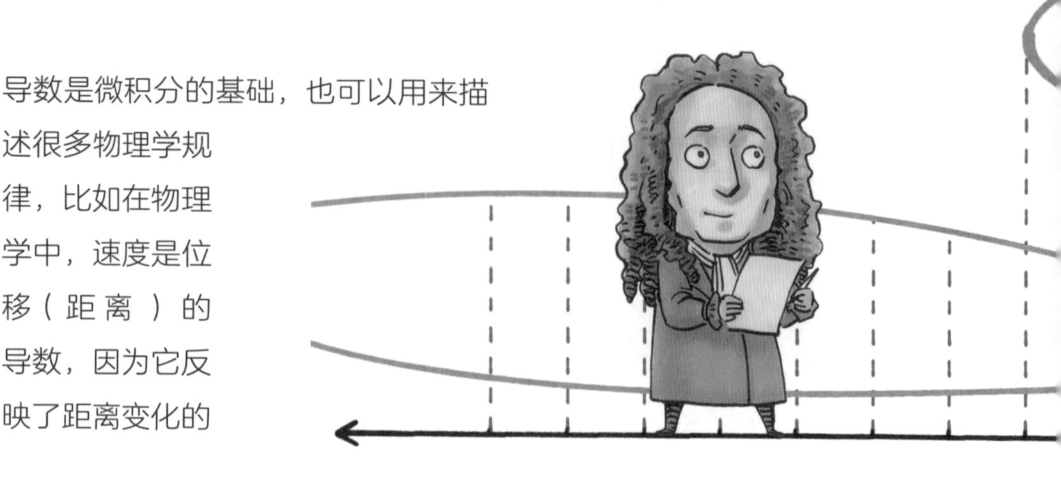

快慢。而加速度则是速度的导数，因为它反映了速度变化的快慢。类似的，动量是动能的导数。在物理学中，加速度和作用力是成正比的，于是作用力和速度的关系也找到了。由于动量和动能也和速度有关，于是它们也间接地和作用力有关。通过这样的方法，很多物理量都被关联了起来。牛顿之所以能够奠定经典物理学的基础，和他发明并使用微积分是有关系的。

牛顿后来把他在数学和物理学上的主要贡献写成了一本书——《自然哲学的数学原理》。牛顿这本书的含义就是为自然科学找到数学基础。这本书是人类历史上最具影响力的几本书之一，在这本书中，牛顿仿照欧几里得《几何原本》的写法，从定义、引理出发，一步步推导出他在数学和物理学上的发现。

讲完了牛顿在微积分和物理学上的贡献后，我们再来说说莱布尼茨的贡献。今天，莱布尼茨留给我们的遗产是一整套表示微积分的符号体系。微积分要远比加、减、乘、除运算复杂，需要一套使用方便而且一眼就能看懂的描述方法，莱布尼茨在提出微积分时使用的符号体系要比牛顿的好，因此今天很少有人会使用牛顿的符号体系，而是采用莱布尼茨的。

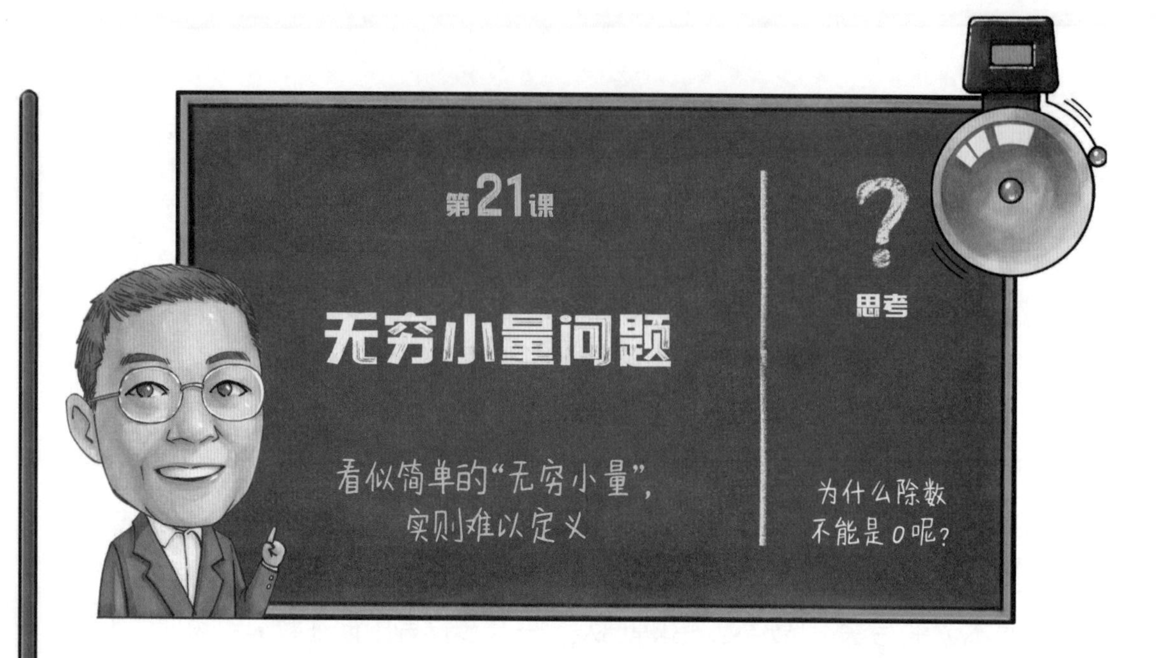

在历史上，牛顿和莱布尼茨是理性主义认识论的代表人物。他们相信通过人的理性可以总结出世界的规律。不过在英国，很多哲学家并不同意这种看法，他们更看重经验，这一派人被后来的人称为经验主义哲学家。在历史上，理性主义者和经验主义者经常会产生争论，互相指出对方理论的漏洞。牛顿在发明微积分后，就遇到了这样一位经验主义的对头。

我们如果仔细审视一下牛顿计算瞬间速度的公式，就会发现一个问题，当时间间隔 Δt 越来越接近 0 的时候，公式中的除法是否还能进行呢？

$$v=\lim_{\Delta t \to 0} \frac{\Delta s}{\Delta t}$$

我们在小学学习除法时，都知道它的分母不能等于 0。这样问题就来了，如果 Δt 不等于 0，那么上面的公式给出的还是平均速度，不是瞬间速度；如果 Δt 等于 0，那么上面的公式就违反了除法的规定。这看似是一个悖论，而这个悖论最初是由一位叫乔治・贝克莱的英国大主教提出来的。

贝克莱这个名字很多中国人并不熟悉，不过了解哲学的人都知道他。贝克莱虽然身份是大主教，但他是和约翰·洛克、大卫·休谟一道，被誉为经验主义三大代表人物的哲学家。今天著名的加州大学伯克利分校校名里面的“伯克利”三个字，其实就是贝克莱的名字。

牛顿认为时间和空间是绝对的，一千米就是一千米，一分钟就是一分钟，但贝克莱讲，世界上除了上帝，哪有什么绝对的东西，时间和空间也不是绝对的。

当时莱布尼茨也认为时空是相对的，在时间上，只有先后次序、因果关系，没有绝对的时间。后来爱因斯坦的相对论其实就是建立在莱布尼茨相对时空观的基础上的。

今天看来，贝克莱质疑牛顿的绝大部分都是错的，因此，牛顿那个时代的物理学家也懒得理他。不过，贝克莱质疑 Δt 这个“无穷小的量”到底是不是0倒是非常有道理的。牛顿也不知道怎么回应贝克莱的疑问，因为当时无论是他还是莱布尼茨，都无法给无穷小下一个准确的定义。你如果问牛顿什么是无穷小，牛顿可能会说，就是非常非常小，可以忽略不计。莱布尼茨在这方面也是含糊其词。

柯西和魏尔施特拉斯

很显然，整个微积分就建立在导数基础上，而导数的定义离不开一个无限趋近 0 的无穷小量，这个问题不解决，微积分的逻辑就不再严密。在数学上，如果失去了逻辑的基础，整个数学的大厦就将倒塌。因此，贝克莱发现的这个问题看似很小，甚至有点鸡蛋里面挑骨头的嫌疑，但是却引发了数学史上第二次数学危机。因此，牛顿之后的数学家想方设法地要把牛顿留下的这个漏洞补上。在这方面贡献最大的是法国数学家柯西和德国数学家**魏尔施特拉斯**。

魏尔施特拉斯生于德国威斯特伐利亚地区的奥斯登费尔特。他被誉为"现代分析之父"，研究领域包括：幂级数理论、实分析、复变函数、阿贝尔函数、无穷乘积、变分学、双线型与二次型、整函数等。

柯西是 19 世纪法国数学界的集大成者，他在法国数学史上的地位，犹如牛顿在英国的地位、高斯在德国的地位。我们今天所学习的微积分，其实并不是牛顿和莱布尼茨所描述的微积分，而是经过柯西等人改造过的更加严格的微积分。与牛顿不同的是，柯西放弃了微积分在物理学和几何学上直接的对应场景，完全从数学本身出发，重新定义微积分中各种含混的概念。柯西试图像欧几里得改造几何那样改造微积分，让它变成一个基于公理，在逻辑上更准确的数学分支，这样微积分的应用场景会更加广泛，也会适用于各种场景。柯西很清楚，若微积分要像几何学那样几千年屹立不倒，对于概念的定义就需要极为准确，不能有任何疑义。而对于无穷小和极限这样的概念，要想定义清楚，就不能静态地描述它们，而要把它们定义为动态的趋势。这是柯西超越了牛顿和莱布尼茨的地方。

柯西对极限的描述采用了逆向思维，相比之下，牛顿和莱布尼茨的论述完全是正向的。我们不妨还用瞬间速度的例子来说明柯西是如何描述瞬间速度的，看看他和牛顿、莱布尼茨之间在思维方式上的差别。

我们假定有一个匀速逆时针转动的单位圆盘，圆盘上有一个点，在 t=0 的时候，它在水平线上，请问这时它在垂直于水平方向上运动的速度是多少？

匀速逆时针转动的单位圆盘

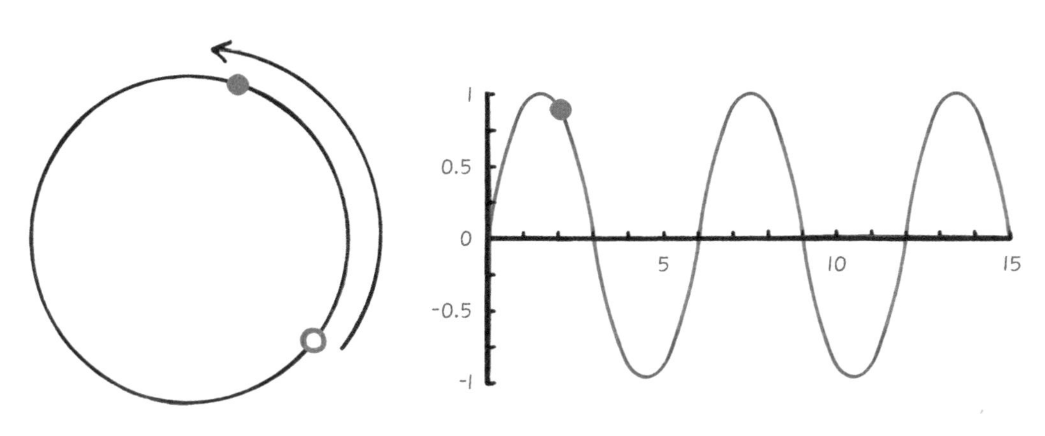

单位圆盘上水平位置的点，在经过了 Δt 的时间后，垂直运动的距离是 $\sin\Delta t$，sin 代表正弦函数，不了解它也没关系，只需要知道运动的垂

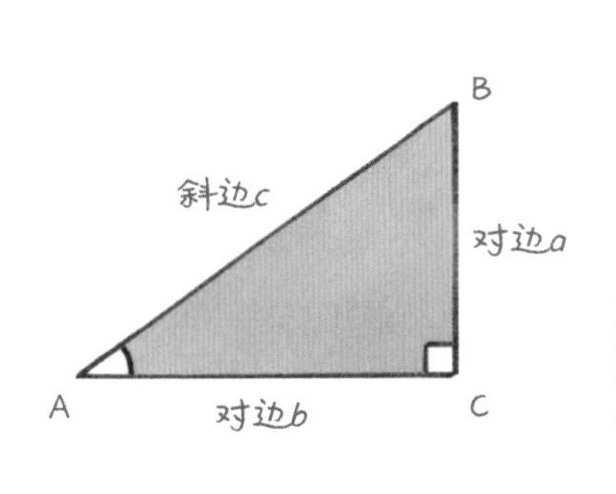

sin 一般指正弦。在直角三角形中，任意一锐角∠A 的对边与斜边的比叫作∠A 的正弦，记作 sinA。

直速度依然是距离除以时间，即$v=\lim_{\Delta t \to 0}\frac{\Delta s}{\Delta t}$就好。当 Δt 趋近 0 的时候，分子分母都趋近 0，那么这个比值是多少呢?

柯西也采用了一种动态逼近的方式来解决这个问题。为了得到直观的感觉，我们把 Δt 不断变小时，v 的数值变化总结在这个表中。

$\sin\Delta t$ 和 Δt 的无限趋近问题

Δt	1	0.1	0.01	0.001	…	0
$\frac{\sin\Delta t}{\Delta t}$	0.84	0.998	0.99998	0.9999998	…	1

我们可以看到这个比值是趋近 1 的，因此牛顿会说，当 Δt 趋近 0 时，瞬间速度就是 1，因为从这个趋势来看分明是越来越接近 1 嘛!

这种说法并不严格，因为无法用过去的数学理论来证明。对此，柯西会告诉大家两件事：第一，他肯定$\frac{\sin\Delta t}{\Delta t}$这个比值最后就是趋近 1；第二，他设计了一套证明这个结论的方法，他的思路是证明这个比值和 1 之间的误差无限趋近 0。柯西的这种说法，就比牛顿和莱布尼茨说的“越来越接近”准确严格得多了。实际上，柯西是把皮球踢给了贝克莱，意思是说，你觉得$\frac{\sin\Delta t}{\Delta t}$不等于 1，对吧，那么好，你来规定一个小的误差，我让 Δt 趋近 0 的时候，总能满足你的误差要求。这样，贝克莱就永远玩不过柯西，也就无法否认两个都趋近 0 的无穷小的比值是存在的了。

后来，德国19世纪末的数学家魏尔施特拉斯认为柯西这样描述还不够精确，因为它更像是自然语言的描述，而不是严格的数学语言。于是魏尔施特拉斯给出了他对于极限的定义方法。这种定义方法非常严格，而且具有普遍意义，牛顿和莱布尼茨所说的导数，是魏尔施特拉斯所定义的极限中的一种。这样才算彻底解决了贝克莱的疑问，也算是帮助数学度过了第二次危机。

我们前面讨论的芝诺悖论，其实也涉及极限的概念，或者说那些悖论和贝克莱的疑问基本上说的是同一回事。

在数学的发展历史上，提出不同意见，甚至是悖论，并不可怕，正是因为有人不断挑战数学家，才让数学家把数学概念定义得越来越清晰，让数学理论基础越来越扎实，也才促进了数学的发展。因此，换一个角度来看，大家口中的“危机”也会变成转机。不过，某个时代所发现的危机，通常在那个时代的人是没有能力解决的。这个原因也很容易理解，所谓时代的危机，就是因为那件事超出了当时人们的认知水平，才会成为危机。想要解决危机，或许当时的理论是不够的，总是需要后面的人发展出新理论。无论是第一次数学危机还是第二次数学危机，都是过了很长时间才得到解决的。

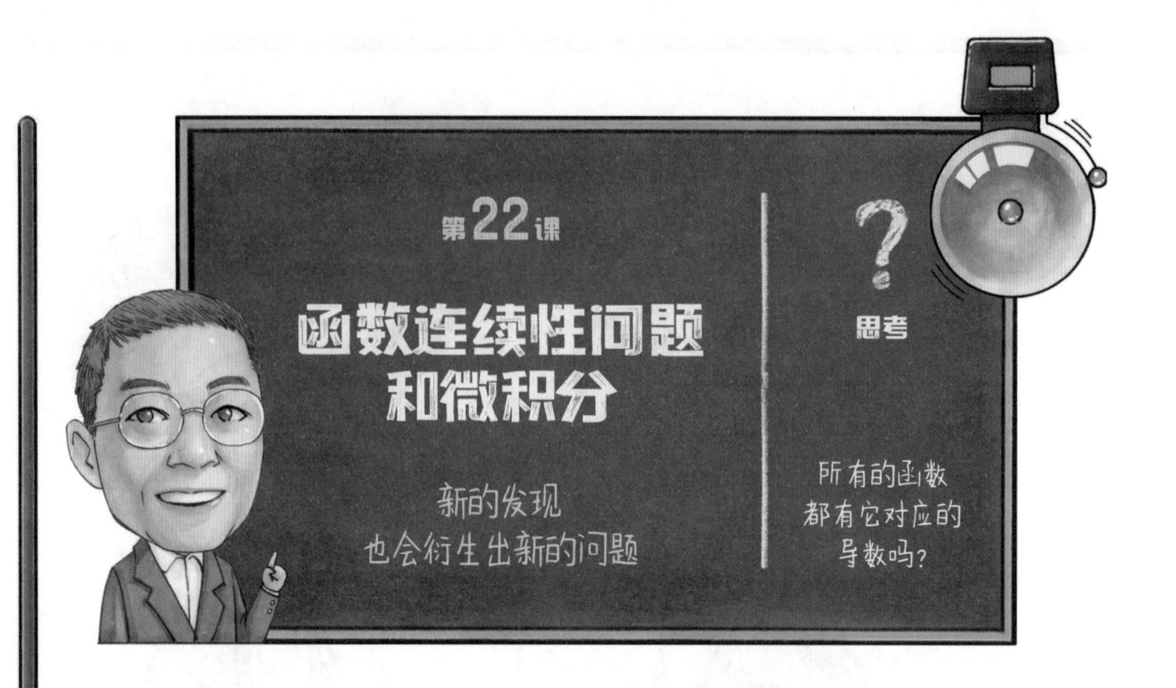

七月初七，牛郎和织女站在云端的两边，等待喜鹊将他们脚下的路连在一起，他俩才能相会，完成浪漫的结局。这时候，只要我们“赶走”鹊桥，原本连续的路径就断掉了，故事将变得错综复杂起来。在函数中也是如此，下面我们就来看看函数连续性的问题吧。

什么算连续

连续的概念最初是由意大利数学家伯纳德·博尔扎诺在 1817 年提出来的，但是比较准确的定义是由柯西在 19 世纪 30 年代给出的。

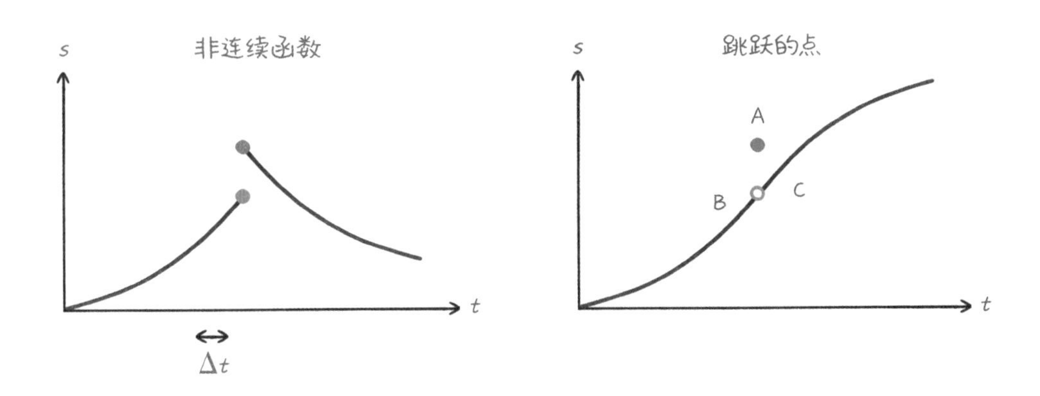

柯西用无穷小和极限的概念来定义连续性，但他的表述学术味道很浓，我们通俗地解释一下。如果某条函数的曲线在无穷小的范围内，变动的幅度也是无穷小，那么它就是连续的。左半边和右半边都是连续的，但是左右两边放在一起，中间有断点，就不连续了。

连续性的应用

接下来我们说说函数连续性的一些实际应用。我们知道，如果函数不连续，在那个不连续的点导数近乎无穷大。比如，你要让一辆汽车在 0 秒中从静止提升到每秒 1 米，加速度就会无穷大，你是办不到的。当然，如果反过来，让汽车从每小时 50 千米在 0 秒内停住，加速度也是无穷大，只不过它是负的加速度。

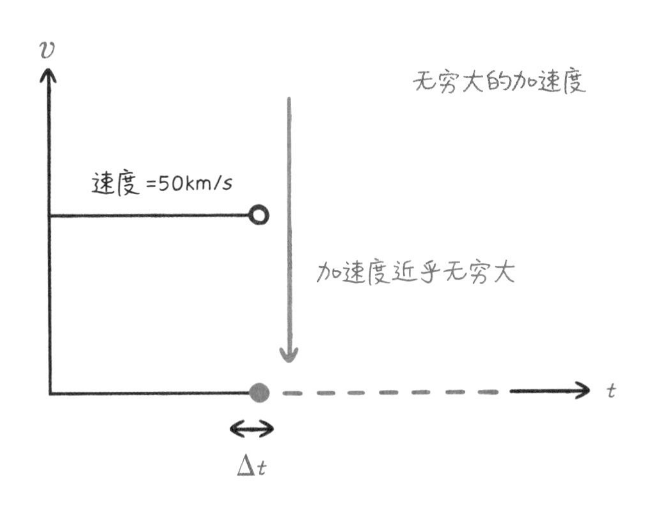

由于物体的受力和加速度成正比，加速度无穷大的汽车受到的冲撞力也是无穷大的。在现实中，除非

汽车撞到一堵厚墙上，否则它不会从高速行驶到瞬间停下来。如果汽车真的撞到厚墙上，冲击力会大到致人死亡，汽车再结实也没有用。因此，今天汽车的撞击保护装置，往往是让撞击的时间尽可能延长，以保护驾驶人的生命。

类似的，一个电器在启动工作的一瞬间，或者停止工作的一瞬间，电流也会很大。你插拔电源插头时，会发现插头那里有电火花，这其实也是因为电流是电压变化的导数。你插插头时，在一瞬间将电压提升得很高，在拔插头时，高电压瞬间降为 0，它们的变化都是不连续的，这样就会产生巨大的瞬间电流。这不仅能让电路跳闸，还可能会损坏电器。因此，今天绝大部分电器，特别是大功率的电器，都有启动时的过载保护。在使用这些电器时，不要直接插拔电源插头，而要使用开关。

在生活中绝大部分时候，我们都希望事情的变化是连续的，不希望在短时间里有巨大的跳跃。这不仅反映在物理学和生活中，在经济学、管理学等领域也是如此。比如银行提高利率，不能加得过猛，那样就相当于人为制造出一个非常跳跃的利息曲线，会让经济变得很不稳定。

连续性的概念对于微积分非常重要，因为在连续性的基础上，我们才有讨论导数计算的可能性。所谓微积分，其实是微分和积分的组合。导数与微分的意思差不多，它们都是表示函数变化的快慢。那么积分是干什么的呢？简单地讲，一个函数的积分就是这个函数的曲线下方所包含的面积。

积分的妙用

我们在前面讲过很多几何图形求面积的问题，比如长方形、正方形、三角形、圆形等的面积，这些都是规则形状几何图形的面积。如果要计算任意曲线所围成区域的面积该怎么办呢？就要用到微积分中的积分了。

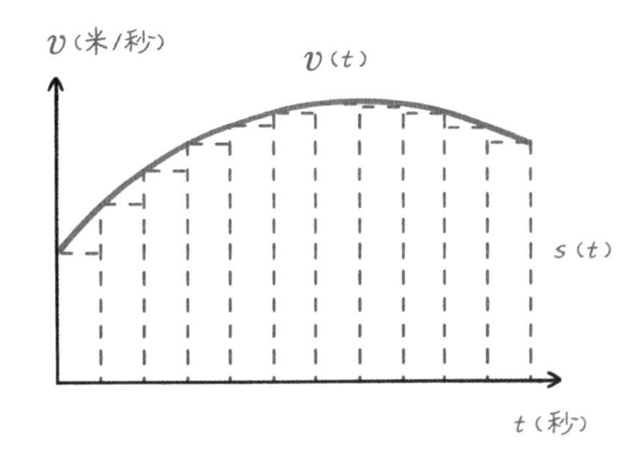

积分的方法和我们前面讲到的在计算圆的面积时，把圆分成很多份的想法非常相似。比如我们要计算右图中这个曲线和坐标轴所围出的面积，就可以把相应的区域划分成很多很多小的长方形，然后用所有长方形的面积之和来近似曲线所围成的面积。这就是积分。特别值得指出的是，积分是导数运算的逆运算。比如你给定的曲线是一辆车运动的速度随时间变化的曲线，它下面所包含的面积恰好是这辆车在相应时间走过的距离。

这种把曲线下方的区域用很多竖着的长方形面积相加来近似的方法，被称为**黎曼**积分。

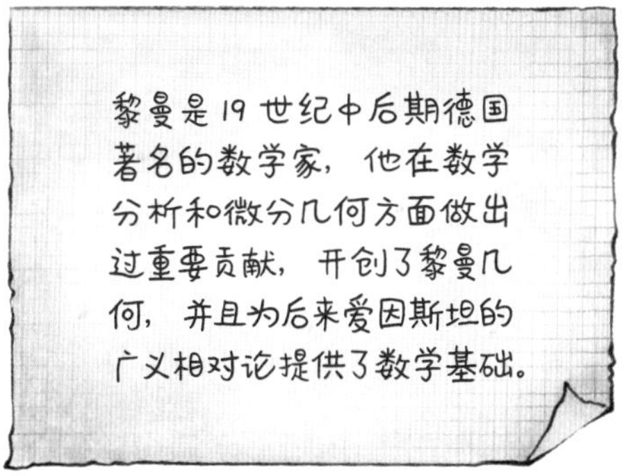

黎曼是19世纪中后期德国著名的数学家，他在数学分析和微分几何方面做出过重要贡献，开创了黎曼几何，并且为后来爱因斯坦的广义相对论提供了数学基础。

当然，用很多长方形近似的方式求曲线积分（面积）还有一个前提条件，就是那条曲线需要是连续的，如果不连续，这个方法可能就无效了。比如下图的曲线，我们在计算不连续断点的积分（面积）时，是该按照蓝色的长方形还是按照黄色的长方形来算呢？这就算不清楚了。

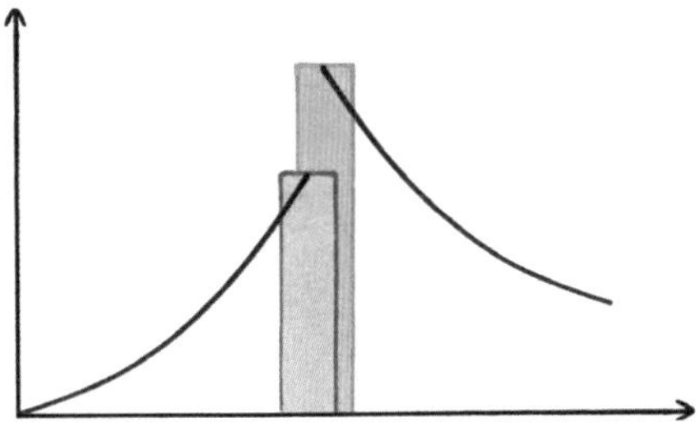

遇到这种不连续的情况怎么办呢？我们通常的办法就是用那些不连续的点，把曲线分为若干段，如果每一段之中

都是连续的，我们就可以分段求积分，也就是曲线下方的面积，然后再把它们加起来。

但是，如果一个曲线中间有无数个不连续的点该怎么办呢？

有人可能会讲，你这不是抬杠吗，怎么会存在有无数个不连续点的函数呢？但数学就喜欢你这样的“抬杠”精神，其实这样的函数还真存在。比如狄利克雷函数，它是这样定义的：

$f(x)=1$，当 x 是有理数

$f(x)=0$，当 x 是无理数

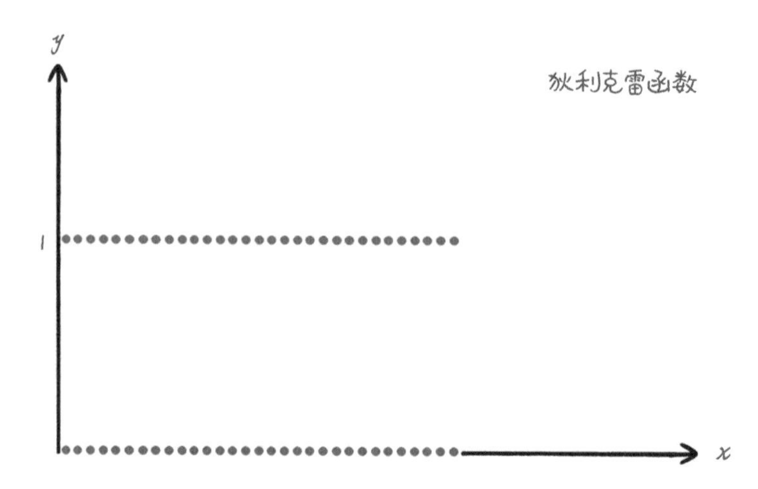

这个函数点点都不连续，其实我们无法在坐标系中画出它的图像，只能用虚线表示一个大意，红色的部分表示 x 是有理数的情况，蓝色的部分表示 x 是无理数的情况。而在 x 轴上，有理数和无理数似乎密集地“交错”出现，所以函数呈现出了两条“横线”效果，其实它们是由不连续的点组成的。

如果我们用黎曼积分的方法，即分段求积分再加起来的办法，显然无法做到，因为我们不知道那些分割出来的长方形的高度是 1 还是 0。因此在 19 世纪末之前，很多数学家就认为这种函数积分不存在。

不过，到 19 世纪末，法国数学家**勒贝格**发现，只要换一种思路来理解积分，像狄利克雷函数这种到处都不连续的函数，积分还是可以计算的。勒贝格计算积分的方法后来被称为勒贝格积分，它和黎曼积分的主要差别在于，黎曼积分是竖着划分小长方形算面积，而勒贝格积分是横着划分小长方形算面积。这里面的细节我们就省略了。总之，换一个角度看问题，原来没有解的问题就变得有解了。

勒贝格，法国著名数学家。他在积分和实变函数理论方面贡献巨大，他对不连续函数和不可微函数的研究也非常深入。

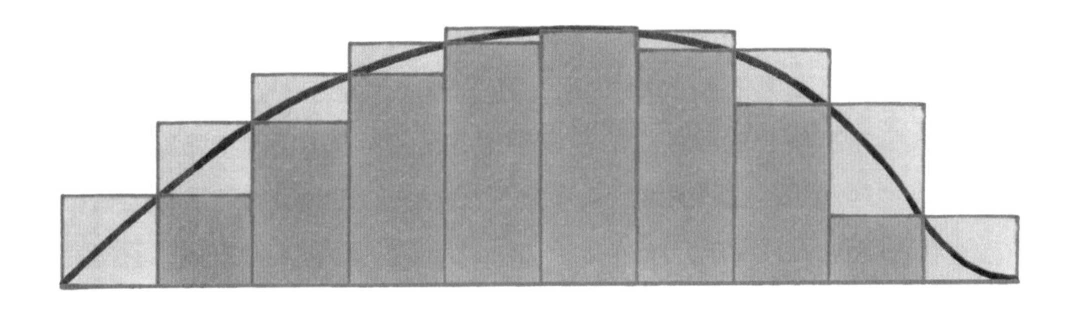

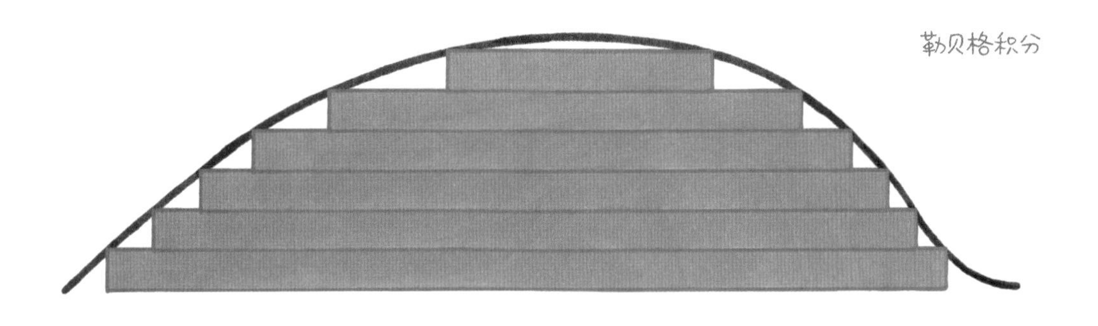

从函数连续性这个概念我们不难看出，很多看似很直观的概念，在数学中都需要有很清晰的定义。如果定义不清晰，就会影响数学的严密性。因此，学习数学最重要的是把那些关键性的概念搞清楚。

1735 年，瑞士大数学家欧拉来到当时东普鲁士的名城哥尼斯堡。哥尼斯堡在历史上非常有名，它曾经是德国文化中心之一，也是大哲学家康德的故乡和数学家希尔伯特生活的地方。欧拉发现，当地居民有一项消遣活动，就是试图将城中的七座桥的每一座都走一遍，而且只能走一遍，最后回到出发点，但这个活动从来没有人成功过。哥尼斯堡的七座桥连接着普莱格尔河的两岸和河中间的两个湖心岛。

哥尼斯堡的七座桥

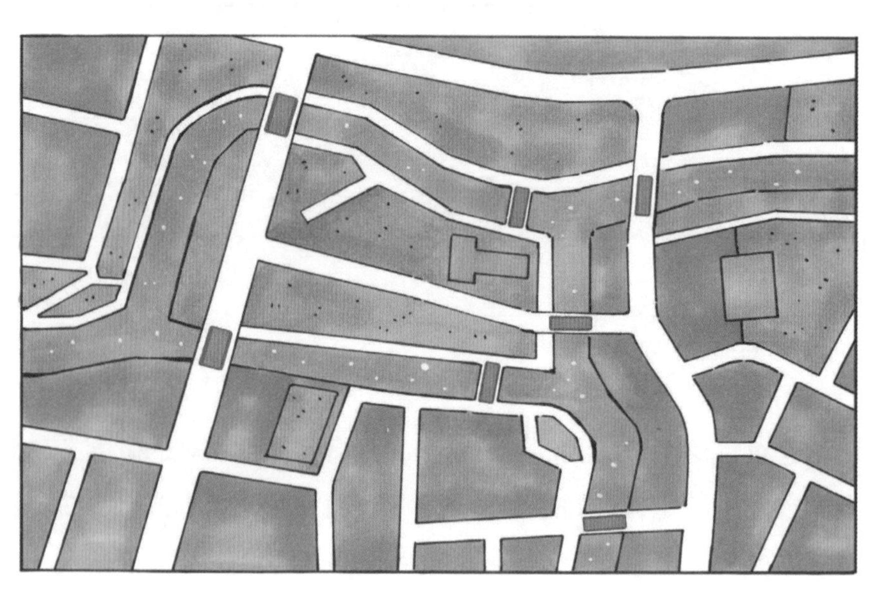

这样的问题其实可以理解为“一笔画”问题，经过研究，欧拉发现哥尼斯堡城中的这个问题无解，然后在圣彼得堡科学院做了一次报告，讲解了这个问题。第二年他发表了一篇论文，提出并解决了所有类似的“一笔画”问题。在这篇论文中，欧拉发明了一个新的数学工具，这个工具后来被称为图论。

一笔画问题

图论可以把地图简化为平面上的一些节点和连接节点的一些弧线，这些节点和弧线的组合被称为图。比如在七桥问题中，河的两岸和中间的两个湖心岛，可以简化成四个节点，每一座桥对应着一条弧线。经过这样的简化之后，七桥问题就变成了完成一笔画的问题了。

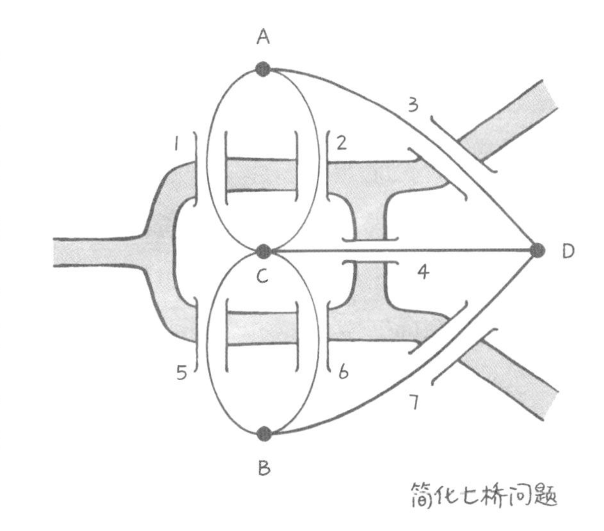

简化七桥问题

欧拉指出，并非所有图都能够一笔画完成。任何一个能够一笔画完成并且回到起点的图，都需要满足一个条件，就是图中所有的节点所连接的弧线数量必须是偶数。为什么要有这个条件呢？因为这样可以从一条弧线进入这个节点，然后再从另一条弧线走出去。比如在下面的左图中，中间的节点连着四条弧线，我们可以从一条进入，从另一条出去，然后再从第三条进入，从第

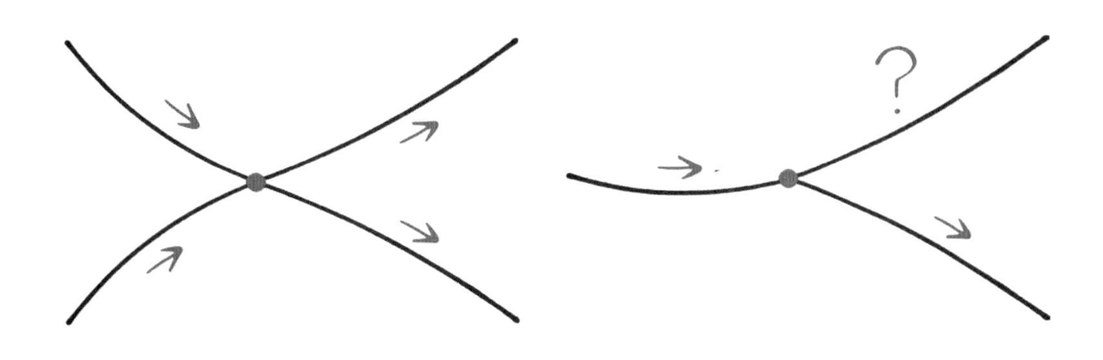

有偶数个弧线相连的节点　　有奇数个弧线相连的节点

四条出去，这样四条弧线都被走了一遍，并且仅被走了一遍。但是，如果是右图的情况，就无法完成一笔画了，因为中间的节点连着三条弧线，当我们从一条走进去，从另一条弧线走出来，第三条弧线要么无法走到，要么还得把某条走过的弧线再走一遍。我们今天把图中一个节点所连接的弧线的数量称为这个节点的度。

在哥尼斯堡七座桥所对应的图中，每个节点连接的都是奇数条弧线，也就是说它们的度为奇数，因此，这样的图就无法一笔画完成。比如从节点 A，也就是河岸 A 开始，我们从第一座桥离开，再从第二座桥回到那里。接下来要么第三座桥走不到，要么走过了第三座桥之后，同时还把第一或者第二座桥再走一遍。不论是哪种情况，都不符合一笔画的要求。

欧拉的那篇论文通常被认为是图论的第一篇学术论文，他在图论上最大的贡献，是发明了这种只有点和线的抽象工具，用这种工具，可以解决很多平面图形的问题和几何体的问题。在此基础上，**拓扑学**也产生并发展起来了。在拓扑学和图论的结合点上，有很多著名的问题，比如我们后面会讲到的四色地图问题。

拓扑学是研究几何图形或空间在连续改变形状后还能保持一些不变的性质的学科。它只考虑物体间的位置关系而不考虑它们的形状和大小。

今天，很多复杂的问题依然可以简化为这种只有节点和弧线的图。比如整个互联网看起来非常复杂，但从本质上讲，它就是以一个个服务器为节点，以及连接服务器的通信线路（包括空中的无线电频带）为弧线，构成的一张图。在没有互联网之前，这种点与线的逻辑关系在很多地方已经存在了。比如由电话机、电话交换机和电话线路构成的电话网，由火车站和铁路构成的铁路交通网，等等。甚至很多虚拟的关系也可以抽象成图，比如学术论文及其里面所引用的参考文献。一篇篇论文是节点，参考文献起到了弧线的作用，它们将知识点变成了知识图谱。此外，你的人际关系也是一张图，每个人都是主体，构成了网络的节点，人与人之间的情感纽带就是弧线。

试试看，哪些图可以完成一笔画

图论的应用

正是因为生活中的很多场景都容易和图产生直接的对应关系，因此图论便成了 20 世纪近代数学和计算机科学最重要的分支领域。科学家设计出很多抽象的图论算法，每一个这样的算法都可以解决一大批现实生活中的具体问题。由于这些图论的算法都能够在计算机上实现，因此图论就构建起使用计算机解决现实问题的桥梁。

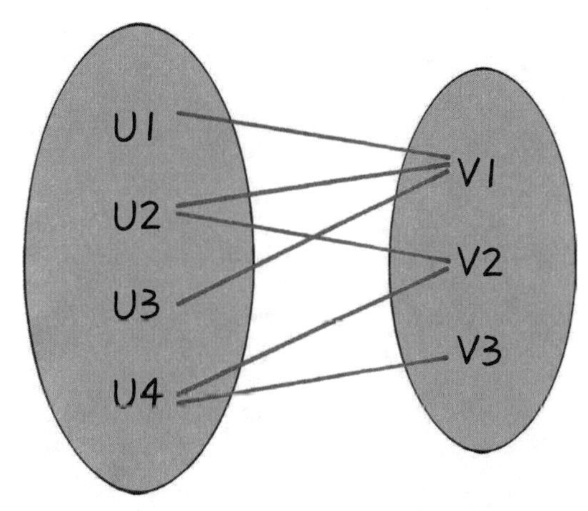

二分图的最大匹配示意

比如，我们今天使用的打车软件，匹配乘客和司机的核心算法就是图论中一个经典问题的算法——二分图最大匹配算法。什么是二分图呢？它是一种特殊的图，这种图的节点可以分为两个集合，集合内部的节点之间没有任何弧线连接，图中所有的弧线都横跨在两个集合之间，就像上图中所显示的这样。在这张图中，所有的弧线都是在 U 和 V 这两大集合之间，U 和 V 内部是没有弧线相连的。

什么是二分图的最大匹配呢？就是在 U 和 V 这两个集合之间，找到一批尽可能多地将两个集合之间的节点成对连接起来的弧线。当然，每一个节点只能和对方一个节点相连，不能和两个以上的节点相连。这就如同绝大部分婚姻的配对，一个男人只能和一个女人结婚，反之亦然。

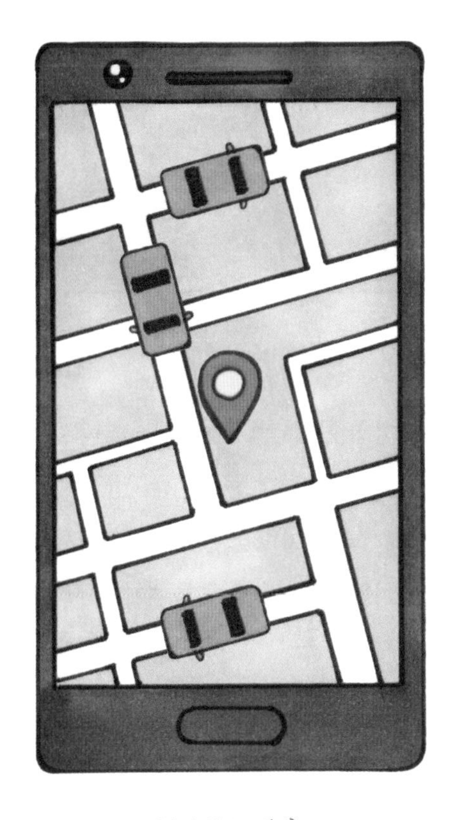

科技拯救路盲

在打车软件中，司机和乘客之间有弧线相连，乘客内部或者司机内部是没有弧线相连的。打车软件要做的事情，就是尽可能多地在乘客和司机这两个集合之间配对，一个乘客不可能同时乘坐两辆车，一个司机也不可能同时接两单生意（这里先不考虑更复杂的顺风车情况）。因此，图论中的相应算法就能解决打车软件的问题。如果要同时考虑怎样赚更多的钱，将成交的金额最大化，图论中也有相应的算法支持，即二分图的加权最大匹配算法。此外，一个网页放什么样的广告，婚恋网站如何匹配男女双方，都是同一个算法的不同应用而已。

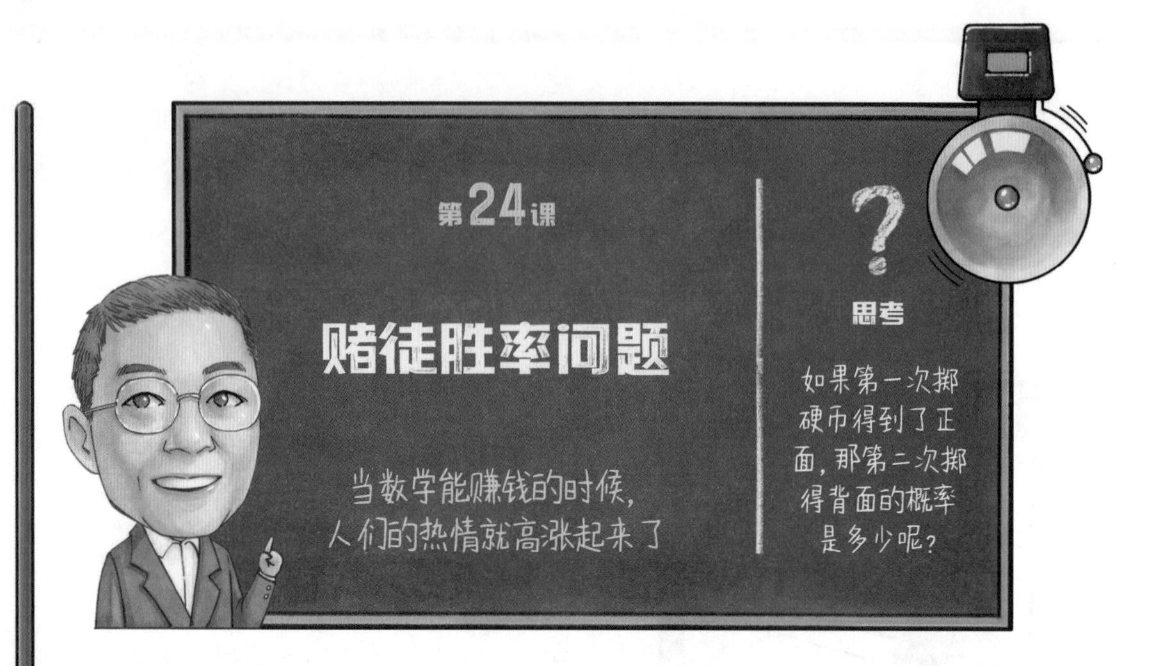

当你掷硬币的时候，得到正面与反面的可能性都是二分之一；当你掷色子的时候，得到每个面的可能性都是六分之一，这不难理解。如果上一局有人掷硬币得到了正面，这一局你赌反面，获胜的可能性会提升，还是依然为二分之一呢？这就涉及数学中“概率论”的知识了。

概率论是数学的一个重要部分，今天它的应用场景要比其他高等数学的分支更广泛。你或许听说过非常热门的“大数据”一词，它的方法基础就是概率论。不过，最早研究概率的并不是我们常提到的那些聪明的数学家，而是赌徒。因为牌桌上的输赢与赌徒的钱包息息相关，对概率论的研究更像是将军研究战法，赌徒们苦思冥想，为什么在赌局中真实的获胜率往往与人们的想象相反呢？

庄家的数学题

在没有概率论的时候，不仅一般的赌徒算不清概率，设置赌局的庄家其实也不会计算概率。不过庄家比一般赌徒有优势，因为他们的经验更加丰富，虽然他们算不清楚牌出现的概率，却可以依靠经验猜出牌局中哪种分布更可能发生。比如 17 世纪的时候，欧洲有一种简单的赌局游戏，游戏规则是由玩家连续掷 4 次色子，如果其中没有 6 点出现，则玩家赢，但只要出现一次 6 点，就是庄家赢。在这个赌局中，双方获胜的可能性是比较接近的，甚至很多玩家会觉得自己更容易赢，因为 6 点每次出现的概率只有六分之一。不过，庄家敢这样设置必然有其合理性，他们的直觉确实要更准确。在这样的规则下，玩家如果玩的次数多了，就会注定是输家。

在历史上，有明确记载最早从数学角度研究随机性，就是从赌局问题开始的。1654 年，一个赌徒向他的朋友数学家帕斯卡请教，是否能证明掷 4 次色子的过程中，出现一次 6 点的可能性比不出现 6 点的可能性更大。帕斯卡经过计算，发现庄家的赢面还真是稍微大一点，大约是 52%：48%。大家不要小看庄家这多出来的 4 个百分点，累积起来，能聚敛很多财富。帕斯卡是怎么计算的呢？

我们知道掷 1 次色子可能产生 6 种结果，就是从 1 点到 6 点，那么掷 2 次色子能产生多少种不同的结果呢？能产生 6×6=36 种。类似的，掷 3 次色子能产生 6×6×6=216 种，掷 4 次色子能产生 6×6×6×6=1296 种。

接下来，让我们来看看有多少种情况玩家能赢。由于玩家能赢的条件是每次都不能出现 6 点，因此结果只能是 1 到 5 点的组合，一共有 5×5×5×5=625 种可能情况。因此，剩下的 1296-625=671 种可能情况都是庄家赢。

当数学家参与赌局

在同时期研究赌局概率的数学家还有费马，他和帕斯卡之间有很多通信，今天人们一般认为，是他们二人创立了概率论。帕斯卡和费马的研究工作表明，虽然各种不确定性问题无法找到一个确定的答案，但是背后还是有规律可循的，比如，人们能知道什么情况发生的可能性大，什么情况不容易发生。

到 18 世纪启蒙时代，法国政府债台高筑，不得不经常发行一些彩票补贴财政。但是由于当时人们的数学水平普遍不高，发行彩票的人其实也搞不清该如何奖励中奖者。著名的启蒙学者伏尔泰是当时最精通数学的人之一（牛顿受到苹果启发发现万有引力定律的说法就是由他传出去的），他通过计算找出了法国政府彩票的漏洞，找到了一些只赚不赔的买彩票方法，赚到了一辈子也花不完的钱。伏尔泰一生没有担任任何公职，也没有做生意，但是从来没有为钱发过愁。你是不是想探寻他的方法？不要白日做梦啦，现在的彩票已经没有类似的漏洞了。伏尔泰并没有迷失在这笔财富之中，从彩票上赚到的钱让他能够专心写作，研究学问。

概率破茧而出

在 18 世纪，越来越多的数学家对概率论产生了兴趣，开始研究概率论的问题。但是，概率论有一个最基本的问题要先解决，就是如何定义概率，概率就是“可能性”吗？这个问题最初是由法国数学家拉普拉斯解决的。

拉普拉斯是一位了不起的数学家和科学家，他除了在数学上的贡献，还发明了拉普拉斯变换，完善了康德关于宇宙诞生的星云说等，今天星云说也被称为康德－拉普拉斯星云说。不过，拉普拉斯除了热爱学问，还热衷于当官，恰巧他又有一位很著名的学生——**拿破仑**。拿破仑在军校学习时，就是由拉普拉斯教授数学。靠这层关系，拉普拉斯后来还真当上了政府的某个部长，不过，他的政绩不太好，因此拿破仑说，拉普拉斯是一个伟大的数学家，却不是一个称职的部长。

拿破仑·波拿巴，19 世纪法国伟大的军事家、政治家，法兰西第一帝国皇帝，他颁布了《拿破仑法典》，完善了世界法律体系，打赢过几十场战役，创造了一系列军政奇迹与辉煌成就。

拉普拉斯说，要先定义一种可能性相同的基本随机事件，这种事件也被称为单位事件或者原子事件。比如我们掷色子，每一面朝上的可能性都相同，都是 1/6，于是每一面朝上就是一个单位事件。如果同时掷两颗色子，情况就比较复杂了。我们知道，两颗色子的点加起来可以是从 2 到 12 之间的任何正数，有 11 种可能的情况。那么，这 11 种情况出现的可能性都相同吗？有人可能就会糊涂了，觉得一共有 11 种可能性，当然每一种情况出现的可能性就是 1/11，所以应该都相同。其实掷两颗色子，加起来总和是某个点数的情况，并不是单位事件。比如两颗色子加起来是 6 点，两颗色子分别的点数可以是（1，5）（2，4）（3，3）（4，2）（5，1）共 5 种情况，每种情况是一个单独的单位事件。

在单位事件的基础上，拉普拉斯定义了古典的概率，即一个随机事件 A 的

色子1 色子2	1	2	3	4	5	6
1	2	3	4	5	6	7
2	3	4	5	6	7	8
3	4	5	6	7	8	9
4	5	6	7	8	9	10
5	6	7	8	9	10	11
6	7	8	9	10	11	12

两颗色子点数和是 6 的情况

概率 P(A)，就是这个随机事件中所包含的单位事件数量，除以所有的单位事件数量。

比如，在掷两颗色子的问题中，两颗色子的点数组合共有 36 种单位事件，即当第一颗色子是 1 点时，第二颗色子为 1 ~ 6 点的 6 种情况，当第一颗色子是 2 点时，第二颗色子为 1 ~ 6 点的 6 种情况，以此类推，算下来一共是 36 种。每一种单位事件都不可再分。

如果我们要计算两颗色子加起来等于 6 点的情况，只要数数这种情况包括了多少单位事件——共有（ 1, 5 ）（ 2, 4 ）（ 3, 3 ）（ 4, 2 ）（ 5, 1 ）5 个单位事件。于是我们用 5 除以总数 36，得到两颗色子加起来等于 6 点的概率是$\frac{5}{36}$。用这种方法我们会发现，2

点和 12 点的概率最小，是$\frac{1}{36}$；中间 7 点的概率最大，是$\frac{1}{6}$。从 2 点到 12 点，这 11 种情况的概率并不相同，它们的概率可以用右面这张直方图表示：中间最大，两头最小。

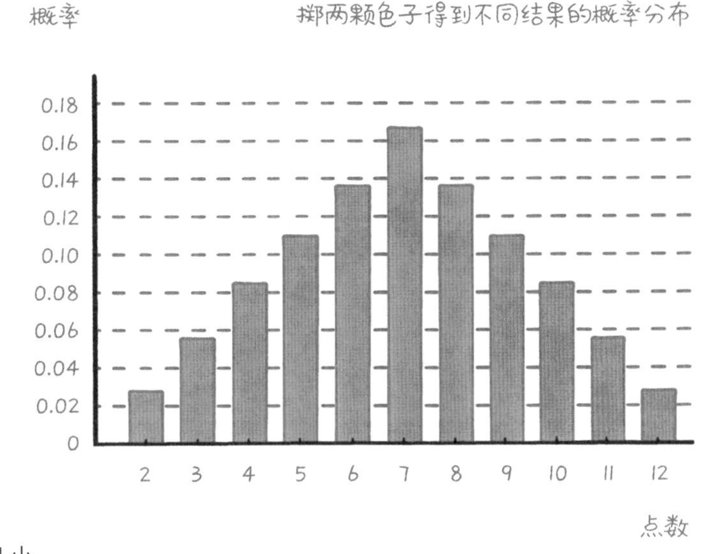

回到帕斯卡所解决的掷 4 次色子的问题。所有的单位事件有 1296 个，而玩家赢的单位事件有 625 个，因此玩家赢的概率就是$\frac{625}{1296} \approx 0.48$。

从 18 世纪末到 19 世纪，越来越多的数学家开始对概率论产生浓厚的兴趣，包括瑞士的伯努利，法国的拉普拉斯和泊松等人，以及德国的高斯、俄国的切比雪夫和马尔可夫等人，他们都对概率论的发展做出了很大的贡献。经过他们共同的努力，古典概率论的基础逐渐建立了起来，很多实际的问题也得到了解决。

拉普拉斯，法国分析学家、概率论学家和物理学家，法国科学院院士。他是决定论的支持者，提出了拉普拉斯妖。

泊松，法国数学家、几何学家和物理学家。他改进了概率论的运用方法，建立了描述随机现象的一种概率分布——泊松分布。

马尔可夫，俄国数学家。他发展了矩法，扩大了大数律和中心极限定理的应用范围。

不过古典概率论依然存在一个严重的逻辑漏洞，这个漏洞是怎么补上的，我们接下来再介绍。

古典概率论是建立在拉普拉斯对概率定义基础之上的，即一个随机事件的概率，等于这个随机事件中所包含的单位事件，除以所有单位事件的总数。要让这个定义成立，需要一个隐含的前提条件，就是所有单位事件本身的概率必须相同。我们可以继续用掷色子来打比方：一颗色子有 6 个面，掷出时每个面朝上的概率都是相同的，即都是$\frac{1}{6}$。但这样问题就来了，什么叫作概率相同呢？色子的概率我们很容易看出，但是其他问题也许并没有这么明显。要定义概率，就需要先有“相同概率的单位事件”这个概念，而其中提到的单位事件，又是以“概率相同”为前提的。这就犯了循环定义的错误，即我们是在用概率来定义概率。

开盲盒不需要学数学吧

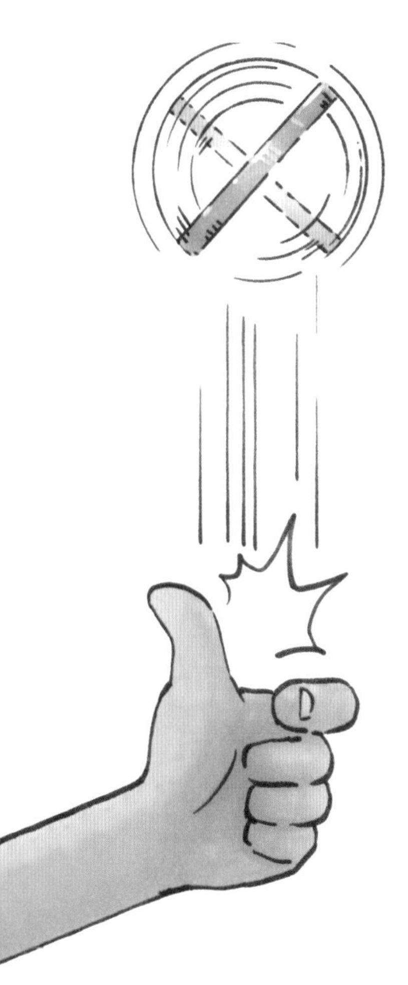

没有什么选择题是用抛硬币解决不了的

除了逻辑上不严格，拉普拉斯的概率定义还有一个大问题，就是在很多时候，我们无法列举出所有的单位事件，甚至无法列举出所有的可能性。比如，医疗保险公司无法确定一个 60 岁的人在接下来的 3 年里得大病的概率，因为它无法知道所有可能发生的意外。不过，由于拉普拉斯这种定义大家都能理解，而且建立在这个定义之上得到的概率论的结论似乎又都是正确的，因此，在很长一段时间里，人们也没有追究这个定义的严密性。

但是，数学是一个建立在严格逻辑基础之上的知识体系，不允许有不严格的情况出现。在使用了 200 年不严格的概率论定义之后，终于出现了一位伟大的数学家，把这个问题圆满地解决了。他就是 20 世纪苏联数学家柯尔莫哥洛夫，他让概率论有了今天崇高的地位。

柯尔莫哥洛夫的“随机”人生

柯尔莫哥洛夫和历史上的牛顿、高斯、欧拉等人一样，是数学史上少有的全能型数学家，而且和牛顿等人一样，他在青年时就取得了了不得的成就。柯尔莫哥洛夫在 22 岁的时候（ 1925 年 ）就发表了概率论领域的第一篇论文，30 岁时出版了《 概率论基础 》一书，将概率论建立在严格的公理基础上，从此概率论正式成为一个严格的数学分支。同年，柯尔莫哥洛夫发表了在统计

生活中的数学无处不在

学和随机过程方面具有划时代意义的论文《概率论中的分析方法》，它奠定了马尔可夫随机过程的理论基础。从此，马尔可夫随机过程都是信息论、人工智能和机器学习强有力的科学工具。没有柯尔莫哥洛夫奠定的这些数学基础，今天的人工智能就缺乏坚实的理论基础。柯尔莫哥洛夫一生在数学之外的贡献也极大，如果把他的成果列出来，几页纸的篇幅都不够，当然，他最大的贡献还是在概率论方面。接下来我们就讲讲柯尔莫哥洛夫的概率论公理化。

首先，柯尔莫哥洛夫定义了一个样本空间，它包含了我们要讨论的随机事件所有可能的结果。比如抛硬币的样本空间就包括正面朝上和背面朝上两种情况，而掷色子有 6 种情况，你如果掷两颗色子，样本空间就是（1，1）（1，2）…（6，6）共 36 种情况。柯尔莫哥洛大所说的样本空间不一定必须是有限的，也可以是无限的。

其次，柯尔莫哥洛夫定义了一个集合，它包含我们所要讨论的所有随机事件，比如：

掷色子不超过 4 点的情况，掷色子结果为偶数点的情况；身高超过 1.8 米的情况，身高在 1.7 ~ 1.8 米之间的情况；等等。

它们都是随机事件。

最后，柯尔莫哥洛夫定义了一个函数（也被称为测度），它将集合中任何一个随机事件对应一个数值。只要这个函数满足下面三个公理，它就被称为概率函数。这三个公理说起来很简单：

公理一：任何事件的概率是在 0 和 1 之间（包含 0 与 1）的一个实数。

公理二：样本空间的概率为 1，比如掷色子，1 点朝上，2 点朝上…… 6 点朝上，它们在一起构成样本空间，所有这 6 种情况放到一起的概率为 1。

公理三：如果两个随机事件 A 和 B 是互斥的，也就是说 A 发生的话 B 一定不会发生，那么，事件 A 发生的概率或事件 B 发生的概率，就是 A 单独发生的概率加上 B 单独发生的概率。这也被称为互斥事件的加法法则。这个很好理解，比如掷色子 1 点朝上和 2 点朝上显然是互斥事件，1 点或 2 点任意一种情况发生的概率，就等于只有 1 点朝上的概率加上只有 2 点朝上的概率。

可以看出，这三个公理非常简单，符合我们的经验，而且不难理解。你可能会猜想，在这么简单的基础上就能构造出概率论？基于这样三个公理，整个概率论所有的定理，包括我们前面讨论的内容，都可以推导出来。

概率论定理

我们不妨看几个最基本的概率论定理，是如何从这三个公理中推导出来的。

定理一，互补事件的概率之和等于 1。

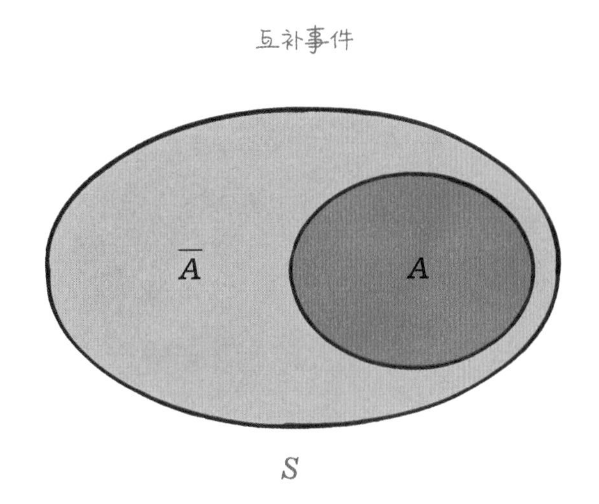

所谓互补事件，就是 A 发生和 A 不发生（$\overline{A}$）。比如，整个样本空间是 S，A 发生之外的全部可能就是 $\overline{A}$。

由公理二和公理三，很容

易证明这个结论。具体做法如下：

1. 首先，A 发生则 $\overline{A}$ 不会发生，因此它们是互斥事件，所以，

$$P(A \cup \overline{A})=P(A)+P(\overline{A})$$

2. 根据互补事件的定义，A 和 $\overline{A}$ 的并集就是全集，即 $A \cup \overline{A}=S$，而 $P(S)=1$。

一般来说，P 代表概率，P(A) 代表事件 A 发生的概率。"∩"代表交集关系，"∪"代表并集关系。比如，集合 A 中包含 1、2、3，集合 B 中包含 2、3、4，那么，A ∩ B 则是 A 和 B 共同拥有的重叠部分，即 {2, 3}，A ∪ B 则是 A 和 B 加在一起的全部，即 {1, 2, 3, 4}。

根据上述两点我们得知，

$P(A)+P(\overline{A})=P(A \cup \overline{A})=P(S)=1$。

定理二，不可能事件的概率为 0。

从上一个定理可以得知，两个互补事件合在一起就是必然事件，因此必然事件的概率为 1。而必然事件和不可能事件形成互补，于是不可能事件的概率必须为 0。

类似的，我们可以证明拉普拉斯对概率的定义方法，其实可以由这三个公理推导出来。根据拉普拉斯的描述，那些单位事件是等概率的，而且是互斥的。我们假定有 N 种这样的单位事件，并假定单位事件的概率为 p，所有 N 个这样的事件的并集构成整个概率空间的全集。根据第二公理，我们知道其概率总和为 1。再根据第三公理，我们知道概率总和为 $N \times p$，因此，$N \times p=1$，于是，$p=\frac{1}{N}$。

对于抛硬币，N=2，正反面的概率各一半。

对于掷色子，N=6，每一个面朝上的概率为$\frac{1}{6}$。

有了概率的公理和严格的定义，概率论才从一个根据经验总结出来的应用工具，变成了一个在逻辑上非常严格的数学分支。它的三个公理非常直观，而且和我们现实世界完全吻合。

我们通过讲述概率论发展的过程，揭示了数学家修补一个理论漏洞的过程和思考方法。只有建立在公理化基础上的概率论才站得住脚，而之前的理论，不过是在公理化系统中的一个知识点。

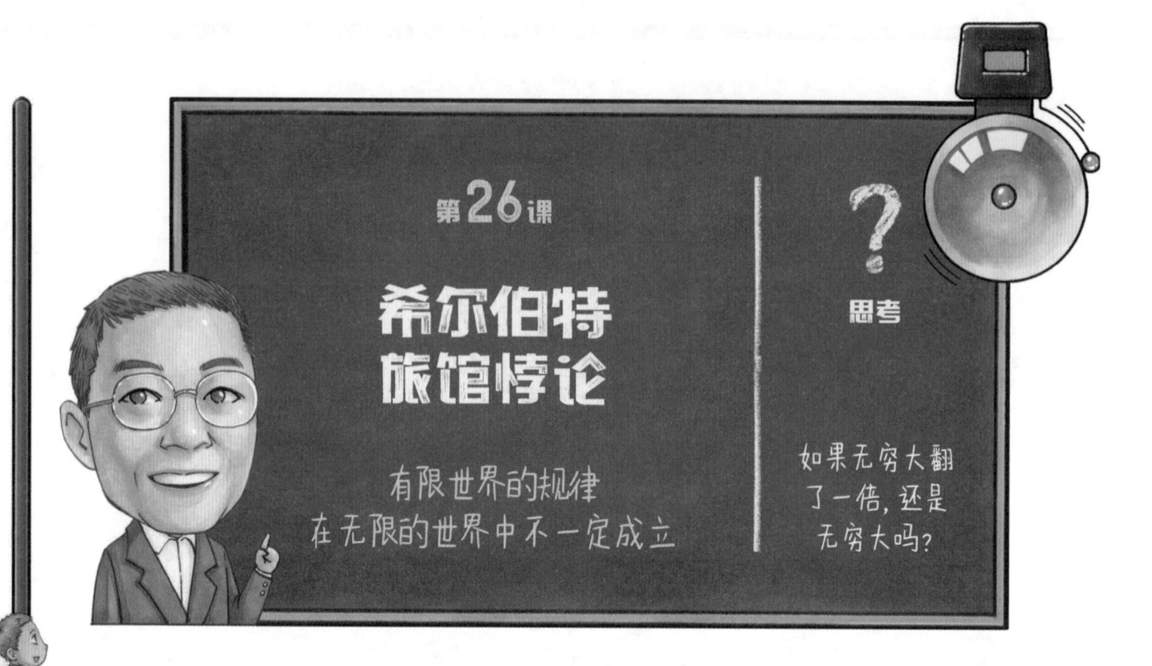

我们在前面讲到了无穷小，和无穷小对应的是无穷大。人类使用无穷大的概念是很早的事情，在牛顿的时代就已经开始了，但是直到现代，人们才开始对无穷大有了正确的认识。

神奇的酒店

1924 年，德国的大数学家希尔伯特觉得有必要提醒同行，不要再用对有限世界的认知去理解无穷大的世界。于是，他在当年的世界数学大会上讲了一个旅馆悖论，让人们重新认识无穷大的哲学意义。希尔伯特的旅馆悖论是这样讲的：

假如一个旅馆有很多房间，每一个房间都住满了客人，这时你去旅馆前台问：“还能给我安排一个房间吗？”老板一定说：“对不起，所有的房间都住进了客人，没有办法安排您了。”

但是，如果你去一家拥有无限多个房间的旅馆，情况可能就不同了。虽然所有的房间均已客满，但老板还是能帮你“挤出”一间空房。他只要这样做就可以了：他对服务生讲，将原先在 1 号房间的客人安排到 2 号房间，将原先在 2 号房间的客人安排到 3 号房间，以此类推，这样空出来的 1 号房间就可以给你了。类似的，就算来成百上千的人，也可以用这种方式安排进“已经客满”的旅馆。

这种已经客满，却有无穷多房间的旅馆，不仅可以增加有限个客人，还能增加无限个新客人。具体的做法是这样的：

我们让原来住在第 1 间的客人搬到第 2 间，第 2 间的客人搬到第 4 间……总之，就是让第 n 间的客人搬到第 $2n$ 间即可。这样就能腾出无数间的客房安排新的客人了。

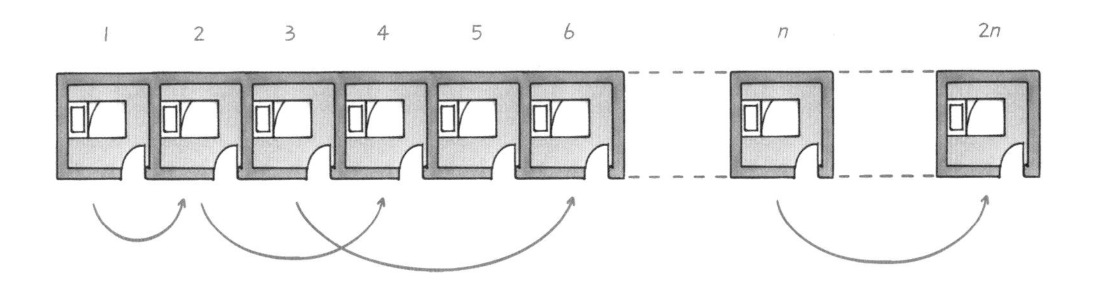

接下来的问题就来了，既然每个房间都被现有的客人占据了，又怎么能挤得出空房间给新的客人？因此，我们说这是一个悖论。不过这个“旅馆悖论”其实并不是真正意义上的数学悖论，它仅仅是与我们直觉相悖而已。在我们的直觉中，每个房间都被占据，和无法再增加客人是同一个意思，但这只是在“有限”的世界里成立的规律。

在无穷大的世界里，它有另一套规律。因此，数学上关于有限世界的很多结论，放到无穷大的世界里，有些能够成立，有些则不成立。比如，在有限的世界里，一个数加上 1 就不等于这个数了，因为比原来的数大 1；100 乘 2 是 200，不等于原来的 100。这些规律，在无穷大的世界里就不成立，无穷大加 1 还是无穷大，无穷大乘 2 还是无穷大，甚至是和原来一样的无穷大。这也是为什么在旅馆悖论中的那个旅馆，再增加一个客人，甚至无穷个客人，旅馆依然能够容纳得下的原因。

无穷大的世界

希尔伯特提醒人们，对于在有限世界里验证过的数学结论，到了无穷大的世界里要重新验证一遍，有些规律还成立，有些就不成立了，不能简单地把有限世界的规律放大，直接搬到无穷大的世界里。比如，在有限的集合中，整体大于局部，这是一个基本公理，正是因为这个公理的存在，具有 1000 间客房的旅馆，偶数号房间的数量一定小于总数。然而，在有无穷房间的旅馆中，偶数号房间的数量与总房间数量是相同的。甚至，我们可以证明一条长 5 厘米的线段上的点，比一条长 10 厘米线段上的点还要多。

我们把 10 厘米长的线段 L_1 和 5 厘米长的线段 L_2 平行放置，如图所示。我们在 L_2 上取中点 M。然后，我们把 L_1 和 L_2 的左边端点连接画一条直线，把 L_1 的右边端点和 M 连接，画另一条直线，这两条直线的交点为 S。

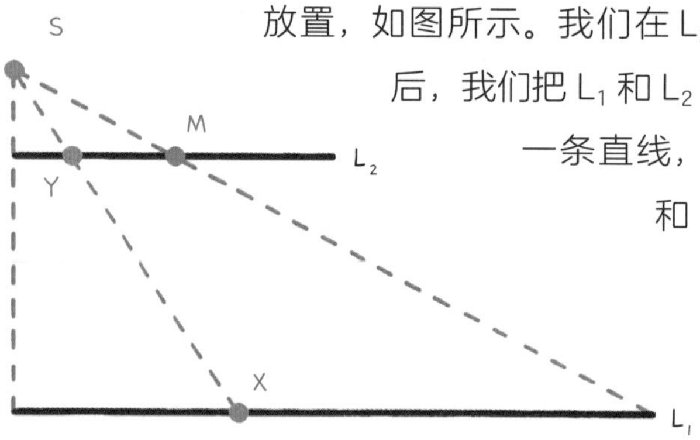

那么，L_1 上的每一个点 X，在 L_2 上都能找到一个对应点 Y。

接下来，对于 10 厘米长线段 L_1 上的任意一个点 X，我们将 X 和 S 相连画一条直线，这条直线必然和线段 L_2 有一个交点，并且这个交点一定会在 M 的左边，我们假设这个交点为 Y。这就说明 L_1 线段上的任意一个点，在 L_2 的左半边都可以找到一个对应点。因此，L_2 左半边的点的数量应该不少于整个 L_1 上的点。显然，L_2 左半边的点的数量只有整个 L_2 点的数量的一半。于是我们就得到一个结论，只有5厘米长的线段 L_2 上的点比10厘米长的线段 L_1 上的点还要多。

上面的推理过程没有任何逻辑谬误，那么为什么这个结论和我们的直观感觉会不同呢？那是因为我们从有限的世界里所获得的直观感受是错的，无穷大的世界和我们想的不是一回事。

当然，我们也可以把上页图中的 L_1 和 L_2 对调一下，就很容易证明 L_1 上的点比 L_2 上的点多。这样我们就得到了自相矛盾的结论。

康托尔的解答

要解决这个矛盾，我们就必须放弃在有限**集合**内比大小的做法，并引入新的比较大小的方法。解决这个问题的是德国数学家格奥尔格·康托尔，他引入一个工具来比较无穷大的大小。康托尔的做法是这样的：

假如有两个无穷大的集合 A 和集合 B，如果集合 A 中的任意一个元素都能够在集合 B 中找到对应的元素，同时集合 B 中的任意元素也都能在集合 A 中找到一个对应的元素，那么就是说这两个无穷大的集合 A 和集合 B 的势（或者

集合是指具有某种特定性质的元素汇总而成的整体。比如，所有中国人的集合，它的元素就是每一个中国人。若 a 是集合 A 的元素，则称 a 属于 A，记为 a ∈ A；若 a 不是集合 A 的元素，则称 a 不属于 A，记为 a∉A。

基数）相同。通俗地讲，就是这两个无穷大的集合一样大。根据康托尔的这个方法，我们可以得知，所有的整数和所有的偶数是一样多的，所有的正整数和所有的整数也是一样多的，不仅如此，所有的有理数和所有的整数还是一样多的。这一类的无穷大，被称为第一级的无穷大。类似的，5 厘米长的线段上的点的数量和 10 厘米长的线段上的点的数量，它们的势相同，因此我们也可以认为它们是一样多的。

但是，所有实数和所有有理数却不是一样多的，实数的数量要多得多，因为我们总能找到一些实数，无法用有理数来对应。不仅如此，从 0 到 1 之间的实数，比所有的有理数都要多。实际上，如果你把数轴放大了看，任意两个有理数之间都有无穷多个无理数。于是，康托尔把实数的集合定义为第二级的无穷大。那么，还有没有更高级别的无穷大呢？还是有的，我们在任意一个无穷大的集合之上，可以构建出很多不同种类的函数，这些函数的数量非常多，所有函数的集合又构成了更高一级，也就是第三级的无穷大。

思考一下，当你用手指从刻度尺上的 3 划到 4，是否有那么一个瞬间触碰到了 π？

对于有限集合成立的很多数学结论，到了无穷的世界里就不成立了，比如“整体大于部分”的这条结论就不再成立。

希尔伯特通过旅馆悖论，提醒大家把有限世界中的规律放到无限世界里可能就完全不同了。事实上，在希尔伯特做完那个报告后，全世界数学家不得不回去把所有的数学结论在无穷大的世界里又推导了一遍，看看有没有什么漏洞。经过验证，还真发现了很多漏洞。

既然无穷大不是一个简单的数，不能按照对于一般数的理解来看待它，那它的本质是什么呢？数学家巴赫曼和康托尔给出了答案：无穷大不是静态的，而是动态的，它反映一种趋势，一种无限增加的趋势。所谓高一级的无穷大，就是比低一级的无穷大速度增加得更快。像“1，2，3，4…”这样不断增加，速度是比较慢的，“2，4，6，8…”的增加速度其实也差不多，因此它们是同一级别的。但如果是“1，2，4，8，16…”这样增加，就要快很多。因此，无穷大代表着一种新的科学世界观，就是让我们关注动态变化的趋势，特别是发展变化延伸到远方之后的情况。

无穷大世界的很多特点颠覆了常人的认知，这并不是说大家原先的认知有问题，而是说我们在有限世界里得到的认知太狭隘了，相比浩瀚的宇宙和人类的知识体系，我们的认知可能就如同小小的蚂蚁，受限于我们的生活环境。当然，有些读者朋友可能会问，既然我们生活在有限的世界里，甚至宇宙也是有限的，那么了解无穷大世界有什么现实的意义呢？它的意义当然很多，在计算机科学中，我们对比两个算法的好坏，就要考虑它们在处理近乎无穷大的问题上的表现。通常，很多算法在处理小规模问题时速度相差不大，但是在处理大规模问题时，很容易就相差出几百万倍，甚至上万亿倍。

这就是无穷大的世界吗？

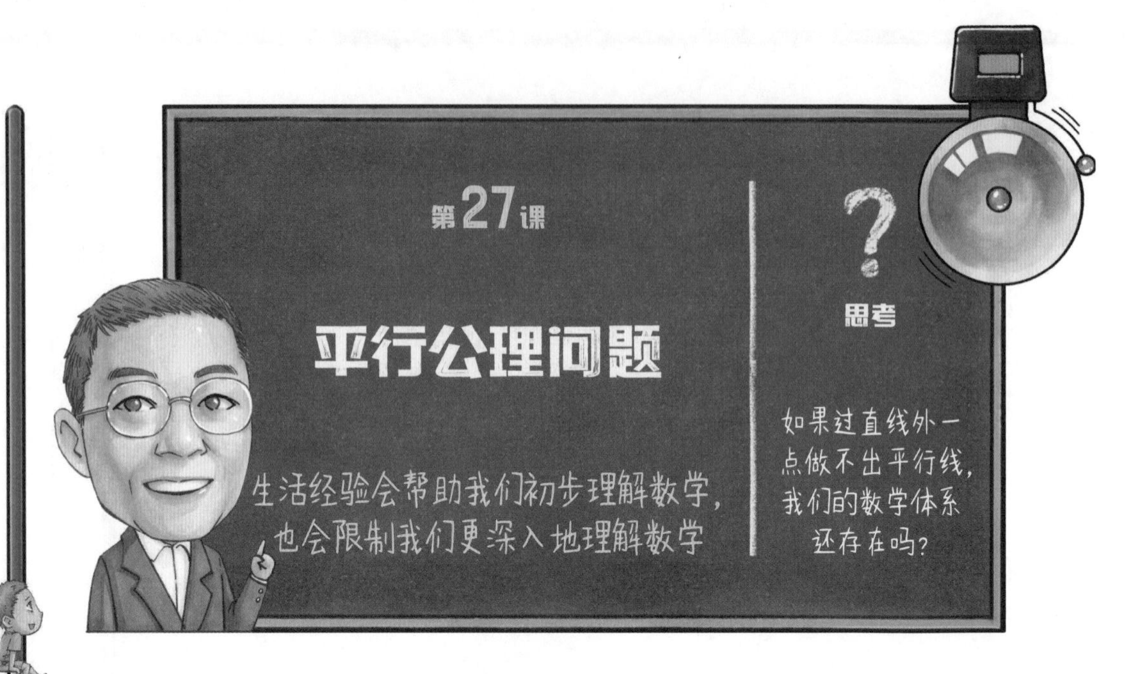

从欧几里得开始，几何学经过了 2000 年也几乎没有什么大的发展。虽然在这中间，一些数学家解决了某些几何学的难题，比如高斯解决了正十七边形作图的问题，但是一个具体问题的解决通常不能得到新的定理，也就产生不了多少新的知识。

一切从公理出发

不过，在欧几里得确定公理化几何学之后，数学家心中也存有疑问，欧几里得设定的 5 条最基本的公设是否都是必要的？这 5 条公设如下：

1.（直线公设）过两个不同点，能做且只能做一条直线；
2. 有限的直线，也就是线段，可以向两边任意地延长；
3.（圆公设）以任意一点为圆心、任意长为半径，可做一圆；
4.（直角公设）凡是直角都相等；
5.（平行公设）同平面内，如果一条直线与另外两条直线相交，在某一侧的两个内角和小于两直角和，那么这两条直线在不断延伸后，会在内角和小于两直角和的一侧相交。

前三条公设涉及我们用圆规和直尺作图，因此也被称为尺规作图公设。第五条公设的描述非常晦涩难懂，我们画出图来就是下图这样的：

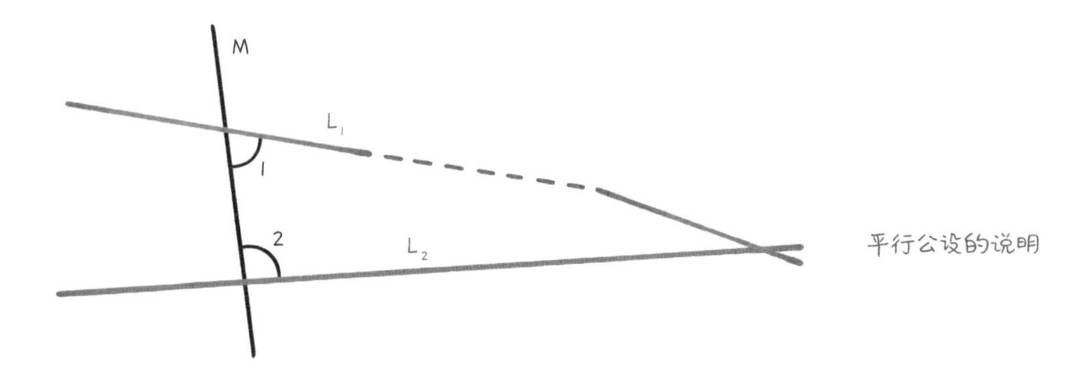

平行公设的说明

在上图中，∠1+ ∠2<180°，因此 L_1 和 L_2 最终会相交于右侧，这就是第五条公设的含义。当然，如果∠1+ ∠2>180°，和它们相邻的两个角相加就会小于 180°，于是 L_1 和 L_2 就会在反方向相交。如果∠1+ ∠2=180°，情况会是什么样的呢？根据第五条公设，L_1 和 L_2 就永远不会相交，因此它们就是平行线。因此，这条公设等同于下面这种更通俗的描述：

从直线外的一点，能且只能做该直线的一条平行线。

人们很快发现，前四条公设都非常重要，拿走其中任意一条，我们几乎得不到任何有效的几何学结论。但是，第五条公设真的是必要的吗？或者说，它能否通过前四条公设推导出来呢？人们之所以这么想，一方面是因为这条公设的描述不像前四条那么简单，更像是一个定理；另一方面，在欧几里得的《几何原本》中，其他公设一开始就被使用到了，而平行公设比较晚时才使用到。事实上，欧几里得本人也不太喜欢这条公设，直到一些定理不使用

它就无法证明的时候，它才开始被使用。

于是，人们花了 2000 年的时间，试图在不使用这条公设的情况下，依然能够构建出几何学，但是都失败了。

突破第五公设

19 世纪初，俄国数学家罗巴切夫斯基又进行了这样的尝试，他试图证明第五公设是个定理，即能够由其他公设推导出来，他的尝试不出意外地也失败了。后来意大利数学家贝尔特拉米证明了平行公设和前四条几何公设一样是独立的，人们才放弃这种努力。不过罗巴切夫斯基的工作并没有白做，他发现，如果将第五公设进行修改，比如修改成“通过直线外的一个点，能够做该直线的任意多条平行线”，就会得到另一套几何学系统。这一套新的几何学系统，后来被称为罗巴切夫斯基几何，简称为罗氏几何。

罗氏几何和欧几里得几何所采用的逻辑完全相同，所不同的只是对第五公设的不同表述，当然结果也就有所不同了。再往后，著名数学家黎曼又假定，经过直线外的一点，一条平行线也做不出来，于是又得到另一种几何系统，它被称为黎曼几何。罗氏几何和黎曼几何也被统称为非欧几何，这里面的“欧”就是指欧几里得，我们平常所了解的几何学也就相应地被称为欧几里得几何或者简称为欧氏几何了。

那么，这样得到的三种几何学哪个对、哪个错呢？其实它们没有对错之分，我们很容易证明，这三种几何学是等价的。也就是说，在一种几何学中能解决的问题，在另一种中也能解决；反之，在一种几何学中解决不了的问题，在另一种中也是无解的。虽然根据我们的直觉，欧几里得的想法似乎是对的，其他两种是错的，因为我们在纸上画不出罗巴切夫斯基或者黎曼所描述的情况，但那是因为我们生活在一个“方方正正”的世界里。

比如，我们看到一束光射向远方，走的是直线；两条铁轨笔直地向远方延伸，是不会相交的。因此，我们先入为主地认为对任意直线和直线外的一点，不可能做不出一条平行线，更不可能做出两条来。

但是，如果我们所生活的空间是扭曲的，我们以为的“平面”实际上是马鞍形，也就是所谓的双曲面，那么罗巴切夫斯基几何就是正确的，因为过直线外的一个点真的能够做出这条直线的很多条平行线。

在双曲面上，过直线（L）外一个点（P）可以做该直线的任意条平行线

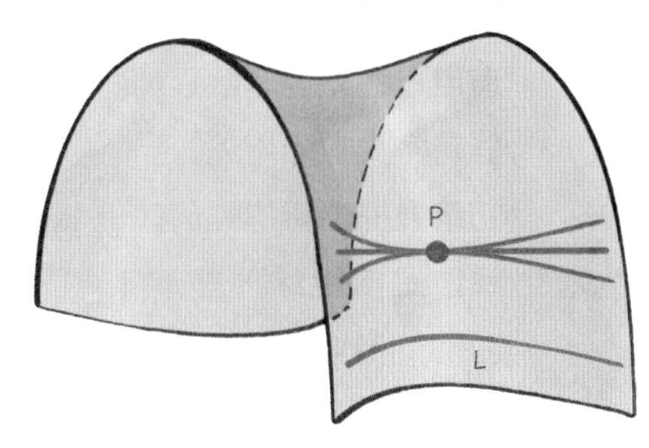

相反，如果我们生活在一个椭球面上，过直线外的一个点，就是一条平行线也做不出来。如果想过红色的点做一条和红色直线平行的线，最终那条线是要在球的某一点上和红色线相交的。

在椭球面上，过直线外一个点，无法做该直线的平行线

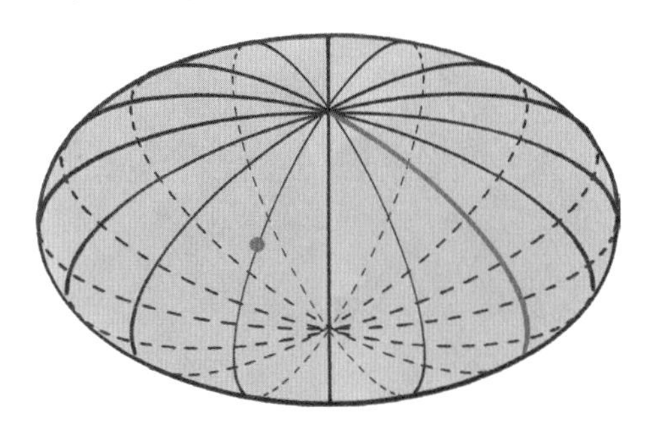

从上面的分析中可以看出，欧氏几何、罗氏几何和黎曼几何，分别在“方方正正”的空间、双曲面的空间和椭球的空间里是正确的。可以证明，虽然看起来非欧几何和欧氏几何很不相同，甚至给出的结论也不相同，但却殊途同归。同一个命题，可以在这三种几何体系中相互转换，如果在欧几里得几何里是自洽的，在非欧几何里也是如此。

从非欧几何被提出，并被验证，我们更加能够体会到，数学并不是经验科学，不能靠经验和直觉，因为我们的直觉和经验会限制我们的理性。我们之所以觉得欧几里得的假设是正确的，罗巴切夫斯基和黎曼的想法难以理解，是因为我们用自己的经验把思维限制住了。

非欧几何的应用

既然三种几何学体系是等价的，那么为什么数学家要构建出两个和我们的生活经验不同的几何学体系呢？罗巴切夫斯基和黎曼在构建各自的几何学体系时，并不知道自己建立的非欧几何能有多少实际用途。当初黎曼提出新的几何体系，是希望给那些涉及曲面的数学问题一个简单的表述而已。

我们仨说的是同一件事，你听懂了吗？

黎曼几何在诞生之后的半个多世纪里，都没有找到太多实际的用途。后来真正让它为世人知晓的并非某个数学家，而是著名的物理学家爱因斯坦。爱因斯坦在著名的广义相对论中，所采用的数学工具就是黎曼几何。根据爱因斯坦的理论，一个质量大的物体（比如恒星）会使周围的时空弯曲，如下页图所示。牛顿所说的万有引力则被描述为弯曲时空的一种几何属性，即时空的曲率。爱因斯坦用一组方程，把时空的曲率中的物质、能量和动量联系在一起。之所以采用黎曼几何这个工具而不是欧氏几何来描述广义相对论，是因为时空和物质的分布是互相影响的，在大质量星球的附近，空间被它的引力场扭曲了。在这样扭曲的空间里，光线走的其实是曲线，而不是直线。

1918 年，亚瑟·爱丁顿爵士利用日食观察星光，发现光线轨迹在太阳附近真的变成了曲线，直到这时大家才开始认可爱因斯坦的理论。这件事也让黎曼几何成为理论物理学家的常用工具。比如，在过去 30 年中，物理学家对超弦理论极度着迷，而黎曼几

何（以及由它派生出的共形几何）则是这些理论的数学基础。此外，黎曼几何在计算机图形学和三维地图绘制等领域都有广泛的应用，特别是在计算机图形学中，今天计算机动画的生成就离不开它。

通过非欧几何诞生的过程，我们能够进一步理解公理的重要性。可以说，有什么样的公理，就有什么样的结果。数学的美妙之处就在于它逻辑的自洽性和系统之间的和谐性。黎曼等人修改了一条平行公设，因为改得合理，所以并没有破坏几何学大厦，反而演绎出新的数学工具。但是，如果胡乱修改其他一条公设，比如把垂直公设给改了，几何学大厦就该崩塌了。

同时，数学是工具，而一类工具可能有很多种，它们彼此甚至是等价的。在不同的应用场景中，有的工具好用，有的用着很费劲。这就如同一字改锥和十字改锥，二者在功能上大同小异，但有些需要用十字改锥的地方如果换成了一字改锥，就无法得心应手。爱因斯坦的过人之处之一就在于他善于找到最称手的数学工具。

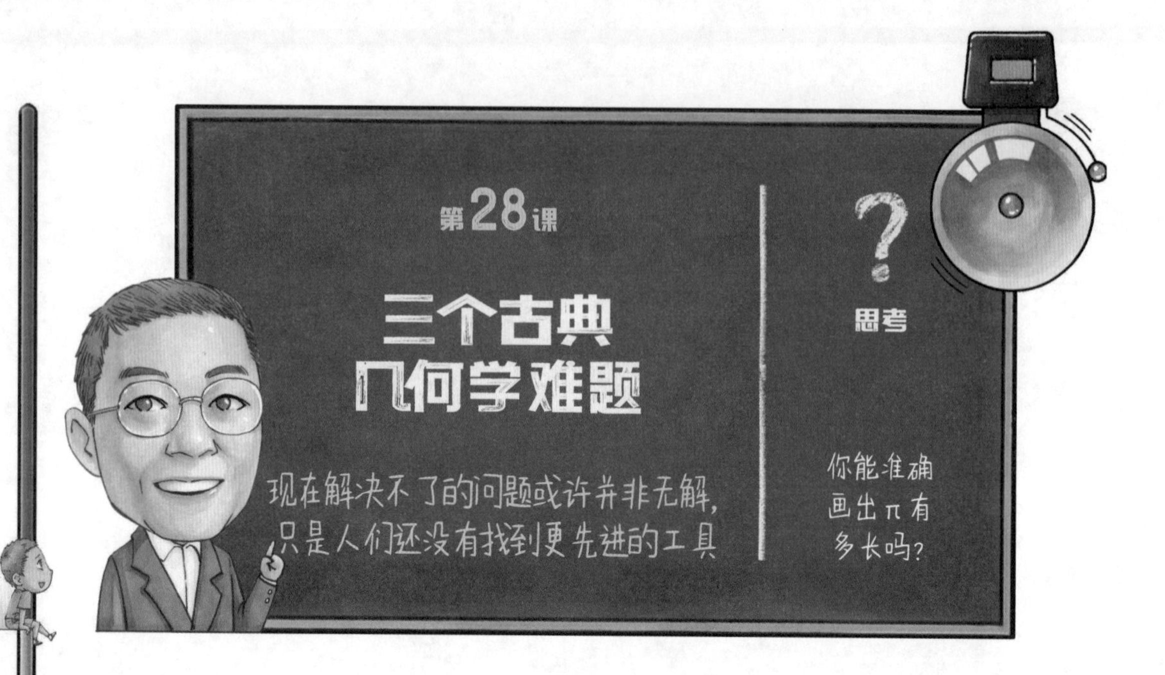

在几何学中，有几个古典的作图难题，看上去很容易，但是几千年里也没有人能解决，即便高斯等天才对它们也是无能为力。但是，19 世纪欧洲的两位天才少年却发明了一种被称为“群论”的数学工具，让这些问题瞬间得到解决。要解释群论，我们先来看看这三个古典数学难题。

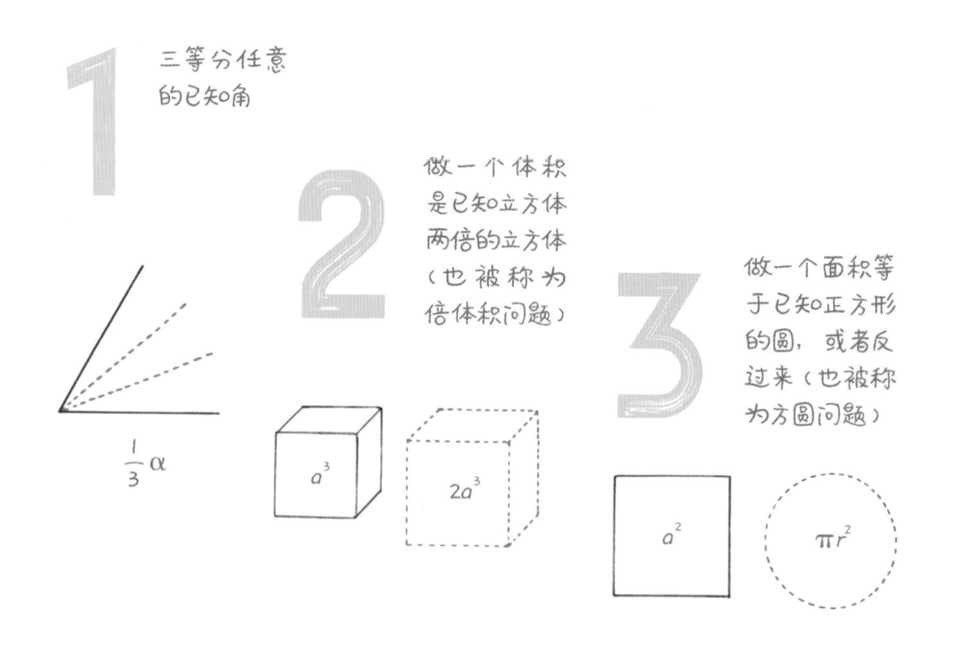

当然，这些几何作图题只能使用圆规和直尺。

在第二个问题中，设定已知立方体边长为a，未知立方体边长为x，则$x^3=2a^3$，想要知道x是多少，就需要对方程两边同时开3次方，得到$x=\sqrt[3]{2a}$。所以，只要做出$\sqrt[3]{2}$，问题就能解决。第三个问题同理。

第二个问题和第三个问题其实有相似性，就是用圆规和直尺做出一个无理数的长度，它们分别是2的立方根（$\sqrt[3]{2}$），以及圆周率（π），如果我们能做出这些长度，这两个问题就迎刃而解了。反之，如果我们能证明这是做不出的，则说明上述问题无解，也算是把问题解决了。

至于第一个问题，其实等价于算出1/3个角的任何一种三角函数，相应的公式并不难写出，比如计算$sin\frac{x}{3}$，只要解出下面的方程即可：

$$sinx=3\cdot sin\frac{x}{3}-4\cdot sin^3\frac{x}{3}$$

大家不用理解这个方程，只需要知道这个方程的解包含了立方根，因此它和第二个问题一样即可。这样看来，三个古典的几何学难题都涉及用圆规和直尺解决一个无理数的问题。

无法尺规作图解决

在长达上千年的时间里，很多数学家都是拿着圆规和直尺不断尝试解决这些几何作图题。由于每一个尺规作图难题的解法之间没有什么规律可循，因此能否解出一道题，其实是靠经验和运气的。比如高斯解决了正十七边形画法的问题，这除了因为他聪明，主要是他的运气好，因为恰巧正十七边形的边长计算出来只有平方根，不涉及立方根或者五次方根。

我们要画自然数17的平方根$\sqrt{17}$，根据毕达哥拉斯定理，我们找到两个边长平方的和等于17的直角三角形即可，比如我们设定边长为1和4，它的斜边长度自然就是$\sqrt{17}$。

而任何自然数的平方根都可以用圆规和直尺做出来，这是靠毕达哥拉斯定理做保障的。

但是，如果把高斯所用的技巧应用到正七边形或者正十九边形上，就不管用了。

如果把直到 19 世纪的解决几何学作图题的历史做一个总结，我们可以得到这样两个规律：

1 关于几何作图问题并没有系统性的数学工具，那些难题都是孤立的，解决一个问题对解决其他问题没什么帮助。

2 能用直尺和圆规做出来的几何图形，只涉及有理数和平方根的长度，做不出来的通常涉及立方根，或者其他复杂的无理数。

19 世纪初的数学家虽然注意到了第二个规律，但是没有人知道如何解决，而系统地解决上述问题的就是我们说的两位不世天才，一个是法国的埃瓦里斯特・伽罗瓦，另一个是挪威的尼尔斯・亨里克・阿贝尔。这里我们重点说说伽罗瓦。

天才伽罗瓦

伽罗瓦生于 1811 年，死于 1832 年，只活了 20 岁。他和阿贝尔各自独立地奠定了近世代数中群论的基础。伽罗瓦属于智商极高的人，这种人其实非常难培养，因为普通人在他们看来太平庸。因此，伽罗瓦在中学时得到的评语是“奇特、怪异、有原创力却封闭”。

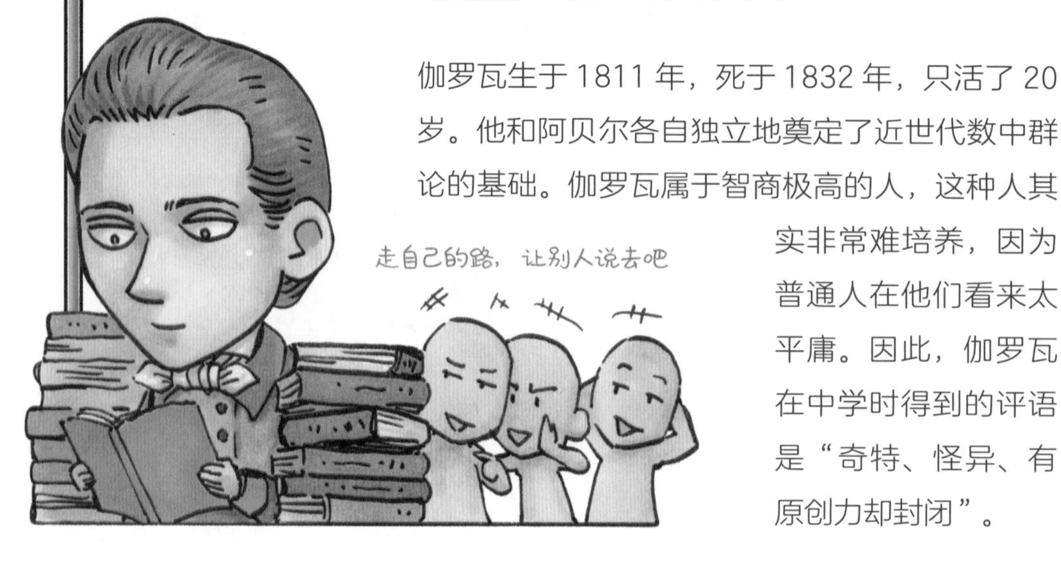

伽罗瓦 11 岁时在法国著名的路易皇家中学读书，成绩很好，但是他觉得学习内容太简单，于是就对学校的学习开始厌烦了。所幸的是，他 14 岁的时候爱上了数学，并开始疯狂地学习数学，并且在 15 岁就能阅读大数学家拉格朗日的原著。当然，从此他对其他学科再也提不起任何兴趣了。因此，伽罗瓦得到上述评语并不奇怪。

伽罗瓦接下来投考大学也不顺利，1829 年，他第二次投考法国著名的精英大学巴黎综合理工学院，又在口试中落榜。一般人认为，伽罗瓦过于狂傲，根本不把考试当回事，甚至有传言说他觉得考官的题目太简单了，将擦黑板的抹布直接扔在了考官的头上。大家可千万不要学习这样的做法。总之，他没有考上。不过，伽罗瓦随后却考上了法国最著名的巴黎高等师范学院（简称“巴黎高师”），这是今天全世界基础数学研究的圣地，也是出菲尔兹奖获得者最多的地方。在巴黎高师，老师们对他的评价是，想法古怪，但是十分聪明，并体现出了非凡的学术精神。

伽罗瓦最初的重要数学成就完成于他在大学读书期间。1829 年 3 月，还只有 18 岁的伽罗瓦发表了第一篇数学论文，几乎同时，他将两篇重要的论文寄给了大数学家柯西，但是石沉大海。关于这件事有很多猜测，包括有人认为伽罗瓦是激进的革命派，而柯西是保皇派，因此不准许前者的论文发表。另外一种说法是，柯西对这个不知名的年轻人的论文根本不重视，放到了一边。当然，还有一种截然相反的说法，说柯西认识到了这两篇文章的重要性，建议把它们合并起来参加数学学院大奖的竞争，而当时发表过的论文是不能参赛的，因此，柯西没有建议伽罗瓦发表它们。但不管是什么原因，这两篇论文都没有发表。

伽罗瓦随后参加了 1830 年法国爆发的七月革命，他在校报上抨击校长，并且因政治原因两度进了监狱，也曾企图自杀。关于伽罗瓦之死众说纷纭，通常的说法是死于决斗。据说自知必死的伽罗瓦在决斗前一天奋笔疾书，将自己所有的数学成果都写了下来。伽罗瓦的朋友后来遵照他的遗愿，将它们寄给数学泰斗高斯与德国著名数学家雅可比，但是也都石沉大海了。十几年后，法国数学家刘维尔发现了伽罗瓦独创而具有前瞻性的工作，并在 1846

年将它们整理、作序并发表。从此，伽罗瓦被确认为群论的开创者，这个理论的基础部分也被称为伽罗瓦理论。

群论是近世代数、数论和计算机科学的重要支柱之一，用它来证明三大古典数学难题无解，简直就如同用牛刀杀鸡一样容易。此外，困扰了数学界多年的一些难题，用群论的方法也能迎刃而解。比如，为什么 5 次和 5 次以上的方程式没有**解析解**，而 4 次以下的一定有解析解；再比如，什么样的正多边形可以用直尺和圆规做出来，什么样的不能。

解析解是指通过严格的公式所求得的解，给出解的具体函数形式，从解的表达式中就可以算出任意的对应值。

另外，怀尔斯在复证费马大定理的时候，也用到了伽罗瓦理论。

我们用群论来分析一下如何将任何一个几何作图题变成代数题。

我们讲的尺规作图题，只能使用两个工具，就是直尺和圆规，它只能做 5 种基本的图形：

1. **过给定某个点的直线；**
2. **给定圆心和某个点画圆；**

3. 直线和圆的交点；

4. 圆和直线的交点；

5. 圆和圆的交点。

我们假定一开始平面上有一些已知的点，比如已知三角形的三个顶点。我们把它们归到集合 E_0 中，从 E_0 出发经过上面 5 种操作能够画出来的点，我们称为 E_1。类似地，再从 E_0 和 E_1 出发，能画出的点是 E_2……这样从 E_0 出发，所有能够通过尺规作图画出来的点就是：$C(E_0)=E_0 \cup E_1 \cup E_2 \cup \cdots$。

所有这些能够用直尺和圆规画出来的图形，构成了数学式的一个群。这个群是封闭的，也就是说，它有一条清晰的边界，在这个边界里的图形，都能够画出来，在这个边界之外的，都画不出来。那么这个边界是什么呢？如果要画一个尺寸，就是下面这个方程的解：

$$a_n x^n + a_{n-1} x^{n-1} + \cdots + a_0 = 0$$

其中 $n=1$，2，4，8，16，…,a_n,a_{n-1},…，a_0 为有理数。

能解出来的都可以尺规作图，反之则不能。比如，前面三等分任意已知角对应的方程是：

$$\sin x = 3 \cdot \sin\frac{x}{3} - 4 \cdot \sin^3\frac{x}{3}$$

它显然不符合上面的格式，因此它的解无法用直尺和圆规画出来，或者说我们无法用尺规完成三等分任意已知角。

通常，一个能困扰人类几百年，甚至上千年的数学难题，只应用当时的数学知识是做不出来的，需要等后世的数学家发明更好的数学工具才可能迎刃而解。今天很多年轻的朋友试图使用初等数学的工具解决那些著名的数学难题，这种努力基本上是徒劳的。更有意义的做法是未来努力学好高等数学知识，这样，过去的难题就不再是难题了。

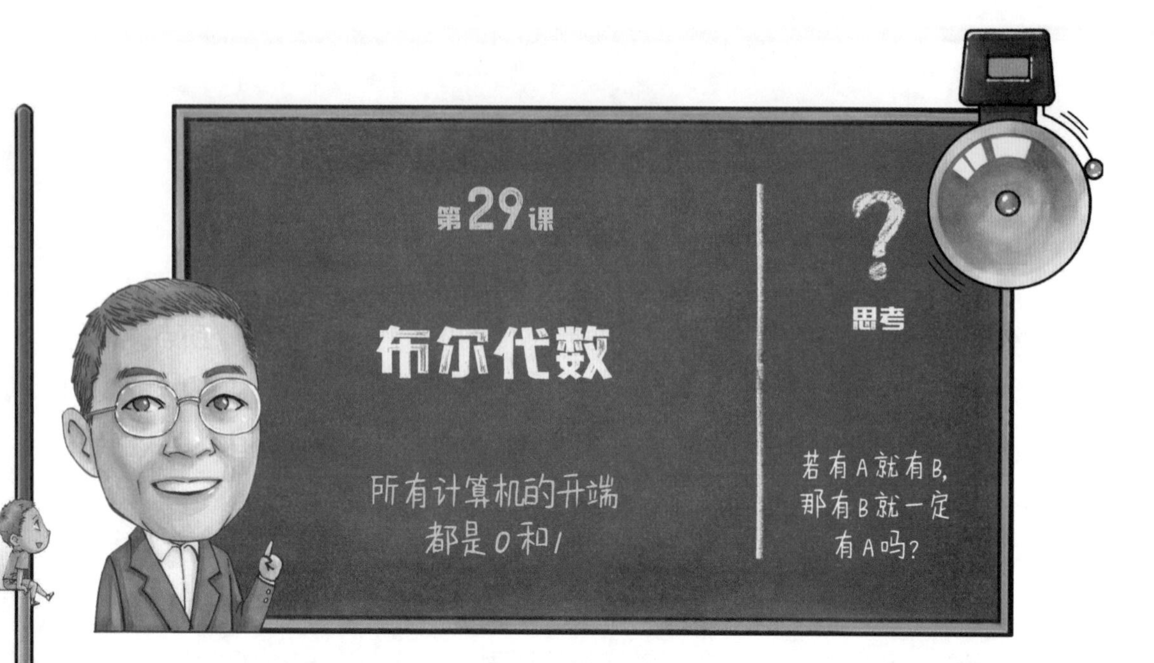

“真相永远只有一个！”如果你看过《名侦探柯南》，那肯定会记得柯南的这句著名台词。在作品中，他经常运用优秀的推理能力解决案件，而推理能力其实就是逻辑思维的一种体现。

什么是“逻辑思维”？如果你发现天上有乌云，猜想一会儿有可能要下雨，这是逻辑思维。如果你碰到了晴天下雨，反思下雨之前不一定都有乌云，这也是逻辑思维。

逻辑思维是人与其他动物最明显的区别之一，动物的脑力不够，基本是不可能完成逻辑推理的。人类使用逻辑推理

的历史非常久远，我们前面讲过的古希腊几何学中就大量使用了逻辑推理。不过，最初把逻辑推理作为一门学问来研究的是大学者亚里士多德，他专门写了许多篇讲“形式逻辑和推理过程”的论文，并放在了他的《工具论》一书中，今天我们使用的很多逻辑学名词，都是亚里士多德确定下来的。由于逻辑学和数学密不可分，到 19 世纪，数学家就开始思考能否将逻辑数学化，也就是将逻辑用数学的方法表示出来。

最初做出努力将逻辑数学化的人是莱布尼茨，不过莱布尼茨并没有取得太多值得让人称道的成果。真正系统性地提出解决逻辑问题的数学方法的，是 19 世纪中叶英国数学家乔治·布尔。虽然今天我们尊称布尔为数学家，但在他生活的那个年代，大家只知道他是个中学数学老师。

布尔生于 1815 年，他在年轻时就显露出在数学上的天分。大学毕业后，布尔在一所中学担任数学老师，工作之余，他还研究数学问题。1847 年，布尔出版了《逻辑的数学分析》（*The Mathematical Analysis of Logic*）一书，开创了数理逻辑。

逻辑就是数学，数学就是逻辑

从形式逻辑到数理逻辑

什么是数理逻辑呢？我们先从简单的形式逻辑说起。

形式逻辑是什么？这个定义没那么重要，你只需要知道对一个事件的描述被称为一个命题。比如我们说“企鹅生活在南极”，这就是一个命题。一个命题可以是真的，也可以是假的。比如上述命题就是真的，而“北极熊生活在南极”，这个命题就是假的。一个命题还可以反过来讲，比如我们可以说“企鹅不生活在南极”，这就和上述命题正好相反，这种命题我们称为命题的否定。显然，如果把一个真的命题反过来，就必然是假的，而一个假的命题，反过来就是真的。这里要注意，真假命题是对应的，而假命题和命题的否定之间没有必然的联系。

几个命题还可以组合，形成一个复合命题，比如我们可以把上述这两个命题组合成“企鹅生活在南极，同时，北极熊生活在南极”，要注意“同时”这两个字。这个复合命题是假的，因为后半句是假的，导致整个复合命题都不成立了。不过，如果我们换一种组合方式，比如“企鹅生活在南极，或者，北极熊生活在南极”，它就是成立的。注意到“或者”这两个字了吗？在这种组合中，只要两个命题中有一个是真的，整个组合命题就是真的。可见，两个命题的组合通常有两种，一种是要求其中每一个命题都成立，新的组合命题才成立，这在逻辑上被称为“与”或者“和”的关系；另一种则相反，只要有一个命题成立，组合命题就成立，这在逻辑上被称为“或”（也被称为“或者”）的关系。

数理逻辑的运算

如果我们用 1 代表真命题，0 代表假命题，用 $\wedge$ 表示“与”的关系，那么根据两个命题的真假值组合，我们就可以得到关于“与运算”的全部四种可能的结果：

$$0 \wedge 0=0 \qquad 0 \wedge 1=0 \qquad 1 \wedge 0=0 \qquad 1 \wedge 1=1$$

拿 $0 \wedge 1=0$ 举例子，第一个 0 代表“北极熊生活在南极”，1 代表“企鹅生活在南极”，那么 $0 \wedge 1$ 就表示“北极熊生活在南极，

同时，企鹅生活在南极”。显而易见，最终的复合命题是假命题，也就是式子中 $0 \wedge 1=0$ 的意思。

“或运算”我们用“ $\vee$ ”表示，也可以列出全部四种可能的结果：

$$0 \vee 0=0 \qquad 0 \vee 1=1 \qquad 1 \vee 0=1 \qquad 1 \vee 1=1$$

拿 $0 \vee 1=1$ 举例子，$0 \vee 1$ 就表示“北极熊生活在南极，或者，企鹅生活在南极”，显而易见，这个复合命题是真命题，也就是式子中 $0 \vee 1=1$ 的意思。

与运算、或运算和**非运算**的组合，可以构造出很多种逻辑运算，我们通常能够想到的逻辑关系都可以用这三种运算表示。比如，我们经常遇到这样一种逻辑，“有他没我，有我没他”，或者“小王要去，我就不去，小王不去，我就去”。这种逻辑关系被称为异或。我们也可以列出异或的四种可能结果：

非运算就是将原结果做相反的计算，将假命题做非运算就是真命题，将真命题做非运算就是假命题。它的符号为：¬。例如，非 p 记作¬ p。

$$0 \oplus 0=0 \qquad 0 \oplus 1=1 \qquad 1 \oplus 0=1 \qquad 1 \oplus 1=0$$

其中 $\oplus$ 表示异或逻辑。

拿 $0 \oplus 1=1$ 举例子，$0 \oplus 1$ 就表示“要么北极熊生活在南极，要么企鹅生活在南极”，显而易见，这个复合命题是真命题，也就是式子中 $0 \oplus 1=1$ 的意思。

大家可能会问，这种逻辑运算有什么用？其实最初布尔自己也不知道，他只是觉得把逻辑关系用这种真和假的运算表示出来很有意思。

数理逻辑的应用

半个世纪后，1936 年，一位 20 岁的美国青年克劳德·香农从密歇根大学毕业后来到了麻省理工学院，跟随著名的科学家万尼瓦尔·布什做硕士研究的课题。布什设计了当时世界上最复杂的微分分析仪。那是一台机械模拟计算机，通过使用一堆机械的轮盘进行微积分的计算，从而求解微分方程。在电子计算机还没有出现的年代，它在当时是最复杂、最精密的实用计算设备。不过，这种模拟计算机依赖于机械的精度，因此难以完成精度很高的计算。于是布什就安排香农改进微分分析仪。

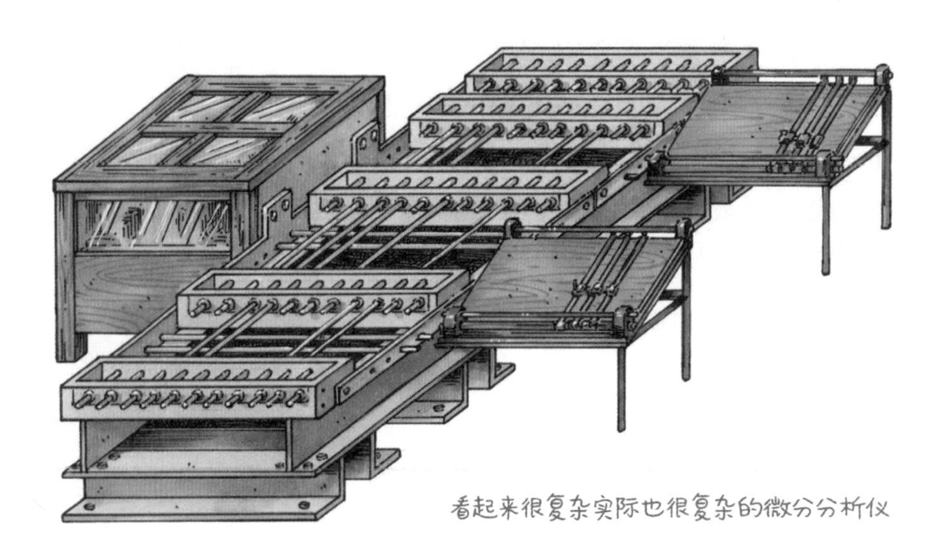

看起来很复杂实际也很复杂的微分分析仪

香农并没有深入研究机械，而是在考虑用数字化的方法实现计算。他在大学里学过布尔代数，有趣的是，他学习这一内容并不是在数学课上学的，而是作为哲学课的一部分。香农很快发现，所有复杂的计算其实就是布尔代数中那几种简单逻辑的组合而已，而那些基于 0 和 1 的逻辑，可以通过继电器的连通和断开来实现。因此，只要用继电器实现了布尔代数中的与、或和非这三种简单的逻辑，就能通过对各种电路进行控制，完成各种复杂的运算。

比如，我们要进行二进制数的加法运算 A+B，A 和 B 可以是 0，也可以是 1，我们知道：

A + B		十位	个位
0 + 0	=	0	0
0 + 1	=	0	1
1 + 0	=	0	1
1 + 1	=	1	0

十位：与运算；个位：异或运算

为了便于观察，我们把不足两位的运算结果前面都加上了一个 0，也就是 0 变成了 00，1 变成了 01。这里我们用的都是二进制，10 就代表十进制中的 2。从这些结果可以看出，A 与 B 之和的“个位”，就是 A 和 B 的“异或”逻辑运算结果 $A \oplus B$；“十位”上，只有当 A 和 B 都是 1 时才是 1，其他时候都是 0，可见“十位”数就是 A 和 B 的“与”逻辑运算结果 $A \wedge B$。因此，只要我们用继电器开关实现简单的“与”逻辑和“异或”逻辑，就能完成二进制相加。如果我们要实现多位数的二进制相加，只要多搭建一些基本的与、或、非逻辑运算电路就可以了。当然，对于十进制的加法，我们需要先将十进制的数转换成二进制。

香农的这个办法，把所有的运算都变成了简单的布尔代数的逻辑运算。

一篇论文
开创了一个时代

1937 年秋天，21 岁的香农被导师布什请到首都华盛顿特区去做硕士论文的答辩，这其实非常罕见，因为在美国硕士论文并不太重要。不过，香农的这篇论文很重要，它后来被誉为 20 世纪最重要的硕士论文，因为它开创了一个新时代——数字化的时代。

香农后来在麻省理工学院读完了博士，随后成为贝尔实验室的一位科学家。在研究密码的过程中，香农提出了信息论——这是 20 世纪诞生的一门新学科，也是今天通信的基础。在信息论中，香农指出，世界上所有的信息都可以用 0 和 1 这两个最简单的数字表示出来。

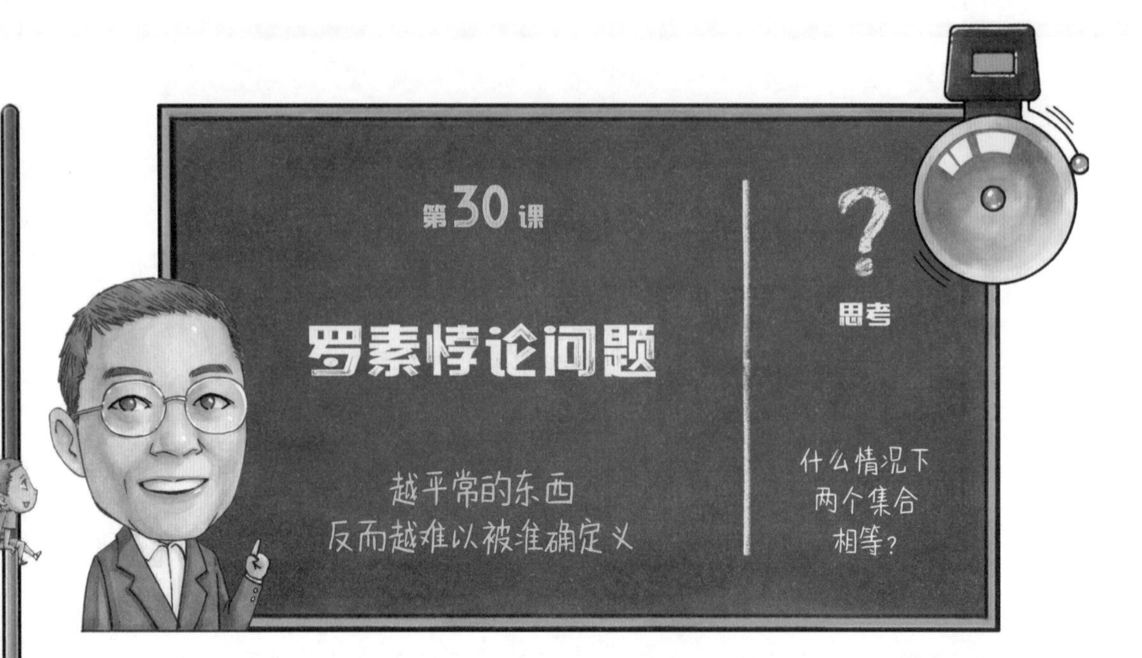

近代以来，有四个新的数学分支非常重要，它们分别是数理逻辑、集合论、图论和近世代数。其中数理逻辑是建立在古老的形式逻辑学和布尔代数基础之上的。不只是数理逻辑，其他数学也离不开逻辑学。那么逻辑学的正确性又是如何保证的呢？它其实和集合之间的相互隶属关系有关。我们先重温一下逻辑推理工具三段论：

所有的人都是哺乳动物，

所有的哺乳动物都是生物，

因此，所有的人都是生物。

它的正确性就可以用集合之间的关系来论证。

所有的人、所有的哺乳动物和所有的生物，构成三个相互嵌套的集合，人的集合在哺乳动物的集合中，哺乳动物的集合在生物的集合中，可以看出，所有人的集合被包含在生物的集合当中了，因此我们可以很放心地得到一个结论：所有人的都是生物。

难以定义的集合

实际上，集合是帮助我们理解逻辑关系的最好的工具。那么，什么是集合呢？这个问题如果不搞清楚，关于集合的整套理论就建立不起来，后面的很多逻辑关系也解释不了。如果逻辑关系的正确性无法确立，数学的基础就不存在了。

但非常遗憾的是，人们发现集合这个基本概念特别难定义。它是少有的几个大家都能理解却不容易讲清楚的概念。在长达几千年的时间里，人们使用过各种各样关于集合的概念，比如我们说整数的集合，它包含了所有的整数；汽车的集合，它包含家庭轿车、赛车、卡车、越野车等。但是，如果真要给集合下一个定义，人们就犯难了。

到了近代，集合的概念在数学中被用得越来越多，因此数学家不得不考虑给集合下一个定义。当时数学家普遍认可的定义就是“具有某种特定性质的元素汇总而成的整体”，比如，“所有整数的集合”“十二中五年级三班的男生”等。集合中的这些对象，比如某个整数、某个男生，被称为元素。

这样的描述大家都容易懂，通常也不会引起什么误解，因此在很长的时间里，数学家就这么用了。不过，这种定义并不够严格。基于这种不严格的定义，19 世纪著名的数学家康托尔发展出“朴素的集合论”。在朴素的集合论中，康托尔定义了关于集合的各种基本操作，比如，在什么情况下两个集合是相等的；将两个集合合并之后新的集合应该是什么样的；在什么条件下，我们可以说一个集合包含另一个集合；等等。今天大家在中学里学习的集合知识，其实都是这种朴素的集合论。需要指出的是，一个集合可以成为另一个集合里的元素，比如我们学校有班级的集合，它包含所有的班级，而每一个班级又是一个集合，包含这个班里所有的人。

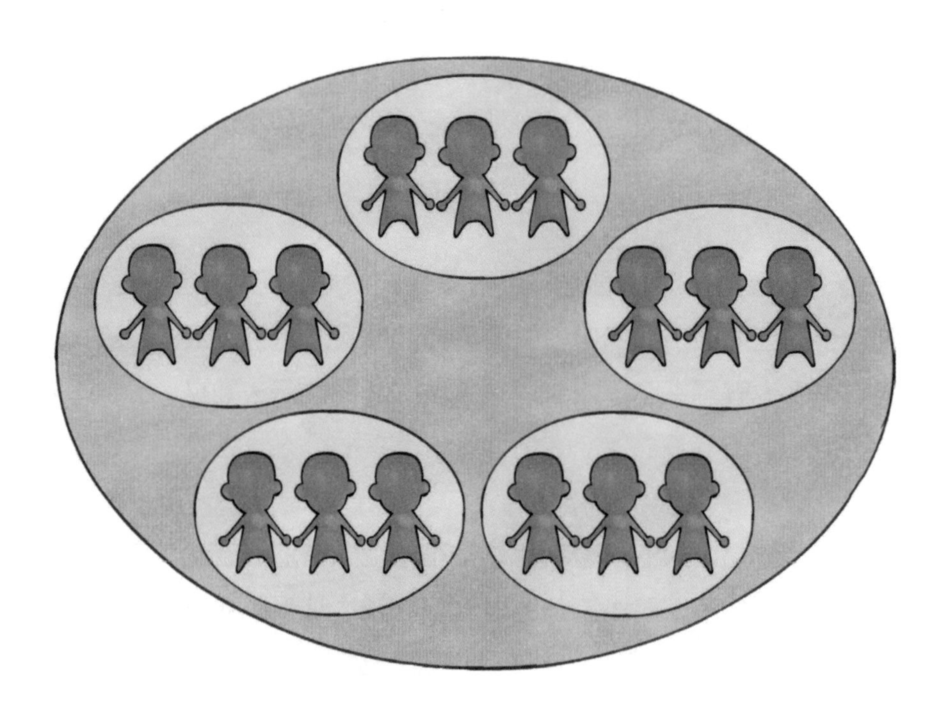

不过，朴素的集合论有一个大问题，就是会产生很多悖论，其中最有名的就是“罗素悖论”。

罗素与第三次数学危机

罗素是 20 世纪初英国著名的哲学家和逻辑学家，曾经担任过剑桥大学三一学院的哲学教授，他致力于研究语言、逻辑、哲学和数学的关系。罗素一直认为，数学可以和逻辑等价，哲学也可以像逻辑一样进行形式化的描述。不过，这两种努力后来都被证明

罗素还有很多你意想不到的地方：20 世纪 20 年代到中国讲学，1950 年获得诺贝尔文学奖。如果你认真发掘，还会找到他很多惊人之处。

是难以实现的。罗素一生写了许多著作，包括著名的《西方哲学史》，这本书让他获得了诺贝尔文学奖。到了晚年，罗素很少从事学术研究，而是把精力放在人类和平事业上，他和爱因斯坦一同发表了著名的《罗素－爱因斯坦宣言》，呼吁全世界采用和平的方式解决争端，不要使用核武器。

在罗素的所有贡献中，最有名的是他提出的一个悖论，也被称为罗素悖论。这个悖论颠覆了整个“朴素的集合论”的基础，造成了人类历史上第三次数学危机。在介绍罗素悖论之前，我们先介绍一下更容易理解的“理发师悖论”。

从前，一座小城里有位理发师，他声称只为城里所有“不为自己理发的人”理发。接下来就产生了一个问题：这个理发师能为自己理发吗？

如果他为自己理发，那么根据他的承诺，只为“不为自己理发的人”理发，他就违规了，因此他不能为自己理发。但是，如果他不为自己理发，他本人又符合了被理发的条件。这样，无论他给自己理发与否，都违背了他的声明。这就是一个悖论。

理发师悖论其实就是罗素悖论的一个案例。据说罗素的朋友，德国的逻辑学大师戈特洛布·弗雷格给罗素写过一封信，说要构造一个集合，这个集合由所有不包含自身的集合构成。罗素收到信后思考良久，发现这是一个悖论。为什么说它是一个悖论呢？

我们假设存在一个集合 A，A 由所有不包含自身的集合构成，如果 A 不包含它自身，那它符合条件，它本身就应该是集合 A 的一个元素。但是，这样一来，集合 A 就包含了自身。如果 A 包含它自身，那它自身就是集合 A 的一个元素，但它显然和 A“由所有不包含自身的集合构成”这一定义相悖。怎样说都是自相矛盾的。

这个故事的真实性今天已无法确定，因为罗素和弗雷格经常通过书信进行学术交流，罗素用这个悖论指出了弗雷格著作中的一个错误，并不能说明弗雷格一开始真的试图构造这样一个不可能存在的集合。

罗素悖论显然是人为构造出来的，在现实中可能不存在，但是它为什么又会导致数学危机呢?

我们前面讲了，数学是建立在公理基础之上的。在 19 世纪末和 20 世纪初，数学家在一同努力，将历史上的各个数学分支，比如代数、几何、微积分等进行严格的公理化重构，同时将逻辑数学化也变成一种公理系统。19 世纪 70 年代康托尔创立的朴素的集合论是这些公理化的数学分支的基础。如果集合的定义本身会导致悖论出现，整个数学的基础就可能动摇了。因此，罗素悖论令数学家们感到了危机。

当时，弗雷格是这样讲述他看到罗素悖论后的心情的，他说:“一位科学家不会碰到比这更难堪的事情了，即在工作完成之时，它的基础垮掉了。当本书等待印出的时候，罗素先生的一封信把我置于这种境地。”

朴素的集合论，除了会遇到罗素悖论，还会遇到其他一些悖论，这里我们就不介绍了。总之，朴素的集合论很不严格。

危机得以解决

不过，危机中常常也是机会，危机的出现说明人类的认识有缺陷，需要重新认识一些问题。

1908 年，德国数学家恩斯特・策梅洛提出一个公理化的集合论，随后在 1919 年另一名德国数学家弗伦克尔对策梅洛的集合论进行了改进，提出了著名的 ZF 公理化集合论（也称 ZF 公理系统）。这个建立在公理之上的集合论，严格规定了一个集合存在的条件，将罗素悖论中所说的那种集合排除在外了。简单地讲，在 ZF 公理化集合论中，任何一个集合的边界都是非常清晰的，一个元素要么属于某个集合，要么不属于，不会出现悖论。与此同时，冯・诺伊曼、博内斯和哥德尔也用另一种方式严格定义了公理化的集合论。后来证明，这两组人做出的定义是等价的。至此，罗素悖论所导致的第三次数学危机算是度过了。

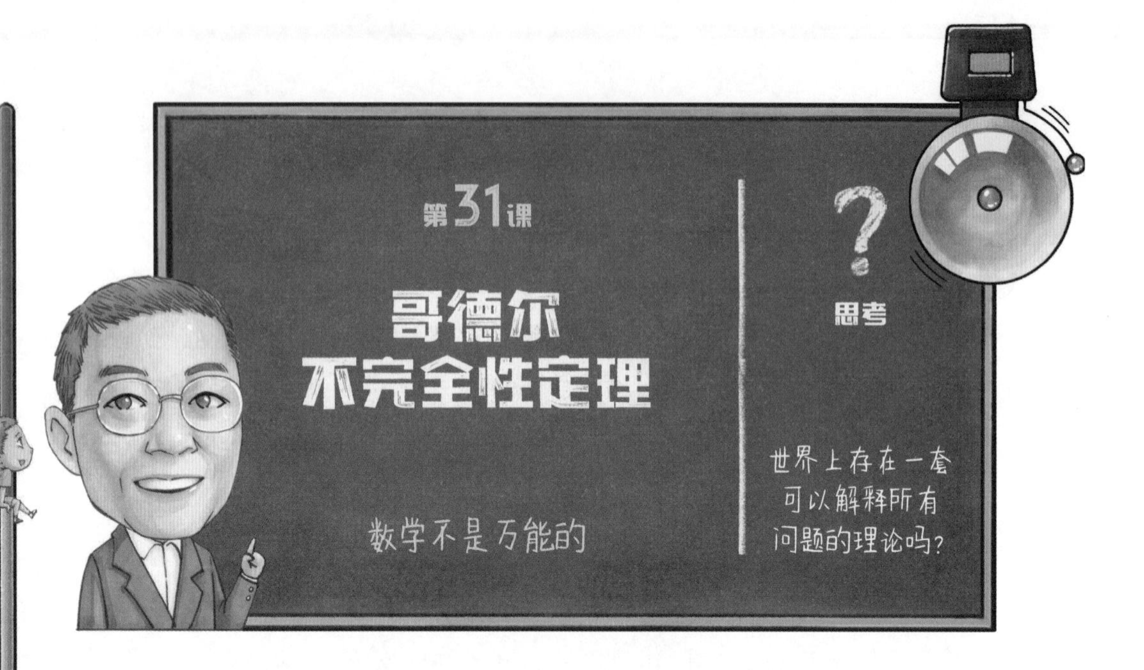

希尔伯特的宏伟计划

1920 年，德国著名数学家希尔伯特提出一个宏伟的数学计划。这项计划的目标是将数学全部纳入一个基础非常坚实的公理系统中。通俗地说，就是用一套系统解决世界上所有的数学问题，一劳永逸。这个公理系统要具有这样几个特性：

1. **完备性。**所有正确的（结果为真的）命题都能够被证明出来。比如，任何一道结论正确的几何证明题，都应该有办法能证明出来。

2. **一致性。**运用同一套逻辑，不可能推导出自相矛盾的结果。比如，在几何学中，如果我们把第五公设拿掉，那么过直线外的一个点，既可以做该直线的一条平行线，也可以做出两条以上，还可能一条都做不出来，这就自相矛盾了。因此，第五公理对于几何学是必不可少的。

3. **确定性（也叫作可判定性）**。对于一个数学命题，我们应该能够在有限的步骤内判断它到底是对还是不对。在数学上，并不是所有的结论都是对的，但是我们希望有办法判断它们的对错。比如，我们很容易判断“$\sqrt{2}$是有理数”是错的。但是，有些结论的对与错，我们很难判断清楚，比如著名的哥德巴赫猜想，我们并不知道这个命题正确与否。虽然我们验证了很多数字，都符合这个猜想，但是依然无法判断其真伪。

当时，不少著名的数学家，包括冯·诺伊曼、哥德尔等人，都参与了希尔伯特的这个宏伟计划。然而，就在希尔伯特退休后一年，即1931年，原本试图构建这种完美公理系统的哥德尔却提出了两个定理，证明了稍微复杂一点的公理系统就不可能做到既完备又一致。这就等于直接宣判了希尔伯特计划的死刑。

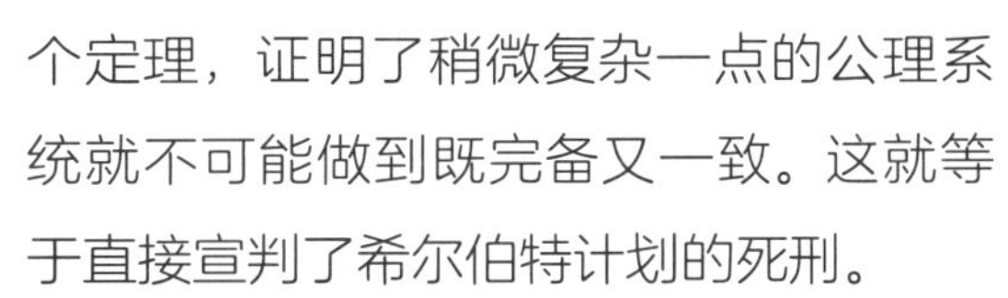

哥德尔的判决

哥德尔是从一个很简单的公理系统出发并发现问题的，这个公理系统被称为皮亚诺算术公理系统。

皮亚诺是19世纪后期到20世纪初期的意大利数学家，他通过五条公理，构建出自然数和算术的公理系统。在此基础上，初等代数的全部知识都可以被纳入这个公理系统。

皮亚诺的公理系统是这样构建的。

公理一 1 是自然数。

公理二 每一个确定的自然数 n，都有一个确定的后继自然数 n'。比如，1 后继的自然数是 2，2 后继的自然数是 3，等等。

公理三 如果两个自然数 a 和 b 都是自然数 n 的后继数，那么 $a=b$。

公理四 1 不是任何自然数的后继数，也就是说，1 前面没有自然数了。

皮亚诺的前四条公理都好理解，简单地讲，它说明了自然数是如何一个个地构造出来的，什么叫作两个数相等。难理解的是第五条公理，下面我们就来讲讲它。

公理五 任意和自然数有关的命题（也就是结论），如果证明了它对自然数 1 是对的，又假定它对自然数 n 为真时，可以证明对它的后继数 n'（即 $n+1$）也是真的，那么，命题对所有自然数都真。

比如，我们关于等差级数求和的公式：

$$S_k=1+2+3+\cdots+k=\frac{k(k+1)}{2}$$

我们怎么来证明它的正确性呢？根据皮亚诺的第五条公理，我们先验证 n=1 的情况，发现公式是正确的。然后我们再假设 k=n 的情况成立，之后再看看 n+1 的情况是否成立。

我们将 1、n、n+1 依次代入，显而易见，上述公式都是正确的。

由于这条公理保证了数学归纳法的正确性，故也被称为归纳公理。

有了皮亚诺的这五条公理，我们就能构建出所有的自然数。在此基础上，我们引入加法和乘法，就可以构建出所有有理数以及初等数学的各种运算。

对于这样一个简单的公理系统，我们的直觉是它应该是完备的，因为似乎所有在初等数学中正确的结论都可以被证明出来，如果你证明不出来，那是你本事不够，不是这个系统有问题。同时，它也是一致的，因为一道初等数学题，不会得到两个结论是自相矛盾的答案。

但是，哥德尔举出一些反例，说明存在这样一些结论，我们明明知道它们是正确的，但这个公理系统却无法证明出来。也就是说，我们很熟悉的自然数公理系统其实不完备。那么能否通过对它的改造让它完备起来呢？这件事并不是做不到。如果我们把自然数公理系统修改了，让它变得完备了，就会产生不一致的结果，也就是说，可能从同一个前提出发，会推导出两个自相矛盾的结论。

上面这种无法让一个公理系统同时满足完备性和一致性的结果，被称为哥德尔不完全性定理。这个定理其实有两个，具体的内容我们就省略了，但它们

的结论却很重要，就是宣告了希尔伯特试图建立一个完美数学系统梦想的破灭。当然，有个别的公理系统能够同时满足完备性和一致性，比如欧几里得的几何学。

数学不是万能的

在哥德尔之后，数学家们又证明了在数学上确定性通常也不能满足，也就是说，对于很多结论，我们其实无法用数学的办法来判定其真伪。

哥德尔不完全性定理的影响远远超出了数学的范围，它不仅使数学和逻辑学发生了革命性的变化，而且还在哲学、语言学、计算机科学和自然科学等领域引发了人们重新的思考。比如，在计算机科学领域，图灵在随后不久就指出：可以计算的问题只是数学问题中的一小部分。也就是说，很多有答案的问题，我们人类是能找到答案的，但是计算机却不可以。

哥德尔的结论让人感到沮丧，却告诉人们数学不是万能的，而且

好像存在边界

在任何一个知识领域建立大一统的理论也是不可能的。2002 年 8 月 17 日，著名宇宙学家霍金在北京举行的国际弦理论会议上发表了题为《哥德尔与 M 理论》的报告。霍金指出，建立一个单一的描述宇宙的大一统理论是不太可能的，这一推测也是基于哥德尔不完全性定理。今天虽然有些科学家依然热衷于各种大一统的理论，但可能都会像霍金指出的那样，不具有可能性。

也许我们无法实现大一统

第32课

希尔伯特第十问题

先确定能不能做，再决定要不要做

思考

世界上所有问题都是有答案的吗？

1900年，在巴黎召开的第二届国际数学家大会上，著名数学家希尔伯特提出了23个著名的数学问题。这些问题当时还无解，涵盖了数学基础、数论、代数、几何和微积分等领域。在全世界数学家的共同努力下，这些数学问题大部分已经全部被解决或者部分被解决。每一个希尔伯特问题不仅是一道很难的数学题，也反映出人类对于数学边界的认知。我们不妨看一道看似简单的问题，就能体会到数学的边界在哪里了。

看似简单的第十问题

任意一个（多项式）不定方程，能否通过有限步的运算，判定它是否存在整数解。

所谓不定方程（也被称为丢番图方程），就是指有两个或更多未知数的方程，它们的解可能有无穷多个。为了对这个问题有感性认识，我们不妨看三个特例。

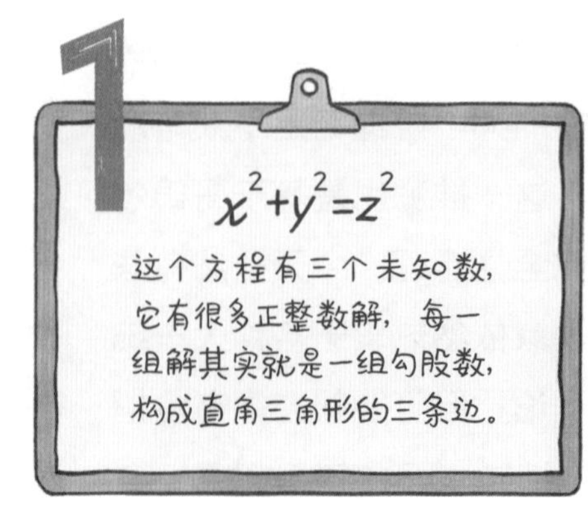

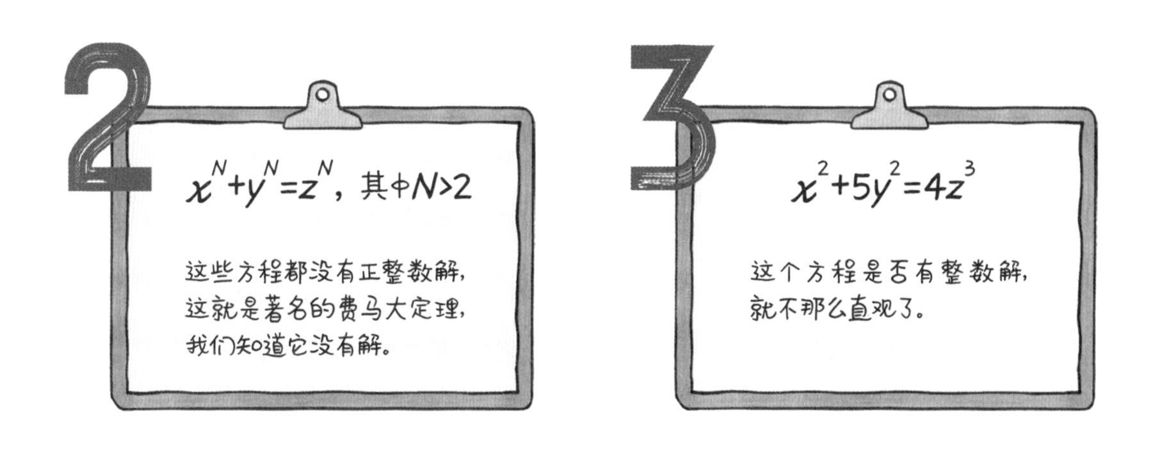

希尔伯特第十问题为什么重要，或者说它有什么意义呢？

在我们花功夫解题之前，需要知道这个问题是否有解，如果没有解，我们就白白浪费了时间。在希尔伯特的时代，人们已经知道很多数学问题是无解的。比如$\frac{1}{\ln x}$的积分就是算不出来的。因此，希尔伯特关心的是，对于一个数学问题，我们是否有办法知道它有解还是无解。如果能够判定它们无解，也算得到了一个结论，至少就不用为它们浪费时间了。

不定方程的问题看起来并不难，希尔伯特觉得可以研究一下，也就是随便给出一个不定方程，能否在有限的步骤内判定它是否有解。如果做不到，就说明数学本身是不可判定的，那么他试图构建的可判定的数学系统就不可能存在。这就如同我想测试自己能不能挑起200千克的担子，不妨先找一个100千克的担子试一试，如果连100千克的都挑不起来，说明肯定也挑不起200千克的担子。希尔伯特的第十问题就相当于这个100千克的担子。

对图灵的启发

希尔伯特的这些问题，特别是第十问题，给了包括图灵在内的计算机科学家们一个提示：如果用机器一步一步地解决计算问题，遇到那些无法在有限步骤内判断它们是否有解的问题，计算机是一定解决不了的，甭管那台计算机多么快、多么智能。20世纪 30 年代，图灵还是一个博士生时，就在思考有关计算的理论。他受到了两个人的启发，一个是冯·诺伊曼，另一个则是希尔伯特。图灵读了冯·诺伊曼的书，体会到意识可能和量子力学的不确定性有关，但是计算可能是一种机械运动。从希尔伯特那里，图灵体会到计算也是有边界的，并非所有的数学问题都能够计算，或通过一步步推理来解决。如果我们把图灵最初的思路进行还原，就可以得到下面这样一张图。

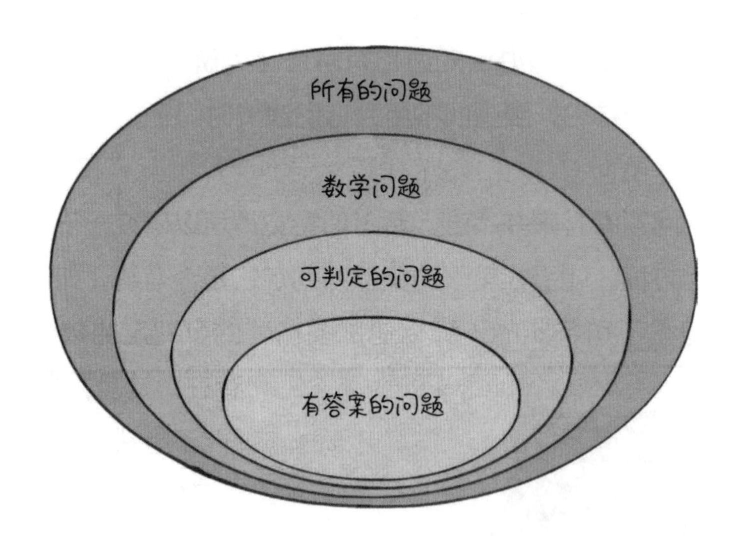

在这个图中我们可以看到，世界上只有一部分问题可以最终被转化为数学问题。我们画了所有问题集合的一个角，只是为了说明，相对数学问题而言，所有问题的数量实在多太多了。

而在数学问题中，可能只有一小部分问题可以判定有无答案，也就是希尔伯特所说的可判定的问题。希尔伯特希望所有的数学问题都可以判定，但是他不确定这个结论是否成立。如果他所提出的第十问题的结论是否定的，就说明肯定存在不可判定的数学问题。

接下来，对可判定问题的判定结果有两个：答案存在，或者不存在。只有答案存在时我们才有可能找到答案。因此，存在答案的数学问题，只是可判定问题中的一部分。

图灵并没有解决第十问题，只是隐约觉得大部分数学问题可能都没有答案，因此他只把关注点聚焦在那些有答案的问题上。1936 年，图灵提出了一种抽象的计算机的数学模型，这就是后来人们常说的“**图灵机**”。从理论上讲，图灵机这种数学模型可以解决很多数学问题，任何可以通过有限步逻辑和数学运算解决的问题，都可以在图灵机上解决。今天的各种计算机，哪怕再复杂，也不过是图灵机这种模型的一种具体实现方式。不仅如此，今天那些还没有实现的假想计算机，比如基于量子计算的计算机，在逻辑上也没有超出图灵机的范畴。因此，在计算机科学领域，人们就把能够用图灵机计算的问题称为可计算的问题。

图灵机是一个抽象的计算模型，并不是真实的某个机器。英国数学家图灵于 1936 年提出这一概念，将人们使用纸笔进行数学运算的过程进行抽象，由一个虚拟的机器替代人类进行数学运算。

可计算的问题显然只是有答案问题的一部分，而在理论上，可计算的问题今天还未必能够实现。因为一个问题只要能够用图灵机在有限步内解决，就被认为是可计算的，但是这个有限步可以非常多，计算时间可以特别长，长到宇宙灭亡还没有算完都没有关系，也就是说以我们现在的计算机水平还无法计算完，但未来或许可以，那么它依然是个有答案的问题，属于图灵说的可以计算的问题。此外，理想中的图灵机没有存储容量的限制，这在现实中也是不可能的。

在所有能实际解决的问题当中，只有一小部分问题属于“人工智能”的问题。因此，今天人工智能可以解决的问题，依然只是有答案的问题中很小的一部分。从有答案的问题，到人工智能可以解决的问题，我们用相互嵌套的集合把它们表示出来，就是下面这张图。

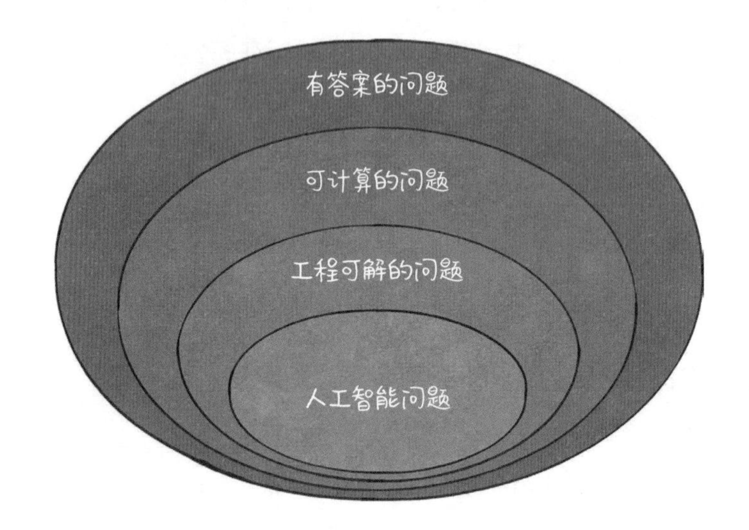

现在我们唯一不确定的，就是可判定问题的集合和数学问题的集合是否相同。在二战前，关心这个问题的数学家不多；在二战后，由于计算机科学发展的需要，很多欧美数学家都致力于解决第十问题，并取得了一些进展。在 20 世纪 60 年代，被公认为最有可能解决这个问题的是美国数学家朱莉娅·罗宾逊。罗宾逊教授可能是 20 世纪最著名的女数学家，后来担任过国际数学家大会的主席。虽然她在这个问题上取得了不少成就，但是最后的几步始终跨越不过去。

人类认知上的冲击

在数学领域，常常是英雄出少年。1970 年，苏联天才数学家马季亚谢维奇在大学毕业的第二年，就解决了第十问题。因而，今天对这个问题结论的表述，也被称为马季亚谢维奇定理。马季亚谢维奇严格地证明了，除了极少数特例，在一般情况下，无法通过有限步的运算判定一个不定方程是否存在整数解。

第十问题的解决，对人类认知上的冲击，远比它在数学上的影响还要大，因为它向世人宣告：很多问题人类无从得知是否有解。如果连是否有解都不知道，就更不可能通过计算来解决它们了。更重要的是，这种无法判定是否有解的问题，要远比有答案的问题多得多。基于这个事实，我们把上面两张图联系起来看，就能体会到，人工智能所能解决的问题真的只是所有问题的很小一部分。

很多人可能会觉得，希尔伯特第十问题得到了否定的答案是一件令人遗憾的事情，因为它限制了计算机能够解决的问题的范围。但是它也让我们清楚地知道了计算机能力的理论边界，让我们可以集中精力在边界内解决问题，而不是把精力耗费在寻找边界之外可能并不存在的答案上。

对人工智能领域而言，如今尚未解决的问题还非常多，无论是使用者还是从业者，都应该设法解决各种人工智能问题，而不是杞人忧天，担心人工智能这一工具太强大了。对非计算机行业的人来说，世界上还有很多需要由人来解决的问题，我们更应该关注如何利用好人工智能工具，更有效地解决属于人的问题。

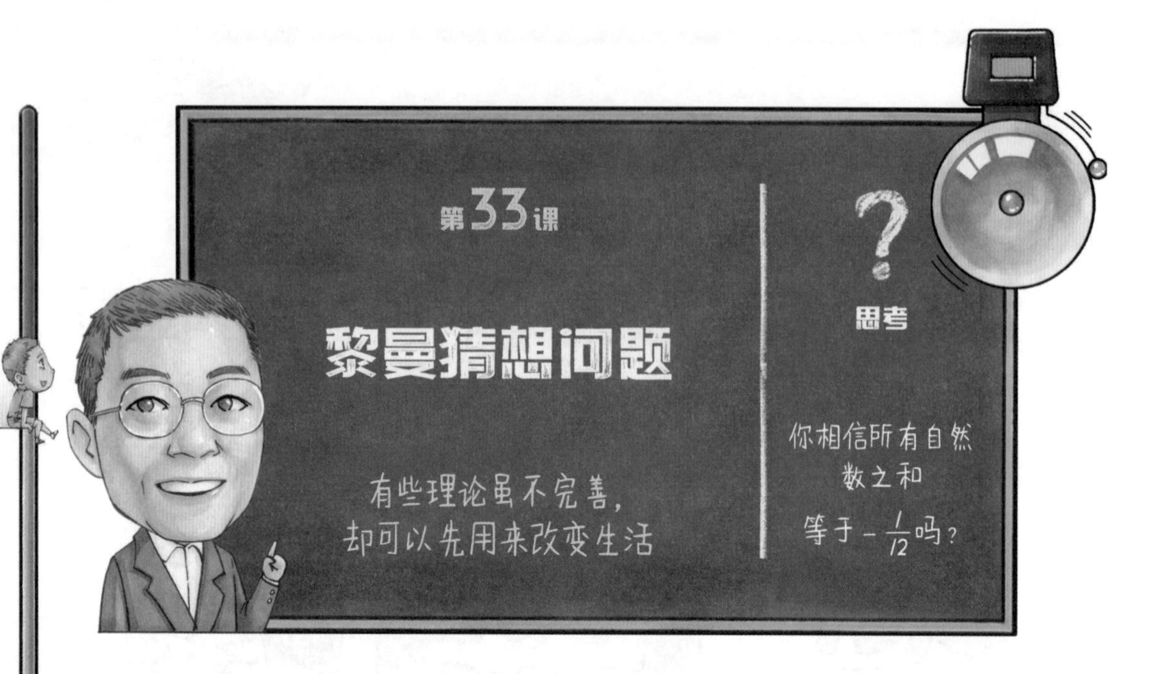

阿蒂亚爵士的乌龙

2018年的数学界闹出了一个大乌龙新闻。英国著名数学家、菲尔兹奖得主迈克尔·阿蒂亚爵士宣布自己证明了著名的黎曼猜想。消息一传出就引起了大家的激动和好奇心，当然也有少数人怀疑。这时正值国际数学家大会召开期间，大会就安排这位数学家做报告。听了他的报告，大家才发现，他离证实这个猜想还差得远呢，他只是说出了一些很多人已经知道的结论而已。整个40分钟的报告里面，涉及黎曼猜想证明的只有3分钟的内容，区区一页PPT。

报告结束后，虽然大家给了他掌声，但是数学家云集的会场里随即陷入一片沉默，没有人提问

题。随后阿蒂亚再次请大家提问，还是没有人开口，最后，一位从事人工智能行业的印度小哥问了一个很傻但是十分尖锐的问题：“黎曼猜想算是被成功证明了吗？”

其实在座的数学家对此都很清楚，只是碍于老先生的威望和年纪不好直说罢了。但无知者无畏，印度小哥扮演了《皇帝的新衣》中那个说出真相的小男孩。

阿蒂亚爵士没有正面回答，只是说：“难道不是吗？”

为什么“黎曼猜想”的证明会引起大家的兴趣，让很多并不懂数学的人也关心此事呢？黎曼猜想的重要性在于它和寻找大素数（质数）有关，而寻找大素数和加密有关，这关乎我们今天的信息安全。

欧拉的魔术

黎曼猜想自然是黎曼提出的。黎曼是 19 世纪德国著名的数学家，我们在前面讲过，他奠定了非欧几何分支——黎曼几何的基础，爱因斯坦的广义相对论就是建立在黎曼几何基础之上的，不过黎曼更大的贡献是在微积分方面，特别是在对积分的公理化方面。

黎曼猜想源自他在当选柏林科学院通信院士时，为表谢意写的一篇论文。在论文中黎曼提到了一个研究成果，也就是他发现的一个规律，但当时他并没有证明，所以这个发现不能叫作定

理，只能叫作猜想。在黎曼之后，很多数学家都在试图证明这个猜想。

这也让它和“哥德巴赫猜想”，以及 21 世纪被证明的“庞加莱猜想”，并称为数学界知名度较高的三个猜想。黎曼猜想是希尔伯特 23 个问题中的第 8 个，也是 7 个千禧年问题之一。谁能证明这个猜想，谁就可以获得 100 万美元的奖金。

要讲黎曼猜想，先要说说调和级数和欧拉的魔术。所谓调和级数就是：

$$Z=1+\frac{1}{2}+\frac{1}{3}+\cdots+\frac{1}{N}\cdots$$

如果无限地加下去，Z 到底会等于什么呢？这是一个非常古老的问题，直到 14 世纪时，人们还不知道它的答案，到底是无穷大还是一个确定的值？后来大家发现，$1+\frac{1}{2}+\frac{1}{3}+\cdots+\frac{1}{N}\cdots\approx\ln N$

因此，如果 Z 不断地加下去，结果就是无穷大。

后来，欧拉把调和级数的问题稍做改变，改成正整数的倒数平方和，(2) 代表级数各项取平方，变成：

$$Z(2)=1+\frac{1}{2^2}+\frac{1}{3^3}+\cdots+\frac{1}{N^2}\cdots$$

欧拉告诉大家，$Z(2)$ 是一个有限的数值，它等于$\frac{\pi}{6}$。

接下来，欧拉把上面这个级数又推广了一下，(s) 代表级数各项取 s 次方，把它变成：

$$Z(s)=1+\frac{1}{2^s}+\frac{1}{3^s}+\cdots+\frac{1}{N^s}\cdots$$

即整数倒数的 s 次方之和，这里的 s 可以是任何数，这个级数在数学上被称为 Zeta 函数，Zeta 是希腊字母 ζ 的英文读音。那么，这个级数之和是否有限呢？欧拉发现只要 s 大于 1，它就是收敛的，存在有限的答案；如果 s 小于 1，级数和就是发散的，结果是无穷大。

通常我们想到这一步就停止了，但是作为大数学家的欧拉是很有想象力的。他想，如果 s 进一步缩小，变成了负数，这个级数会是什么样的？这在现实世界中是一个很无趣的问题，因为它加来加去结果无非是无穷大。比如 $s=-1$，这个级数就是 1+2+3+4…，即正整数之和。我们可以更规范地把它写成：

$$Z(-1)=1+2+3+4+\cdots$$

显然，在现实世界中 1+2+3+… 这种问题没有什么意义。但是欧拉做了一个大胆的假设，依然使用收敛级数求和的方法来计算它，于是得到了一个荒唐的结论：

$$Z(-1)=1+2+3+4+\cdots=-\frac{1}{12}$$

这样，欧拉就如同变魔术一样，把无数个正整数的和算成了负数。

至于这个结论是如何产生的，大家不用太关心，总之是按照看似合理的一步步演算得到的结果。你可能听有些卖弄学问的人说过，“所有自然数之和等于 $-\frac{1}{12}$”，就是从这里来的。

造成这种荒唐结论一定有原因，或者说，欧拉的演算一定有疏漏之处。实际上，欧拉的问题在于，他用了对收敛级数求和的方法计算不收敛的级数。类似地，欧拉还用同样错误的方法得到了另一个荒唐的结论，即所有正整数的平方和等于 0：

$$Z(-2)=1^2+2^2+3^2+\cdots=1+4+9+16+\cdots=0$$

为什么欧拉能够得出这样看似荒唐的结论？我们暂且不追究它的细节，它和前面一样，只要假设级数发散时可以用级数收敛时的计算方法，就会得到这样的结果。也就是说，一旦设定了前提，无论通过什么逻辑得到什么结果，在数学上都是行得通的。这是数学和自然科学本质的差别。

再接下来，欧拉又进一步把 Zeta 函数 Z 的定义域从实数扩大到复数，也就是说，s 不仅能够等于 −1、−2 等，还能等于虚数 i、$\frac{1}{2}+2i$ 这样的复数。然后人们就提出一个问题：Zeta 函数 $Z(s)$ 在什么条件下等于 0？这个问题等同于在问，方程 $Z(s)=0$ 的解是什么。这个方程也被称为黎曼方程。人们很容易发现，s 是负偶数时，比如 −2、−4、−6 等，Zeta 函数的值恰巧是 0。此外，对于一些复数，也可以让 $Z(s)=0$。数学家就把黎曼方程的负偶数解称为“平凡解”，把它的复数解称为“非平凡解”。

黎曼在前面提到的论文中所发现的规律就是 $Z(s)=0$ 这个方程的非平凡解不仅存在，而且都集中在复数平面的一条直线上，但是他没有证明，因此这个结论就成了一个猜想。

黎曼猜想仍未解决

后来，人们根据黎曼的提示，找到了很多非平凡解，它们都具有 $\frac{1}{2}+yi$ 这样的形式，其中 i 是 −1 的平方根，y 是某个特定的数字。由于 Zeta 函数方程的解和素数的分布高度相关，因此在随后的 100 多年里，有很多数学家研究这个问题，并且发现了 15

亿个这样的非平凡解，而且最大的一个解，数值本身已经算巨大了。

实际上，今天只要愿意让计算机无休止地算下去，可以不断得到新的非平凡解，而且这些解都符合黎曼的假设。可以讲，在我们能够搜索到的非常大的空间里，到目前为止能够找到的所有的解，都符合黎曼猜想，没有例外。

接下来就有一个疑问，既然我们从来没有找到不符合黎曼假设的情况，而且测试了很大的范围，我们能否认为，在现实世界中，黎曼猜想就是成立的，因此不再需要考虑它在数学上的正确性了呢？

这个问题其实没有绝对正确的答案。一方面，在工程上和应用科学上，我们有时确实在使用还没有证实的猜想。比如，我们今天相信各种加密系统是安全的，那只是从工程的角度讲；从科学的角度讲，目前使用的各种加密方法都是能破解的，那只是时间的问题而已。

另外，和黎曼猜想同样有名的还有一个叫作“杨 – 米尔斯理论”，它和黎曼猜想一样，都是 7 个千禧年问题之一。这里的杨就是指中国著名物理学家杨振宁先生，米尔斯是他的学生。这是一个现代物理学上的理论，虽然已经在现有的各种实验中得到了证实，一些物理学家还因此获得了诺贝尔奖，但是，迄今为止还没有人在数学上严格证明它。也就是说，虽然它在人类所知的范围内没有被证明是错的，但这和在数学上被证明是两回事。

黎曼猜想至今尚未被解决，很可能是因为我们目前掌握的数学工具还不够强大，但是我们相信以人类的智慧，最终可以解决它。但反过来想一想，如果黎曼猜想被证明是错的该怎么办？我们不得不寻找其他的加密方法了吗？

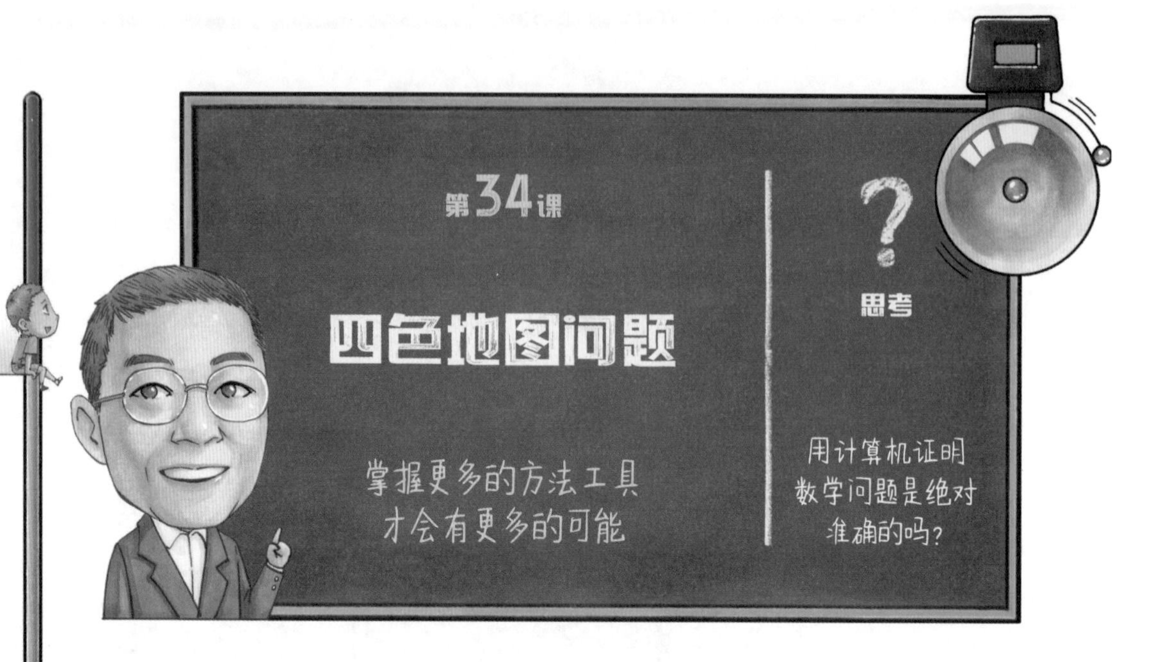

你一定看过花花绿绿的地图，只要仔细观察，就会发现地图中相邻区域颜色是不重复的，这样才能便于我们查看，那么绘制一张地图最少需要几种颜色呢？标题告诉了你是四种，比如下面这张图，各地区的边界非常复杂，但是四种颜色也完全够用了。

这是我们从实际经验中得到的结论，而数学上证明这个"四色地图问题"（后来也被称为四色定理）的时间并不算久远。1976年，

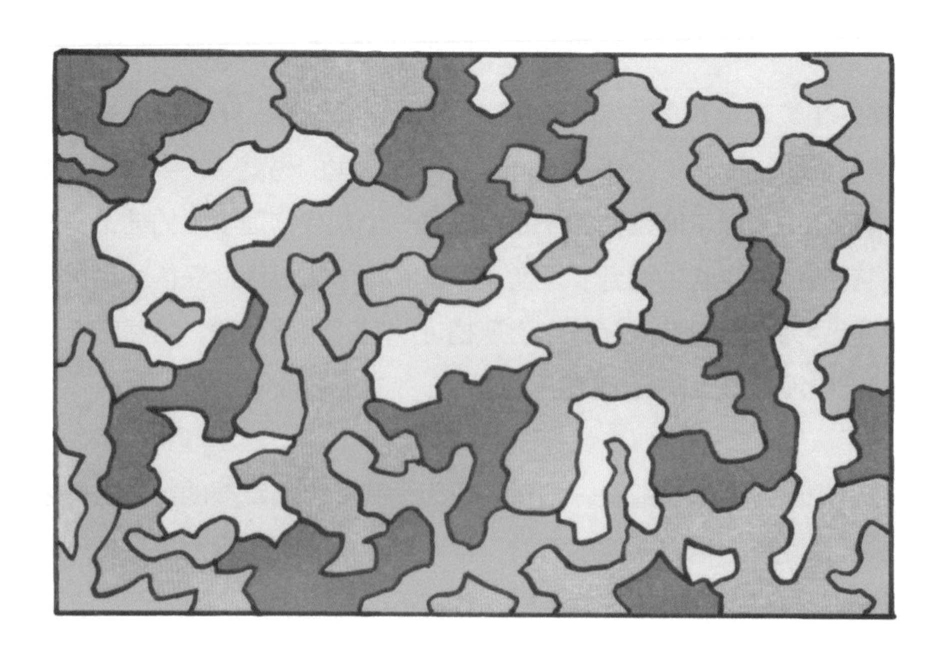

人类第一次在计算机的帮助下解决了这一数学难题。那时我年纪很小，还没有接触到计算机，但当我听父亲说起这件事时，脑海里便不由得浮现出一个想法：计算机非常聪明，可能已经超过了人类。后来，这件事或多或少地影响了我选择计算机专业。

图论与四色地图问题

四色地图问题由来已久，最早是由南非数学家法兰西斯·古德里在 1852 年提出来的，在还没有被证明之前，它也被称为“四色猜想”。这个猜想被提出之后，就引起了数学家的关注。要证明这个问题需要有一个可用的数学工具——图论。下面我们就来看看图论和这个问题之间的关系。

假设我们找到了“数学王国”的地图。

我们把每一个省变成一个节点，把相邻的两个省之间加入一条边连接，就形成了右边这张图。这是图论中标准的图，有节点，有连接它们的边。注意，在这张图中，边不能交叉，比如我们无法增加一条从“F”到“I”的边，因为它和“E”到“J”的边交叉了。事实上，将平面地图转化为图论中的图，是不可能产生交叉的边的，但是如果在三维空间中画地图，是有可能产生相互交叉的边的。后一种情况我们这里不讨论。

在这样一个由节点和边构成的图中，四色地图问题可以被描述成：对图中的节点染色，通过任意一条边相邻的节点颜色不能相同，且只需要四种颜色。右图是一种合规的染色方法，只用了四种颜色。

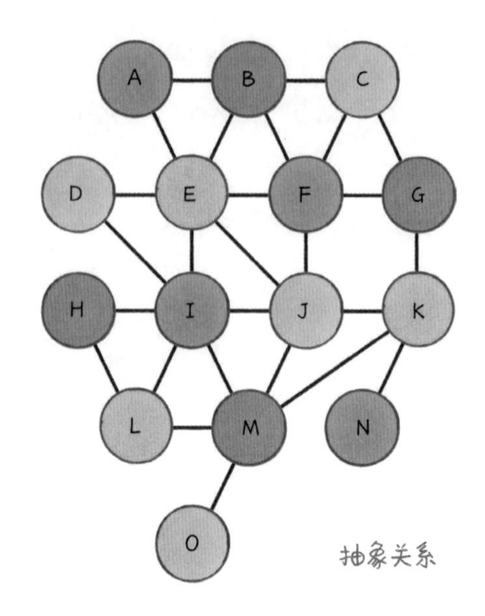

接下来我们说说证明这个定理的思路。

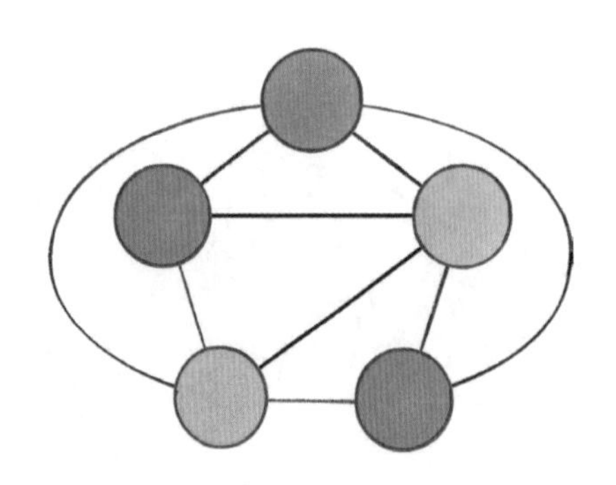

证明它的过程要用到数学归纳法。首先，如果地图中只有五个区域，对应的图最复杂的连接方式就是左图这种。显然这样一张图我们可以用四种颜色染色。

接下来，我们假设有第六个节点加入进来，也就是地图上的某个区域被分为两部分。如果新的节点只和之前三个节点相连，我们把这三个节点以外的第四种颜色给第四个节点就可以了。如果新的节点和四个或者五个节点相连，情况就复杂了，我们有可能已经用完了四种颜色。这时就要在原来已经染色的节点之间互换颜色，让新的节点有一个其他节

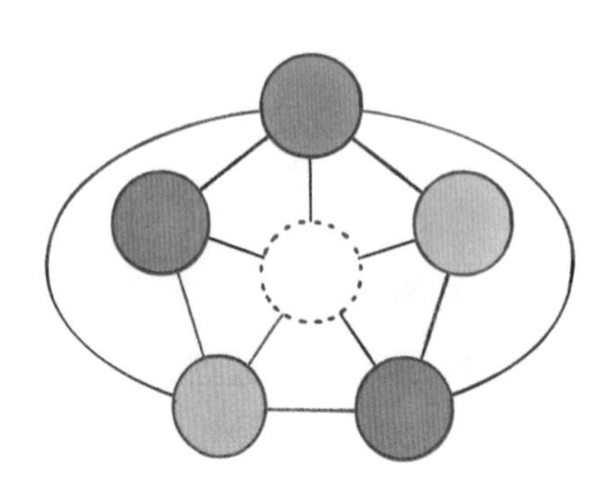

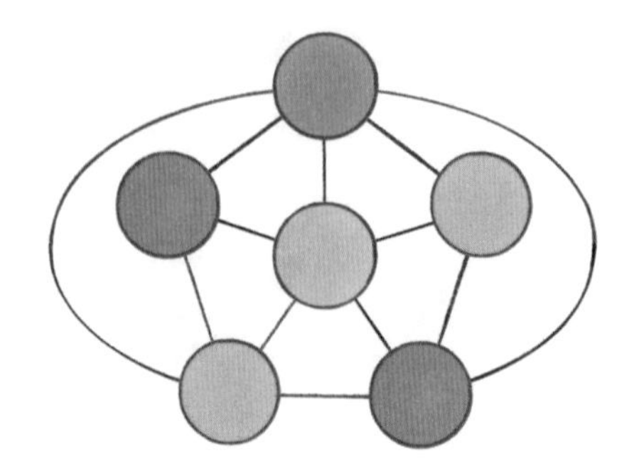

点没有用过的颜色。比如在上面这种情况中，我们把蓝色的节点换成黄色，这样蓝色就可以留给中间这个新加入的点。

数学家的探索历程

1879 年，英国数学家艾尔弗雷德・肯普发表了一篇论文，说明对于任何边不交叉的平面图，这种换颜色的方法都行得通。当时的数学家并没有发现他的证明过程有什么问题，因此他被封为了爵士。

遗憾的是，11 年后，也就是 1890 年，另一名英国数学家赫伍德找到了一个反例，在那个反例中，肯普换颜色的方法不管用了，也就是说四色地图问题其实还没有得到证明。赫伍德同时证明了，只要把条件稍微放宽一点，把四种颜色改成五种颜色，问题就很简单了，肯普换颜色的方法就管用了。因此他把这个问题的表述稍做修改，改成了给任何地图染色，需要不超过五种颜色，这个结论也被称为五色地图定理。

那么，到底是四色还是五色呢？在随后将近 100 年的时间里，数学家不断努力，证明了四色地图问题的许多种情况，但总是有遗漏，这样不断被发现遗漏的证明确实不够严谨。

时间到了 20 世纪 70 年代，美国伊利诺伊大学的数学家凯尼斯・阿佩尔和沃夫冈・哈肯空闲时开始思考这个问题，和其他人不一样的是，他们利用计算机，把可能的情况都列举了出来。他们发现四色地图问题一共有 1834 种情况（后来有人发现有些情况其实是相同的，只有 1482 种真正不同的情况）。每一种情况也都可以由计算机帮忙验证，能否通过换颜色的方式给新的节点一个不同的颜色。在一名计算机工程师的帮助下，他们让 IBM 360 计算机运行了几千个小时，验证了每一种情况都可以用四种颜色给地图染色。于是，他们宣布在计算机的帮助下证明了这个著名的数学问题。

阿佩尔和哈肯的成果一经发表，就在世界上引起了轰动。这不仅是因为他们证明了一个复杂的数学问题，更关键的是他们居然利用计算机来证明数学题，这颠覆了绝大部分人的认知，甚至一些传统的数学家拒绝接受这样的结论。他们认为，一个数学定理的证明需要用人脑和逻辑，而不是用计算机把所有的情况穷举出来。1979 年，著名的逻辑哲学和数学哲学家托马斯・蒂莫兹佐发表了《四色定理及其哲学意义》一文，不承认这个假设已被证明。他提出了两个主要的论点：第一，计算机的每一步运算，无

法通过人工进行核查审阅，因为这个工作量是人无法承受的；第二，计算机辅助的证明过程无法用逻辑表示出来。不过今天，人们已经认可了这种通过计算机帮助证明数学题的做法，因为人们已经意识到，这不过是借助天文望远镜发现新星和用肉眼发现新星的区别。

在随后的十多年里，依然有人试图找出阿佩尔和哈肯证明的漏洞，特别是找到他们没有发现的情况。事实上，阿佩尔和哈肯的证明确实存在小漏洞，不过那些漏洞都不致命，后来都补上了。至于一些人找到的所谓反例，也被证明不是反例。最终，在 1989 年，这个定理的证明过程才最后定稿，并以单行本的形式出版，整个证明过程超过了 400 页。

四色定理的证明，最大的意义不在于这个难题被解决了，而在于计算机被引入证明数学定理的过程中，这将对数学的发展带来革命性的变化，它的意义相当于用蒸汽机取代人力完成劳动。今天，用计算机证明数学问题已经被大家接受，为了确保计算机证明的可靠性，2004 年 9 月，数学家乔治·贡捷使用了证明验证程序 Coq 来验证当时交给计算机证明的过程。证明验证程序是一个由法国开发的软件，能够从逻辑上验证一段计算机程序是否正常运行，并且是否达到了它应该达到的逻辑目的。验证表明，四色定理的机器验证程序确实有效地验证了所有可能性，完成了数学证明的要求。有了证明验证程序，计算机证明数学问题的有效性就有了保障。

在大航海时期，麦哲伦的船队从西班牙出发，一路向西，经过两年时间，又回到了西班牙，完成了首次环球航行。他证实了地球是圆的，因为从圆球上一个点出发，环绕一圈可以回到同一个点。但如果地球是橄榄球的形状，或者纺锤形状，麦哲伦转一圈也都能回到原点。

本质相同

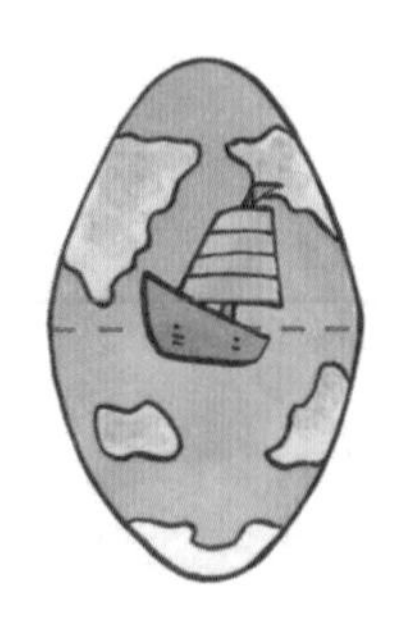

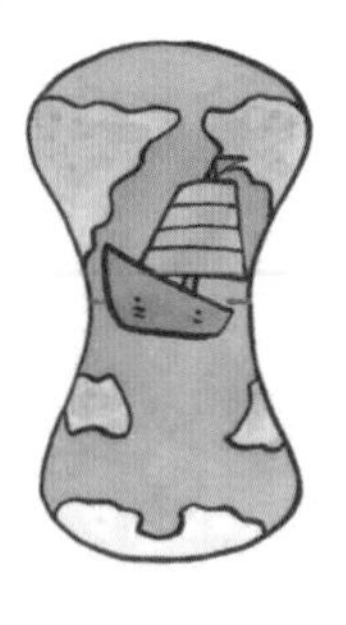
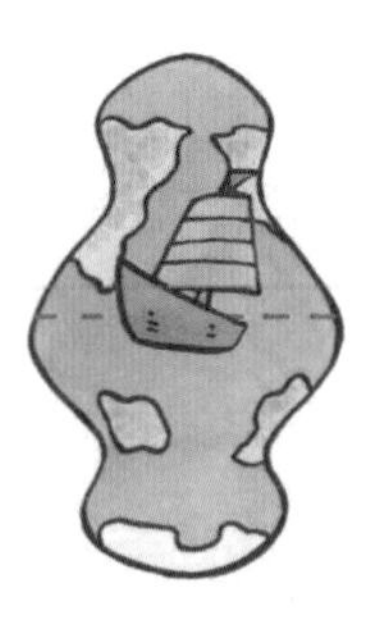

这样几个不同形状的三维体，它们之间显然具有相同的性质。想象一下，如果我们有一个永远不会破裂的气球，将它挤挤捏捏，就能揉出上面这几个形状。对此，数学家建议把它们归为一类进行研究。我们甚至还可以把气球塞进一个三棱锥体或者正方体的盒子中，将它们挤压成这两种形状。

但是我们永远无法在不损坏气球的情况下，将原本是球形的气球揉成甜甜圈的形状。也就是说，甜甜圈的形状和球形一定存在性质上的不同之处。在19世纪，数学家觉得有必要研究这些不同形状几何体之间的关系，于是就发展出一个新的数学分支——拓扑学。

何为拓扑学

拓扑学和图论、几何学都有一定的关联性，但是又都不同。拓扑是topology的音译词语，意思是与地形、地貌相类似的科学，最早由莱布尼茨提出，后来发展为有关“图形的连续性和连通性”的一个数学分支。

和几何学不同的是，拓扑学不关心物体的形状、面积、体积等，只关心内部的连通性。比如在几何学中，正方形和圆形是完全不同的，在拓扑学中它们则被认为是等价的。拓扑学和图论也不同，虽然它们都涉及图的抽象结构和连通性，但是图论关心的是能否从一个节点出发到达另一个节点、有多少条路径、最短的路径是什么等问题，而拓扑学只关心抽象的几何图形在各种变形（如拉伸、扭曲、皱缩和弯曲）下是否保持属性不变，比如没有孔、撕裂、黏合或穿过自身等特性。比如一个球，怎样经过几个步骤变成一头小牛。

在拓扑学中，如果一个几何体能够通过一系列变化变成另一个几何体，它们就被称为等价。比如上面图中的小牛就和球体等价，但它和下面的甜甜圈不等价，因为从甜甜圈出发无法变出小牛。

再告诉你一个有趣的结论，在上图中，甜甜圈和茶杯是等价的，这可能需要一些想象力来理解。

在拓扑学中，有一个非常基本又非常著名的问题，就是庞加莱猜想。

庞加莱猜想

庞加莱是法国数学家，也是拓扑学的先驱之一。在1904年，他提出一个命题，任何单连通的、封闭的三维流形都和一个球面等价。这个命题被称为庞加莱猜想。

在这个命题中，有几个概念需要解释一下。

什么是封闭的三维流形呢？简单地讲，它就是一个没有破洞的封闭三维物体。什么是单连通呢？如果我们伸缩一根围绕橙子表面的橡皮筋，那么我们可以既不扯断它，也不让它离开表面，使它慢慢移动收缩为一个点。比如在右图中，绿色的橡皮筋套在橙子上，如果让它向上收缩，它就能收缩到橙子的顶点，类似地，蓝色的橡皮筋往左边收缩，也会收缩到一个点。在这个过程中，我们不需要把橡皮筋搞断，也不需要破坏橙子。这个橙子，就是二维流形的单连通体。

但如果是一个甜甜圈，这件事就做不到，比如右图中红色或者黄色橡皮筋无论如何都无法离开甜甜圈的表面，只能通过把甜甜圈搞坏才能收缩到一点。这个甜甜圈就不是单连通的。

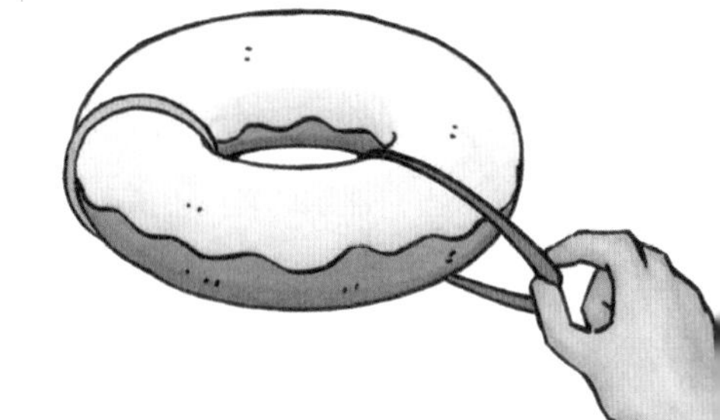

再比如下面的两个三维体也不是单连通的，而我们常见的立方体、椭圆体、三角锥，都是单连通的。

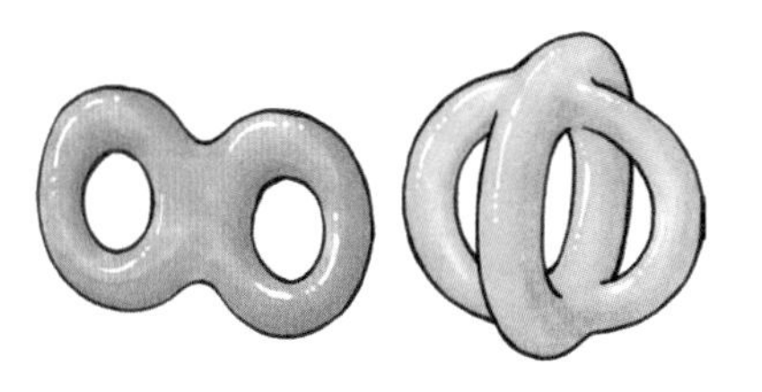

庞加莱猜想讲的是，所有单连通的物体，包括我们前面讲到的椭球、纺锤、橄榄球，甚至立方体和三棱锥体，在拓扑学上都和球面等价。要证明这个看似简单的命题，其实并不容易。

庞加莱猜想在被提出后，都没有太多的人关注，1961 年，美国数学家斯蒂芬·斯梅尔发现在高维空间里，这个猜想容易被证明。他率先证明了在五维以上的空间里庞加莱猜想是成立的，他也因此获得了 1966 年的菲尔兹奖，后来获得了数学领域的终身成就奖——沃尔夫奖。1981 年，美国数学家迈克尔·弗里德曼证明了四维空间的庞加莱猜想，他也因此获得了 1986 年的菲尔兹奖。但是，三维空间的情况却比高维空间更复杂，大家一直没有解决。

因此，在 2000 年的时候，美国克雷数学研究所确定了 7 个千禧年数学问题，就包括庞加莱猜想，而解决这个猜想的是数学界的怪才格里戈里·佩雷尔曼。

纯粹的佩雷尔曼

1966 年，佩雷尔曼出生于圣彼得堡，当时那里还叫列宁格勒。1982 年，16 岁的他参加了一次国际数学奥林匹克竞赛，以罕见的满分获得了金牌。之后他进入圣彼得堡国家大学数学和力学系，获得了博士学位，在圣彼得堡苏联科学院的斯捷克洛夫数学研究所工作。到 90 年代，他又到美国做博士后进修，先后在美国的柯朗研究所、纽约州立大学石溪分校以及加州大学伯克利分校担任研究员。

在**伯克利分校**，佩雷尔曼解决了“灵魂猜想”问题，这是黎曼几何和拓扑学中的一个重要问题。佩雷尔曼的证明方式非常巧妙，因此震惊了世界数学领域，当时包括普林斯顿大学和斯坦福大学在内的名校都聘请他去当教授，但是都被他一一拒绝了。

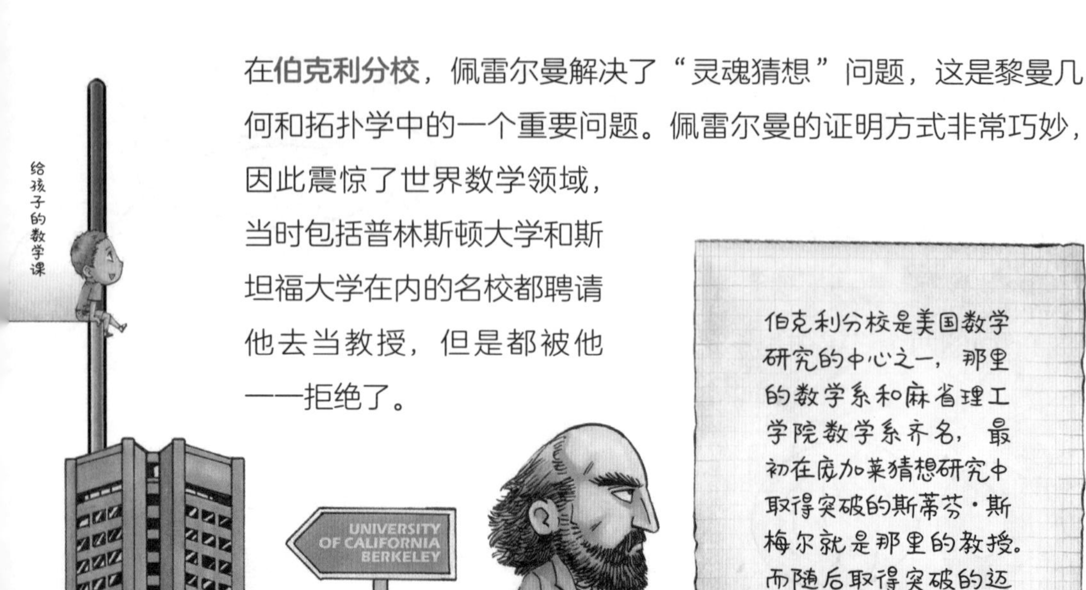

1995 年夏天，佩雷尔曼攒了大约 10 万美元，这大概相当于当时俄罗斯工程师 10 年的薪水。他觉得这些钱已经足够他一生的开销，于是又回到了俄罗斯的斯捷克洛夫数学研究所，潜心研究数学。

回国后，佩雷尔曼的生活非常节俭，他住在母亲的老公寓里，每个月只花费约 100 美元的积蓄，全部的时间都用来研究数学问题。在随后的几年里，他在几何学方面取得了不少研究成果。

如今，很多科学家为了确保自己在某一项研究中是全世界第一个取得成果的，有时会先把成果和论文的摘要通过 arXiv.org 网站公布出来。特别是在一些热门的研究领域，比如人工智能领域，学者们常会这么做。毕竟从投稿到发布，常常需要一年的时间，其间就存在别人抢先发布结果的可能。

在 2002 年 11 月至 2003 年 7 月之间，佩雷尔曼完成了对庞加莱猜想的证明。和科学家的通常做法所不同，他没有将自己的成果投稿到任何一家数学杂志上，而是将论文直接贴到了预发表网站 arXiv.org 上。

在 2002 年，这种做法并不普遍，特别是在数学领域。佩雷尔曼这么做倒不是担心有人抢在他前面证明出这个数学难题，而是他的心中不认可数学杂志评委和审稿人的水平。他直接把自己的证明过程用三篇论文的方式贴到网站上，让全世界最好的数学家来评判和验证，这个举动立刻在全世界数学界引起了轰动。

为了表彰佩雷尔曼的贡献，菲尔兹奖委员会决定在 2006 年 8 月举行的第 25 届国际数学家大会上授予佩雷尔曼菲尔兹奖，但佩雷尔曼拒绝了。不过名义上，这一年的菲尔兹奖依然给予了佩雷尔曼。

2010 年 3 月 18 日，美国克雷数学研究所对外公布，俄罗斯数学家格里戈里・佩雷尔曼因为破解庞加莱猜想而荣膺高达 100 万美元奖金的千禧年问题大奖。这笔钱对于生活拮据的佩雷尔曼其实很重要，但是佩雷尔曼还是拒绝了这笔奖金，理由是克雷数学研究所的决定“不公平”，他认为美国数学家理查德・哈密顿在这个问题上的贡献更大，虽然哈密顿并没有直接证明这个猜想。

或许在佩雷尔曼看来，解决数学难题的成就感远比金钱和荣誉更重要。也只有像佩雷尔曼这样纯粹的人，才能心无旁骛地解决庞加莱猜想这样的难题。

由于佩雷尔曼习惯了独来独往，他出名之后，很多人都想采访他，但是他都避而不见，甚至辞去了斯捷克洛夫数学研究所的工作。因为记者和数学爱好者找不到他的踪影，于是在俄罗斯又出现一个新的谜题——佩雷尔曼在哪里。

庞加莱猜想的证明填补了拓扑学的重要环节，让拓扑学的很多定理都顺带被证明了，从此拓扑学变得愈加完善，在数学上的意义也非常重大。

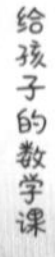

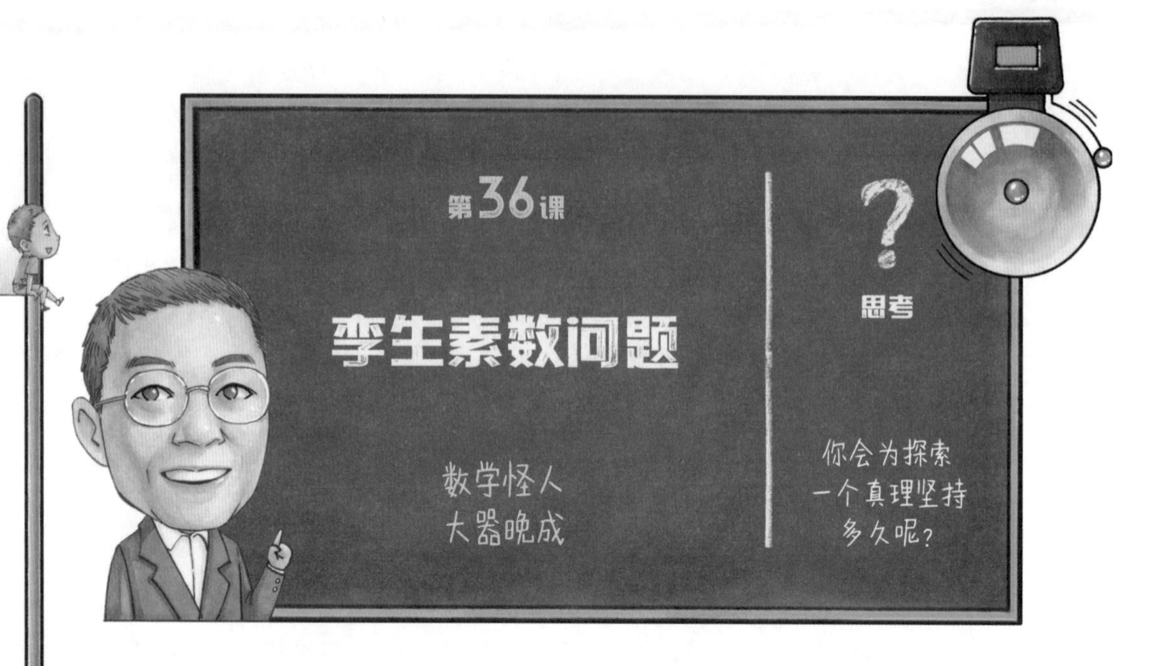

今天数学的很多应用，比如加密，都和寻找大素数有关。所谓素数，就是指那些只能被 1 和自身整除的整数，比如 2、3、5、7 等。像 4、6、9、10 等整数就不是素数，因为它们还能够被 1 和自身之外其他的整数整除，比如 4 可以被 2 整除，这样的整数被称为合数。当然，1 是例外，它既不是素数，也不是合数。

要寻找比较大的素数，就要了解它们的分布。我们前面讲到的黎曼猜想就和素数的分布有关，而另一个和素数分布有关的著名猜想就是“孪生素数猜想”，这是希尔伯特 23 个问题中第 8 个问题的一部分。第 8 个问题是关于素数分布的，包括黎曼猜想、孪生素数猜想和我们后面要讲的哥德巴赫猜想。

什么是孪生素数

所谓孪生素数，就是指“3、5”“5、7”“11、13”这种前后只差 2 的素数组。当然，随着数字的增加，寻找孪生素数就不那么容易了。更让大家不解的是，当数字增加到接近无穷大时，还能找到孪生素数吗？不少数学家认为，随着数字的增大，素数之间的距离会趋近无穷大，也就是说不再存在孪生素数了。当然，

我们注定越离越远吗?

还有很多数学家认为，即使数字不断增大，也总会找到两个相距比较近的素数，它们的差异在有限的距离内。这个猜想被称为孪生素数猜想。

这个猜想其实有两个版本：一个是弱版本，只要求两个素数的距离是有限的；另一个是强版本，即要求两个素数的距离正好是 2。相比之下，弱版本的应用价值更大，当然，强版本如果得到解决就更完美了。这个问题最难的是迈出第一步，即证明弱版本，为孪生素数找到一个距离的上限，然后就可以不断努力缩小这个上限，直到缩小到 2，进而证明它的强版本。

今天，这个问题的弱版本已经得到了证明，在孪生素数猜想上已经取得了质的突破，解决这个难题的是美籍华裔数学家张益唐。

半生潦倒

和一般数学家在 35 岁之前出名不同，张益唐前半生潦倒，到 58 岁时才凭借在孪生素数问题上的贡献成为举世公认的数论专家，其坎坷而传奇的数学探索过程在全世界学术圈内引起了巨大的反响。人们一般认为，数学研究是一件拼天赋的事情，如果一个数学家不能够在 35 岁之前取得重大成就，他最终只能成为一个普通的数学工作者，而不会对世界产生巨大影响。在历史上，牛顿、高斯和欧拉等人都是在 20 岁左右就取得了辉煌成就，这也是数学最高奖“菲尔兹奖”将获奖者年龄设定在 40 岁以下的原因。张益唐的成功，可能要让人们重新审视这个上千年来对数学家的看法了。

因为特殊时代的原因，张益唐在 23 岁的时候才考入北京大学数学系，获得了学士和硕士学位。毕业后，他又去美国著名的普渡大学攻读博士。在普渡大学期间，张益唐通常都是独来独往，大部分时间是在图书馆里做研究。不过，他的研究工作并不顺利，而且与导师的关系也不好。

毕业后，张益唐又遭遇了特殊情况导致的激烈竞争，长期无法找到教职，而他又不愿意像同学们那样，转行从事金融或计算机行业。于是在长达几年的时间里，张益唐不得不过着四处漂泊的生活，其间他常常借住在朋友家，有时甚至只能住在朋友家的地下室里，然后靠在中餐馆当外卖员或者到汽车旅馆打零工生活。但是，在这样的环境下，张益唐仍然潜心于数学研究。

后来，张益唐的北大校友唐朴祁和葛力明等人了解到他的情况，出手帮助了他。

一位北大校友开了一家赛百味快餐连锁店，请他任会计，这样他就有了不高但是稳定的收入，同时有时间研究数学。1999 年，张益

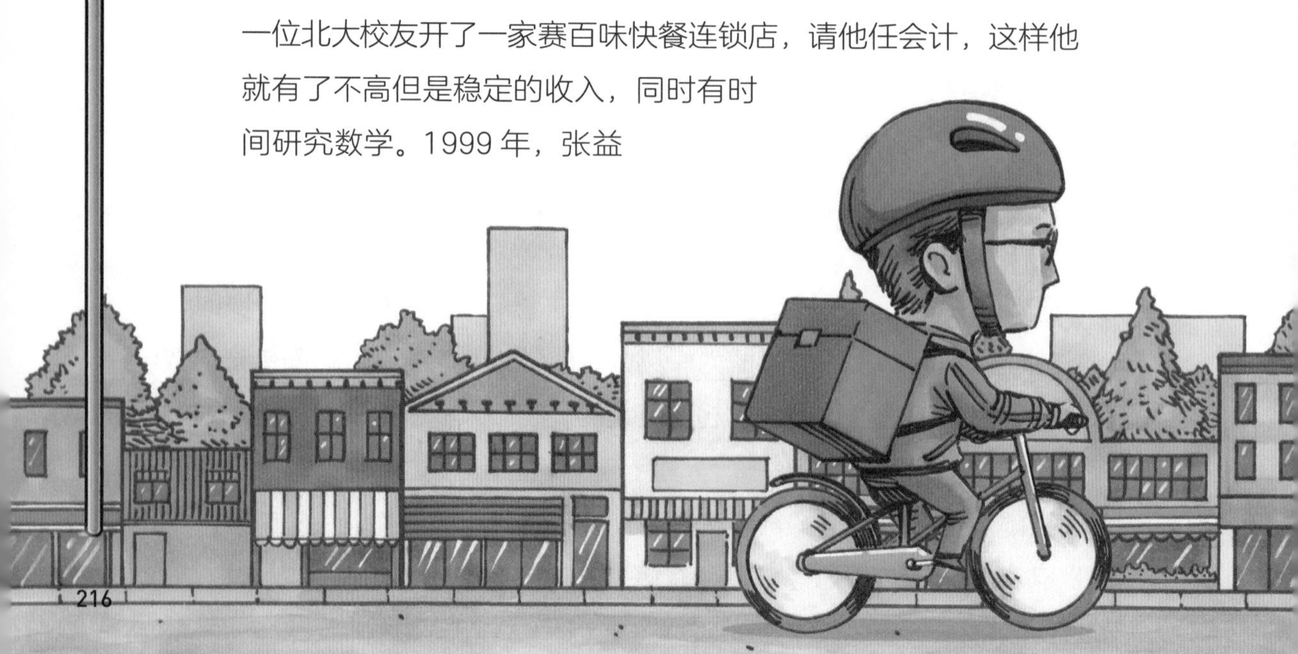

唐和唐朴祁合作解决了计算机算法的难题，获得了一项互联网专利。

唐朴祁觉得，不能埋没了张益唐的才能，于是向当时在新罕布什尔大学任教的学弟葛力明推荐张益唐。经葛力明的推荐，张益唐先成为新罕布什尔大学数学系与统计学系编制外的助教，后担任讲师，教授微积分、代数和数论等课程。虽然在美国的大学里，讲师并不是终身教职的职位，但是这让他有机会回到学术界。

2001 年，张益唐在《杜克数学期刊》上发表了一篇关于“黎曼假设”的论文，获得了时任新罕布什尔大学数学系主任的著名数学家阿佩尔的高度评价。阿佩尔就是前面提到的证明四色定理的人之一。

2005 年，三位数学家发表了一篇论文，其成果和“孪生素数猜想”问题有关，张益唐受到启发，开始关注这个数学难题，那一年张益唐已经 50 岁了。这是很多数学家放慢节奏，开始专注于教学的年龄了。

2008 年，全世界数论领域的顶级数学家聚集在美国国家数学科学研究所，他们召开了一次研讨会，看看是否有希望解决“孪生素数猜想”问题。经过一周的讨论，大家得到的结论是：当时的数学工具还不足以解决这个问题。

但当时的张益唐没有资格参加这次会议，也就不知道这个结论。这样，就在其他数学家都暂时知难而退时，他却向这个难题发起了冲击。
事后，张益唐感到非常幸运，他说：“回想起来，内心没有障碍可能反而促进了问题的解决。我当时多少是有一点自信的。我只是在做我喜欢的事。一个人做一件事如果总是患得患失，还不如从一开始就不做。”后来的媒体都喜欢报道他十年只磨一剑，最终解决了这个世界难题，但是张益唐实事

求是，他认为自己花大力气思考孪生素数猜想的时间并没有很多年，谈不上十年只磨一剑，或许这就是数学家特有的严谨吧。

大器晚成

2012 年的一天，张益唐给一位朋友的儿子辅导数学，他在朋友家的后院散步，顺便观察有没有野鹿出没。就在这时，他脑海中突然闪现出能够撬动孪生素数猜想的灵感。在随后的几个月，他完成了对孪生素数猜想弱版本的证明，经过反复检查和验算后，他完成了论文。在 2013 年 4 月 17 日，他向知名杂志《数学年刊》投稿，宣布在孪生素数猜想的研究上取得的重大突破。《数学年刊》审稿期通常为 2 年，但这一次，审稿专家们非常震惊，他们迅速审稿，确定了张益唐取得的成果准确无误后，只用 3 个星期就决定录用他的论文。5 月 21 日，论文正式发表。

> 一篇论文的发表，往往要经过很多不同的人依次审读，尤其是严谨的学术刊物，还会请相关领域的专家参与审读。

投稿时，张益唐在数学界还是默默无名，当评委们收到他的论文时，简直难以置信。据评委之一的加拿大数学家约翰·弗里德兰德说，2005 年以来这个问题一直无人问津，因为它太难了。因此，当时他的第一想法是：

以前收到的文章有那么多都是错误的，这个可能也不例外。

正当他要搁置几天时，另一位评委打来电话，说正在阅读这篇论文。于是评委们都在第一时间为张益唐审稿，先看了论文的要点，发现没有问题，然后就进入细节部分，读得越多，他们就越发现这篇论文好像真的是正确的。

几天后，他们开始审查论文的完备性，看看是否有疏漏的环节。由于张益唐选用的是一个比较复杂的证明方法，评委们不得不花了很多时间逐行核对每一个细节。幸运的是，张益唐的逻辑非常清晰，评委们最后确认论文准确无误，他成功地证明了一个关于素数分布具有里程碑意义的定理。

由于这项发现的重要性，《自然》《科学美国人》《纽约时报》《卫报》《印度教徒报》《量子杂志》等主流媒体很快相继报道了张益唐的事迹。成名后，张益唐被破格晋升为新罕布什尔大学数学系正教授，获得终身教职。随后，张益唐获得了多项数学大奖（包括美国数学会著名的科尔代数奖），并且受邀在 2014 年的国际数学家大会上做闭幕式之前的报告。通常受邀做该报告的时间是 45 分钟，但是这一次大会给了他一个小时。同年，他获得了美国有“天才奖”之称的麦克阿瑟奖。

当数字接近无穷大时，张益唐给出的相邻素数的距离依然有 7000 万之大。正如我们之前的设想，在张益唐的成果发表之后，著名华裔数学家陶哲轩发动全世界的数论专家一起研究缩小这个距离。今天，人们已经把这个条件下相邻素数之间的距离缩小到了 246。

如果回顾二战后那几个解决了重大数学难题的数学家，怀尔斯、佩雷尔曼和张益唐，我们就会发现他们似乎都特别怪。但众人眼中的“怪”的背后是他们对数学着魔般的兴趣。没有这种热爱，是解决不了数学难题的。

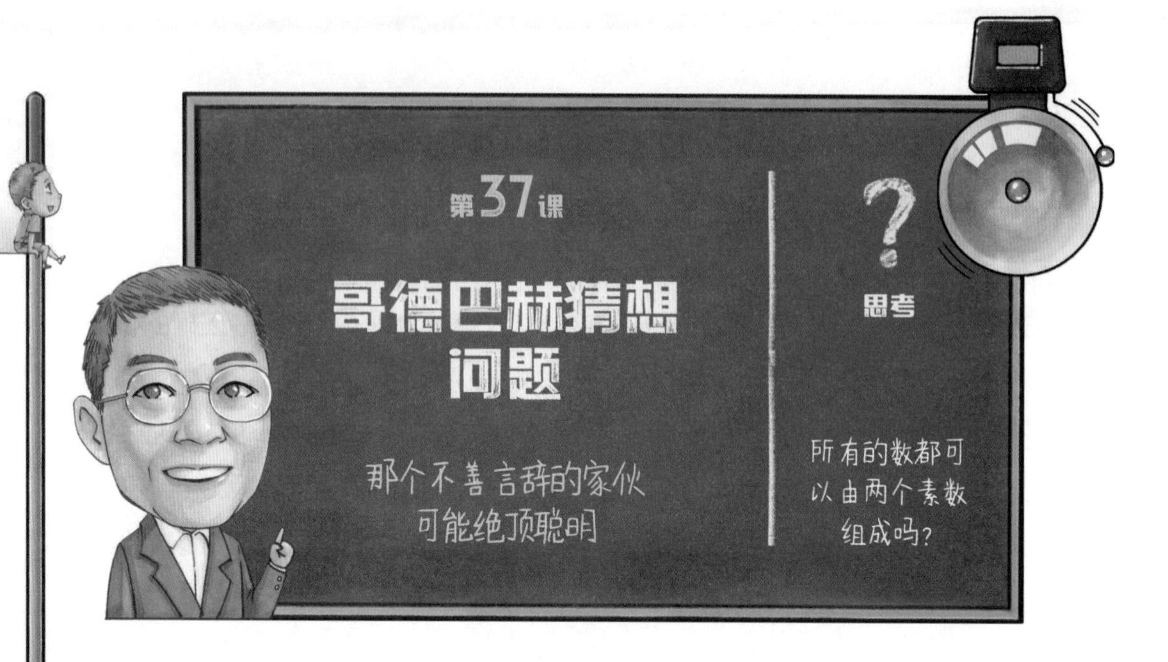

同学们一定听过哥德巴赫猜想，它具体是怎么一回事呢？

有人说它是“1+1”的问题，这难道不是一道简单的数学题吗？它难在哪里？

其实哥德巴赫猜想是一道数论的问题，这里面所说的1+1是这个猜想的一种简单的说法，并不是要证明1+1=2。1+1=2在数学上属于定义，不需要证明就是成立的。

哥德巴赫猜想是“1+1”吗

1742年，**普鲁士**数学家哥德巴赫在写给著名数学家欧拉的信中，提出这样一个猜想：

任一大于2的整数都可写成三个素数之和。

普鲁士王国是一个主要位于现今德国和波兰境内的王国。普鲁士也是一个重要的欧洲历史地名。

这个描述和今天对哥德巴赫猜想的描述有所不同，因为当时的哥

德巴赫把 1 也当成素数了。现今数学界不使用这个说法，而是用了下面这个更准确的描述：

任一大于 5 的整数都可写成三个素数之和。

欧拉在给哥德巴赫的回信中指出，这个猜想等价于下面这种描述：

任一大于 2 的偶数都可写成两个素数之和。

比如 4=2+2，12=5+7，200 = 3+197，等等。

今天我们常说的哥德巴赫猜想，实际上是采用了欧拉的描述，它也被称为“强哥德巴赫猜想”或“关于偶数的哥德巴赫猜想”。和它对应的是“弱哥德巴赫猜想”或“关于奇数的哥德巴赫猜想”，即：

任一大于 5 的奇数都可写成三个素数之和。

关于奇数的哥德巴赫猜想已经在 1937 年被苏联数学家维诺格拉多夫证明，因此今天的人谈到哥德巴赫猜想时，都是指尚未解决的“关于偶数的哥德巴赫猜想”，而“关于奇数的哥德巴赫猜想”已经成为“哥德巴赫－维诺格拉多夫定理”（也被称为“三素数定理”）。

由于强哥德巴赫猜想讲的是一个偶数可以拆成两个素数之和，因此数学界常常用“1+1”来描述这种情况，你可以把他们口中的数字1理解为一个素数。因此“1+1”只是一个简单的说法，和真正计算这两个数字的加法无关。类似地，在谈论哥德巴赫猜想时，人们有时也会讲到“1+2”。所谓“1+2”，就是指一个偶数，可以变成一个素数加上不超过两个素数的乘积。比如：

30=5+5×5　　42=3+3×13

我国数学家陈景润证明的就是1+2，即一个偶数可以变成一个素数加上不超过两个素数的乘积。

众多数学家参与研究

在哥德巴赫猜想被提出后的160年里，有不少数学家都进行了研究，但没有取得任何实质性的进展，也没有获得任何有效的研究方法。1900年，希尔伯特在第二届国际数学家大会上将这个问题与黎曼猜想、孪生素数猜想并列为著名的23个问题中的第8个，这才引发了数学家们的兴趣。

又过了20年，数学家们终于找到了解决这个难题的思路。一方面，英国著名数学家哈代和利特尔伍德建立了一整套高等数论的研究工具。他们在1923年发表了一篇论文，证明了如果黎曼猜想成立，则几乎每一个非常大的偶数都能表示成两个素数的和。当然，“几乎每一个”和“每一个”还是两回事。另外，黎曼猜想至今也没有被证明。不过，哈代等人的工作表明，哥德巴赫猜想有可能是对的。

大约与此同时，挪威数学家维戈·布伦提供了另外一种证明的思路——“筛法”。他证明了，任何非常大的偶数都能表示成两个数之和，并且这两个数都可以由不超过 9 个素数相乘得到。布伦证明的这个命题被简单地称为“9+9”，哥德巴赫猜想就是“1+1”，如果我们能够将“9”逐渐缩减到“1”，就证明了哥德巴赫猜想。

至于为什么只需要考虑非常大的偶数呢？因为小的偶数拆解为素数的答案都是很容易知道的，我们不需要为此发愁。事实上，截至 2014 年，数学家已经验证了 4×10^{18} 以内的偶数，在所有的验证中，没有发现偶数哥德巴赫猜想的反例。

沿着布伦的思路，各国的数学家逐渐证明了“7+7”“6+6”“5+5”……到 1956 年，苏联数学家维诺格拉多夫证明了“3+3”。同年，中国数学家王元证明了“3+4”，并在 1957 年证明了“3+3”和“2+3”。到 1965 年，苏联数学家布赫希塔布、维诺格拉多夫和美籍意大利数学家恩里科·邦别里分别独立地证明了“1+3”，而邦别里当时只有 24 岁，后来他因解决了伯恩赛德问题而获得了菲尔兹奖。

陈景润的“1+2”

距离解决哥德巴赫猜想最近的是中国著名数学家陈景润，他证明了“1+2”，离最终证明哥德巴赫猜想只有一步之遥。

陈景润毕业于厦门大学，虽

然他在大学学的是数学专业，但是毕业后并没有被安排做数学研究，而是被分配到北京市第四中学当老师。但陈景润口齿不清，无法上讲台讲课，最后被“停职回乡养病”。

幸运的是，当时的厦门大学校长王亚南了解到陈景润的情况后，安排他回到厦门大学任资料员，同时研究数论，这才让陈景润有机会在数学上做出成就。1957 年，华罗庚先生发现了陈景润的才能，将他调入中国科学院数学研究所任实习研究员，进行数论研究，这样陈景润有了当时中国几乎最好的研究环境。

陈景润不负众望，在 1966 年证明了“ 1+2 ”，随后，又花了好几年的时间把证明过程中的细节整理清楚。1973 年，陈景润彻底完成“ 1+2 ”的详细证明且改进了 1966 年的结果，将成果发表在《 中国科学 》杂志上。

当时，英国和德国的两位数学家正在撰写数论的《筛法》一书，他们从中国香港了解到陈景润的研究成果后，专门在书中又增加了新的一章“陈氏定理”，介绍了陈景润的研究成果。这样，陈景润的贡献就被世界数学界所了解了。

从陈景润证明“1+2”至今，已经过去半个多世纪了，全世界在哥德巴赫猜想上没有任何新的进展。而在陈景润证明成功前的十多年里，多国的数学家在这个问题上不断取得进展，这又是为什么呢？

一般认为，陈景润已经把布伦的筛法用到了极致，他的陈氏定理其实是对筛法的一个重大改进，但是筛法这个工具已经无法再进一步发挥了，用它来证明最终“1+1”的可能性微乎其微。如今数学界的主流意见认为，证明关于偶数的哥德巴赫猜想，还需要新的思路或者新的数学工具，而不是在现有的方法上修修补补。

NP 问题是 7 个千禧年问题之一，也是这 7 个问题中唯一与计算机科学相关的问题，它对于研究计算机科学中的多种算法至关重要。

什么是 NP 问题呢？这要从计算机算法的复杂度说起。

如何评价算法

我们知道，计算机虽然计算速度快，但它也是一步步地完成运算的。如果有两个算法都能够解决同一个问题，第一个算法需要运行 10 万步，第二个算法只要运行 1000 步，显然第二个算法更好。但是一个算法所运行的步骤，和问题的大小有关。比如我们要对 100 万个数字排序，运行的步骤肯定比对 100 个数字排序多得多。那么如何衡量算法的好坏，或者说复杂程度呢？有人可能会说，直接数一数它算一道题需要的步骤不就好了吗？但问题是，在计算不同规模问题的时候，不同算法所表现出来的性能会相差很远，而在生活中，各种规模的问题都会有，我们难以直接用运行的步骤来衡量。比如我们来看这样一个例子：

算法 A 和算法 B 都能完成某个任务，如果使用 1 万个数据进行测试，算法 A 需要运行 100 万步，算法 B 则需要运行 1000 万步。但是，如果使用 100 万个数据测试，算法 A 需要运行 1000 亿步，算法 B 需要运行 500 亿步。请问到底哪个算法好？我们把这两种算法的表现画在下图中，纵坐标用的是对数坐标，单位是万次。

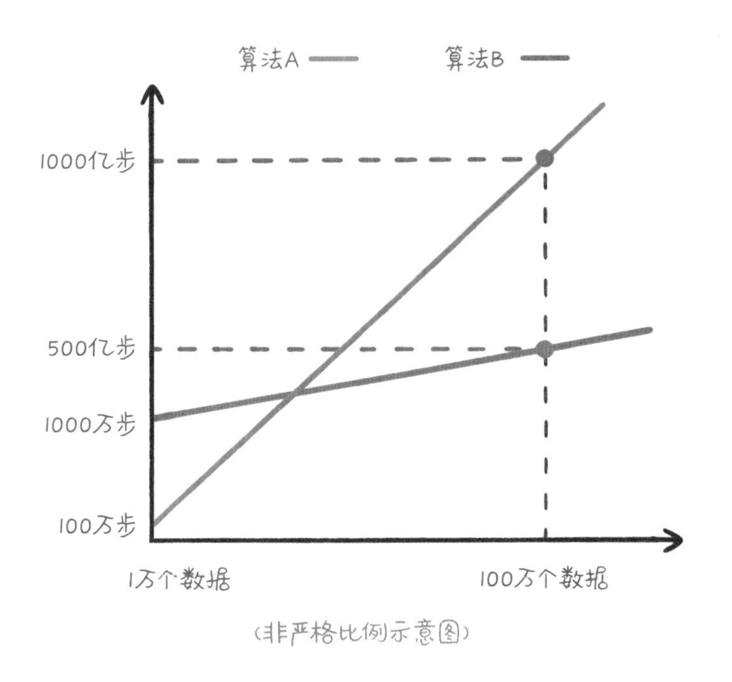

（非严格比例示意图）

如果单纯看第一个场景，也就是从小规模的数据做判断，显然是算法 A 好，但是如果单纯看第二个场景，即大规模的数据，似乎算法 B 更好一点。按照普通人的思维，可能会说，数量小的时候算法 A 好，数量大的时候算法 B 好。然而，计算机问题的规模不可能只有大和小两种，我们需要制定一个明确的、一致性的标准，不要一会儿这样、一会儿那样。那么我们应该怎样制定这个标准呢？

在计算机科学发展的早期，科学家对这个问题也没有明确的答案，因此看法也不统一。直到 1965 年，尤里斯・哈特马尼斯和理查德・斯特恩斯提出了算法复杂度的概念（二人后来因此获得了图灵奖），计算机科学家才开始考虑用一个公平的、一致的评判方法来对比不同算法的性能。最早将复杂度严格量化衡量的就是高德纳，他被誉为“算法分析之父”。今天，全世界计算机领域的复杂度都以高德纳的思想为准。

高德纳的思想主要包括：

1 在比较算法的快慢时，只需要考虑数据量特别大，大到近乎无穷大时的情况。为什么要比大数的情况，而不比小数的情况呢？因为计算机的发明就是为了处理大量数据的，而且数据会越处理越多。

2 虽然决定算法快慢的因素可能有很多，但是所有因素都可以被分为两类。第一类是不随数据量变化的因素，第二类是随着数据量变化的因素。

比如，有两种算法，第一种的运算次数是 $3N^2$，其中 N 是处理数据的数量，第二种则是 $100N\lg_2$。N 前面的那个数字是 3 也好，100 也罢，它们是常数，和 N 的大小显然没有关系，处理 10 个、10 万个、1 亿个数据都是如此。但是后面和 N 有关的部分则不同，当 N 很大的时候，N^2 要比 $N\lg_2$ 大得多。虽然我们在处理几千、几万个数据的时候，这两种算法差异不明显，但是高德纳认为，我们衡量算法好坏时，只需要考虑 N 近乎无穷大的情况。为什么这么考虑问题呢？因为计算机要处理的数据量规模远远超出我们的想象。

比围棋还复杂

你知道围棋有多么复杂吗？

围棋的变化数量太多，人们只能用千变万化来形容，甚至干脆把它归结为棋道和文化。当 AlphaGo（阿尔法围棋）颠覆了所有顶级棋手对所谓棋文化的理

解之后，大家才承认，这其实依然是一个有限的数学问题，当然，它的上限很大。学习过排列组合的人很容易算出来，由于棋盘上每一个点最终可以是黑子、白子或者空位三种情况，而棋盘有 361 个交叉点，因此围棋最多可以有 $3^{361} \approx 2\times10^{172}$ 这么多种情况。这个数当然相当大，大约是 2 后面跟随 172 个 0，我打一个比方你就有所感受了。

整个宇宙不过才有 10^{79}~10^{83} 个基本粒子（质子、中子或者电子等，当然也有人用原子来衡量，那样就是 10^{78}~10^{82} 个原子）。也就是说，如果把每一个基本粒子都变成一个宇宙，再把那么多宇宙中的基本粒子数一遍，数量也没有围棋棋盘上各种变化的总数大。而这个在人类看来无穷无尽的数，却是计算机要面对的。

当然，这个数尽管很大，但能被清楚地描述，所以并不是无穷大。

由于计算机面对的常常是上述问题，因此讨论算法复杂度时，只考虑 N 趋近无穷大时，和 N 相关的那部分就可以了。我们可以把一种算法的计算量大小，写成 N 的一个函数 $f(N)$。这个函数的边界（上界或者下界）可以用数学上的**大 O** 概念来限制。如果两个函数 $f(N)$ 和 $g(N)$ 在 N 趋近无穷大时，比值只差一个常数，那么它们则被看成是同一个量级的函数。计算机科学中相应的算法，也就被认为具有相同的复杂度。

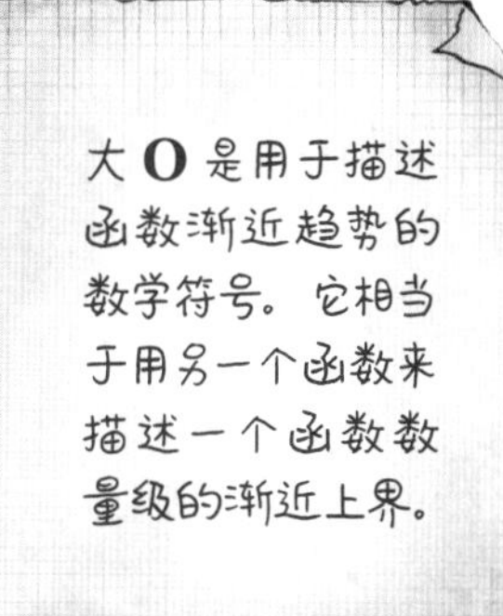

算法的类别

计算机常见的算法，根据它的复杂度，通常可以分为这样几类：

1 常数复杂度的算法。比如在计算机哈希表中查找一个数据，复杂度就是常数量级的，也就是说它不随着哈希表大小的增加而有明显的改变。

2 对数复杂度的算法。比如在排好序的数组中查找一个数据，复杂度就是这么高。比如我们在1000个排好序的数据中找一个数，只需要查找$N\log_2 1000 \approx 10$次。如果数组的大小达到100万，也只需要查找$N\log_2 1000000 \approx 20$次，比1000时只增加了1倍。

3 线性复杂度的算法。在没有排序的数组中查找一个数就是如此。比如我们有1000个没有排好序的数，要找一下2是否在其中，就要把这1000个数字都看一遍。如果要在100万个数字中查找这个数，就要把100万个数字看一遍，变成1000倍的计算量。

4 线性和对数复杂度的算法，也就是所谓的$\mathbf{O}(N\log_2)$。这类算法的计算比线性复杂度的计算要大，但是也相差不多，排序算法就属于这一类。

5 多项式复杂度的算法。比如计算量是$\mathbf{O}(N^2)$、$\mathbf{O}(N^3)$的一些算法，这些算法的计算量随着数据规模增加的速度就比较快了，但是还能忍受。比如你要找到从清华大学东门到天安门的最短路径，计算量就和交叉口的数量呈平方关系。因此，如果两个城市，第一个城市的规模是第二个的10倍，从理论上讲，在第一个城市找到一条最省时间的交通道路的计算量是后者的100倍。因此，这个增速还是很快的。

上述五类算法，我们通常认为都是计算机可以解决的，这些算法我们统称为 P 算法。P 是多项式英文 polynomial 的首字母。但是，还有第六类算法，它的复杂度是数据规模的指数函数。我们从前面介绍印度国际象棋问题的例子中已经知道，指数函数增长的速度是非常快的。计算机下围棋的算法，如果不做任何限制和近似，就是指数复杂度的。如果我们将棋盘大小从 19×19 增加到 20×20，复杂度就会上升为 600 万亿倍。

NP 是否等于 P

在那些计算复杂度超过了多项式量级的问题中，有些问题要找到答案，其计算复杂度可能是指数量级的，但是如果给定了一个答案，验证它的正确性，复杂度并不高。这就如同让大家解方程或者做因式分解比较难，但是如果给了你答案，让你验证它们是否正确，就容易得多了。如果一个问题，我们验证答案的复杂度是多项式量级的，但是却没有找到复杂度为多项式量级的算法，这种问题就被称为 NP 问题。NP 是不确定多项式问题 non-deterministic polynomial 的首字母缩写。

对于那些 NP 问题，计算机科学家想知道，到底是根本就不存在多项式复杂度的算法，还是说存在某种多项式复杂度的算法，只是人类太笨，还没有找到。如果是后一种情况，也就是说 NP 问题是 P 问题，简称 NP=P; 如果是前一种情况，则 NP 问题就不是 P 问题了，简称 NP ≠ P。到目前为止，没有人能回答这个问题。虽然总有计算机科学家声称自己解决了这个问题，但是最后都被证实是乌龙。

NP 难题有什么意义呢？首先它会告诉大家，计算机所能解决问题的边界在哪里。对于大量的 NP 问题，今天我们一般认为，除非做简化和近似，否则它们是无解的。其次，搞清楚这个问题有许多实际的应用价值。比如我们知道计算机验证一个密码非常快，但是破解它却非常困难，所有加密的安全性基础就在于此。即便将来有了实用的量子计算机，速度非常快，但只要这种不对称性成立，验证总是比破解来得简单，加密就能做到安全。但是，如果 NP 问题和 P 问题是同一类问题，情况就糟糕了，因为人们很可能会找到和验证密码同等难度的破译算法。

2001 年，一项针对 100 名数学和计算机科学家的调查结果显示，有 61 人相信 NP ≠ P。2012 年重复这个调查，结果是 84% 的受访人相信这个结论，我本人也持这种观点。

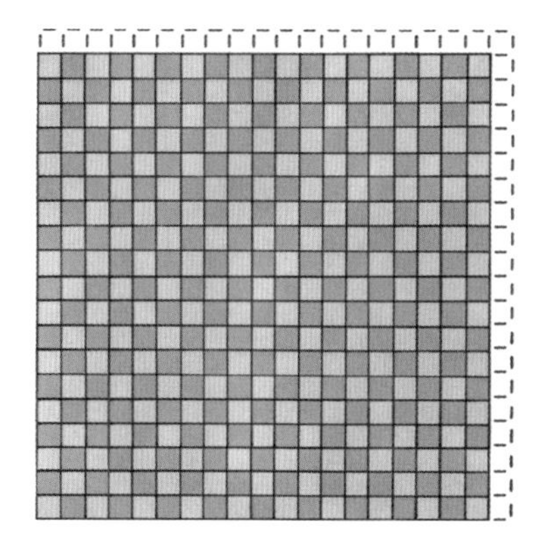

今天的我们身处信息时代，在媒体上也经常看到“信息量很大”这样的字眼，但是你知道信息量是如何度量的吗？

不清楚是正常的，人类了解如何量化度量信息是在二战之后的事情，历史并不长。

人们第一次听到量化度量信息是在二战后纽约的比克曼研讨会上。那是在1946年到1953年期间，由小乔赛亚·梅西基金会资助，在纽约最有历史的比克曼酒店不定期举行的一系列讲座和讨论会，参加会议的都是当时的顶级科学家，比如有对计算机做出巨大贡献的数学家冯·诺伊曼和图灵，提出控制论的维纳，以及提出信息论的香农等人。因此，这是人

> 索尔维会议是由比利时企业家欧内斯特·索尔维于1911年在布鲁塞尔创办的一个学会。由于前几次索尔维会议适逢20世纪10－30年代的物理学大发展时期，参加者又都是普朗克、居里夫人、爱因斯坦和玻尔等一流物理学家与化学家，因此索尔维会议在物理学的发展史上占有重要地位。

类历史上继索尔维会议之后第二次最聪明头脑的大聚会。

什么是信息

最初的几次比克曼会议最热门的话题是控制论，但是从 1950 年 3 月 22—23 日的那次会议开始，信息论成为大家讨论的中心。那次会议的主要报告人是香农，他讲述了什么是信息。虽然在此之前冯·诺伊曼已经花了不少口舌给大家做铺垫，但是香农的报告还是颠覆了所有人的认知，他的结论对于大家的冲击堪比 45 年前爱因斯坦相对论对物理学界的冲击，很多科学家都难以接受。

香农一上来就开宗明义，告诉大家所谓信息的含义根本不重要，甚至很多信息就没有含义，重要的是其中所包含的信息量。

香农认为，所谓信息，不过是对一些不确定性的度量，而不是具体的内容。该怎么来理解这句话呢？不妨看这样一个例子。

假如要举行世界杯足球赛，大家都很关心谁会是冠军。假如你在世界杯期间正好去火星访问，回到地球时冠军已经揭晓了。你向同学打听比赛结果，那位同学不愿意直接告诉你，而要让你猜，并且每猜一次，他要收 1 元钱才肯

告诉你是否猜对了，那么你需要付给他多少钱才能知道谁是冠军？其实你付给他的钱数，就是“世界杯冠军是谁”这条信息的信息量。

我们可以把球队编上号，从 1 到 32。一个不动脑子的孩子可能会问，是不是第 1 支球队，是不是第 2 支球队，一直问到第 32 支球队。这样他肯定会得到答案，但是付出的钱太多了。实际上，“世界杯冠军是谁”这条信息没那么值钱。比较聪明的做法是这样提问：“冠军球队在 1 ~ 16 号中吗？”假如他告诉你猜对了，你接着问：“冠军在 1 ~ 8 号中吗？”假如他告诉你猜错了，你自然知道冠军队在 9 ~ 16 号中。这样只需要 5 次，你就能知道哪支球队是冠军。所以，谁是世界杯冠军这条消息的信息量只值 5 元钱。

当然，香农不是用钱，而是用“比特”（Bit）这个概念来度量信息量。一个比特是一位二进制数，计算机中的一个字节是 8 比特。在上面的例子中，这条消息的信息量是 5 比特。读者可能已经发现，信息量的比特数和所有可能情况的对数函数 log 有关（$\log_2 32 = 5$）。

如果你有一点足球的知识，实际上可能不需要 5 次就能猜出谁是冠军，因为像巴西、德国、意大利、法国、阿根廷这样的球队获得冠军的可能性比日本、韩国等球队大得多。因此，第一次猜测时不需要把 32 支球队等分成两个组，而可以把少数几支最可能得冠军的热门球队分成一组，把其他队分成另一组，然后猜冠军球队是否在那几支热门队中。重复这样的过程，根据夺冠概率对剩下的候选球队分组，直至找到冠军队。这样，也许 3 次或 4 次就能猜出结果。因此，当每支球队夺冠的概率不相等时，“世界杯冠军是谁”的信息量比 5 比特还少。

信息量的计算

香农指出，它的准确信息量应该是：

$$H=-(p_1\log_2 p_1+p_2\log_2 p_2+\cdots+p_{32}\log_2 p_{32})$$

其中，P_1，P_2，…，P_{32} 分别是这 32 支球队夺冠的概率。香农把它称为“信息熵”，一般用符号 H 表示，对于任意一个事件 X，假如它有 $x_1,x_2,\cdots,x_k$ 种可能性，那么关于它的信息熵就是：

$$H(X)=-(p_1\log_2 p_1+p_2\log_2 p_2+\cdots+p_k\log_2 p_k)=-\sum_{i=1}^{k} p_i\log_2 p_i$$

如果我们想搞清楚事件 X 到底结果如何，就需要了解信息，而了解的信息量不能少于这个不确定性事件的信息熵。香农的这个公式被认为和勾股定理 $a^2+b^2=c^2$、牛顿第二定律的公式 $F=ma$，以及爱因斯坦质能方程 $E=mc^2$ 一样，是人类所知道的几个最重要的数学公式之一。

熵的意义

香农为什么用熵这个词来定义信息量呢？有两个原因。

首先，熵是由物理学家创造的一个热力学概念，它可以用来衡量一个封闭系统的不确定性。也就是说，如果一个系统里面越混乱，

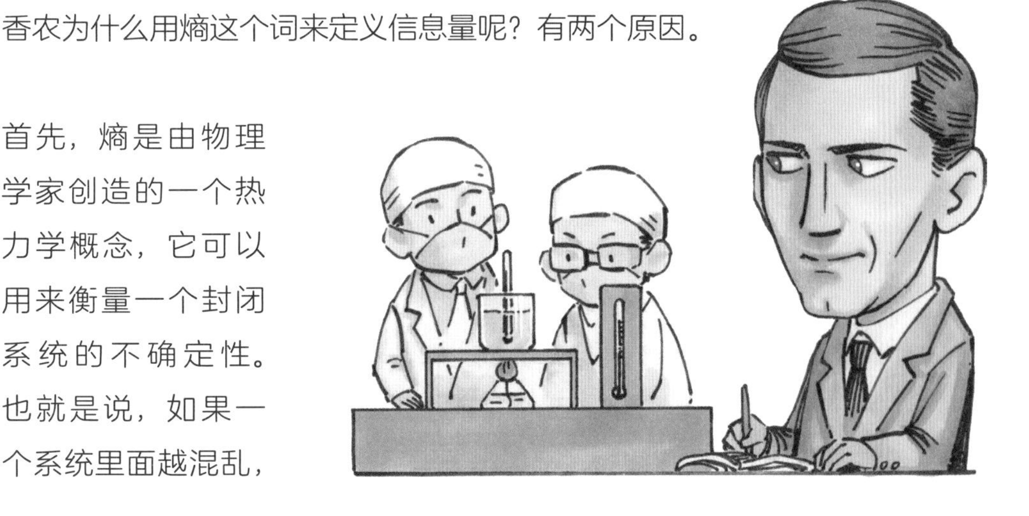

越不确定，熵就越高；相反，如果这个系统越有序，熵就越低。对于一个信息系统也是如此，如果我们对其了解得越多，熵就越低；对它了解得越少，熵就越高；如果对它完全确定，熵就等于 0；对它一无所知，熵就达到最大值。也就是说，热力学系统和信息系统有很大的相似性。

其次，可以证明热力学中定义熵的公式和信息中定义熵的公式是等价的。

有了不确定性和熵这两个概念，香农就能解释什么是信息，以及信息的作用了。**所谓信息，是用来消除对于系统不确定性所需要的东西。**比如我们想了解世界杯冠军是谁，这对于尚未知道结果的我们来讲是一件不确定的事情，而我们得到了有关它的一些信息，就消除了不确定性。了解的信息越多，消除掉的不确定性也就越多，对于结果的确定性就越高。当然，要想彻底消除一个系统的不确定性，所需要的信息不能低于它的信息熵。

《史记》的信息量

香农以信息熵为核心的信息论，具有划时代的意义。在此之前，人们对于处理信息，比如加密、传输和存储信息，完全没有理论依据，都是凭借经验来。这样就导致了很多混乱的情况，比如看似安全的密码其实很容易被破解；在传输时，会丢失信息，以至产生误解；等等。有了信息论之后，人类就知道该如何有效地加密、存储和传输信息了。

比如我们可以用熵的计算公式，估算一本 50 多万字的《史记》里面含有多少信息。为了简单起见，我们就假定它的字数是 50 万。接下来的问题，就是里面每个汉字含有多少信息量。我们常见的汉字有 7000 个左右，如果用二进制表示，需要 13 个二进制位，也就是 13 比特。不过由于汉字的使用频率不同，前 10%

的汉字占常用文本的 95% 以上，这就如同参加世界杯的各队夺得冠军的可能性不同一样。如果把每个汉字出现的频率代入信息熵的公式计算，我们就会发现其实只需要用大约 5 比特就能表示一个汉字了。也就是说，《史记》中每个汉字的平均信息量大约是 5 比特，于是《史记》的信息量大约就是 50 万 × 5=250 万比特，相当于 320kB（千字节）。

了解了《史记》所包含的信息量之后，我们就可以设计一种编码方法，用 0 和 1 将《史记》中的汉字进行编码，最后用大约 250 万个比特，即 320kB，就可以把《史记》这本书保存下来了。虽然我们所保存的那些 0 和 1 没有什么意义，但是它们可以和《史记》中的信息对应起来，于是我们就可以通过那些 0 和 1 恢复出《史记》。这其实就是今天计算机保存信息的方法。

那么保存《史记》最少需要多少存储空间呢？如果我们用信息论给出的方法，将这本书压缩一下，大约就需要 320kB 的空间。如果我们太贪心，还想进一步压缩它，有没有可能做到呢？答案是否定的，因为信息熵是我们压缩的极限，我们突破不了这个极限。如果我们违背了信息论的规律，强制压缩，那么得到的信息量就不足以还原这本书。也就是说，这本书就不具有确定性了，里面会有很多内容丢失。类似地，如果我们要传递这本书，从理论上讲，如果我们的网络每秒可以传递 4MB（兆字节），大约不到 0.1 秒就可以传递完成。但是如果我们一定要在 0.05 秒的时间内传递完它，很多内容自然会丢失，接收方得到的信息就会出错。

由此可见，有了信息论这个量化度量信息多少的工具，和信息相关的工作才有了理论依据，整个信息产业才得以发展起来。而整个信息产业就是建立在这样一个看似并不复杂的信息熵的公式之上的。

解决数学难题，一直是人类的追求，当然，同样是难题。它们的重要性也有所不同，有些问题一旦得到解决，整个学科就会大大地向前发展。

100 年的回应

1900 年，德国著名的数学家戴维·希尔伯特提出了 23 个历史性的数学难题，它们反映出当时数学家对数学的思考。经过 100

100 多年后的同学们，加油!

年，有 17 个难题得到了解决，或者已被部分解决，它们对科学的发展帮助极大。2000 年，美国克雷数学研究所公布了当今的 7 道数学难题，作为对 100 年前的希尔伯特的回应。在 2000 年这次的数学大会宣布这些问题前，会议首先播放了 1930 年希尔伯特退休时演讲的录音，包括他的名言："我们必须知道，我们必将知道！"这句话反映了人类对未知孜孜不倦的探索。随后，两位美国数学家登场，他们分别宣布了 3 道和 4 道数学题。由于那一年是千年的整年，这 7 个问题也被称为"千禧年问题"。克雷数学研究所还对这些问题设立了奖金，每个 100 万美元。由于这些问题的证明过程不可能简单，因此一旦有人宣布证明了某道题，就要由一个专家小组花两年时间审核，审核通过才能获得奖金。

这 7 个千禧年问题不是随便确定的，它们所关注的领域都和今天的科技发展密切相关。它们的破解会极大地推动物理学、计算机科学、密码学、通信学等学科取得突破性进展。在确定这些问题的过程中，克雷数学研究所咨询了世界上其他顶尖数学家，包括解决了费马大定理的怀尔斯等人。它设立奖金是为了引起大众对数学研究的关注，特别是鼓励人们寻找难题的答案。

7 个千禧年问题

它已经被解决，而且是唯一被解决的千禧年问题。

它涉及计算机的可计算性问题。

3 霍奇猜想

在 7 个千禧年问题中，这个问题是非专业人士最难理解的。它最初是由英国数学家威廉·霍奇在 1941 年提出的，但在他于 1950 年国际数学家大会上发表演讲之前，几乎没有受到关注。准确地描述霍奇猜想需要用到不少高深的数学概念，这里我们用庞加莱猜想打个比方来示意一下。

在庞加莱猜想中，我们可以把各种单连通的几何体等价于一个球。相比各种形状很怪的几何体，球就显得特别漂亮。因此，我们可以认为球是各种单连通几何体简单而近似的描述。

今天，我们都很难想象高维空间的样子，因为我们无法在三维空间画出高维空间。但是，在数学上，我们能描述各种高维空间，它们各不相同，有些高维空间可能以某种方式连通，有些可能有洞。霍奇猜想讲的是，我们可以构建出一个“漂亮的”高维空间，作为其他类似高维空间的近似。如果这个想法成立，我们就可以通过解析函数的微积分来对各种复杂的高维空间进行研究，使人们能够间接地理解那些难以可视化的高维空间里的形状和结构。

霍奇猜想不仅是 7 个千禧年问题之一，也是 2008 年美国国防部高级研究计划局所选出的 23 个最具挑战性的数学问题之一，该机构还出钱资助这些问题的研究。

这也是一个尚未被解决的希尔伯特问题。黎曼猜想的主题是研究素数分布的问题，这对我们今天的加密有很大的意义。

5 杨-米尔斯理论的存在性与质量间隙

大家对这个问题的含义不必太在意。对于这个问题，我们只需要强调两点。

首先，这是由杨振宁先生和他的学生米尔斯共同提出的，今天它有时又被称为杨 - 米尔斯理论。它是对狄拉克电动力学理论的完善。经典的杨 - 米尔斯理论的核心是一组非线性偏微分方程，也被称为杨 - 米尔斯方程。这个千禧年问题是要证明杨 - 米尔斯方程组有唯一解，而这个问题的解决，关乎理论物理学的数学基础，或者说能否有一个在数学上完整的量子规范场论。

其次，物理学家普遍相信这个问题的答案是肯定的，而且已经有物理学家基于这个理论开展工作并获得了诺贝尔奖。但是这个问题的解决前景非常不乐观，数学界普遍认为这个问题太难了。杨振宁先生的这个理论，重要性其实一点不亚于他获得诺贝尔奖的工作。如果在杨振宁先生的有生之年证明了这个问题，他很有可能再次获得诺贝尔奖。

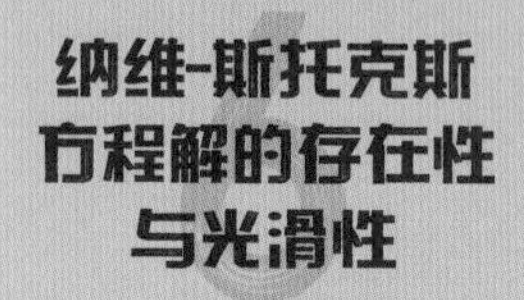

这是一个流体力学的问题。

纳维－斯托克斯方程是一组描述液体和空气等流体运动的偏微分方程，它是以19世纪法国工程师兼物理学家克洛德－路易·纳维和爱尔兰物理学及数学家乔治·斯托克斯两人的名字命名的。

在流体力学中，一种最常见的流体被称为牛顿流体，这种流体的变形和流体的黏性、所受到的压强，以及内部应力满足一定的关系。纳维－斯托克斯方程是用来描述这种流体中任意一个地方所受力的情况的。在现实生活中，许多有关流体的物理过程都可以用纳维－斯托克斯方程来描述，比如模拟天气、洋流、管道中的水流、星系中恒星的运动、飞机机翼周围的气流、人体内血液循环的情况，以及分析液体和气态污染物传播的效应，等等。但是，纳维－斯托克斯方程并没有解析解，至少今天还没有找到，也就是说，我们无法通过一些公式把这些方程的解写出来。今天，都是用大型的计算机来寻找数值解，即对某个具体问题找到一个误差范围内的近似解。

纳维－斯托克斯方程解的存在性与光滑性问题就是希望能够找到这个方程组的解析解，即便找不到，也希望了解这些解的基本性质。

7 贝赫和斯维讷通-戴尔猜想

这其实是一个椭圆曲线问题。椭圆曲线是数论研究的重要领域，我们前面讲到的安德鲁·怀尔斯对费马大定理的证明用到的主要工具就是椭圆曲线。事实上，贝赫和斯维讷通－戴尔猜想的官方陈述就是由怀尔斯写的。今天的比特币加密，也是利用椭圆曲线验证解和求解在时间上的不对称性来实现的。因此，这个问题有非常明确的应用场景。

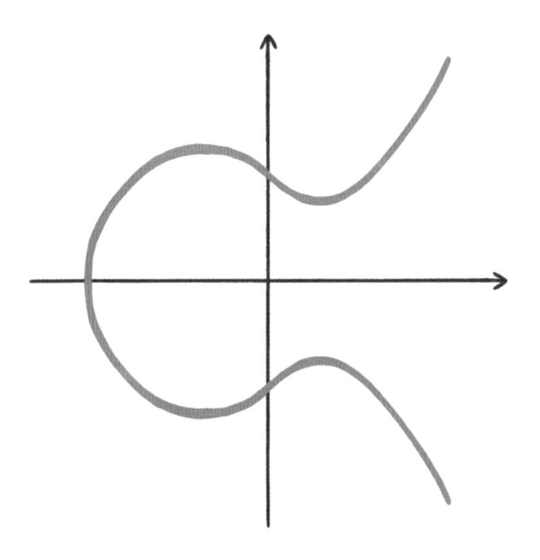

从这 7 个问题我们可以看出，今天即使是理论性最强的纯数学研究，也和当前人类面临的很多实际问题相关，比如有三个问题直接和计算机加密有关，其他问题和宇宙学、力学等相关。因此，那些看似无用的智力游戏其实有大用场。这 7 个问题都很难，除了庞加莱猜想被证明了，解决其他几个问题还有很长的路要走。

“我们必须知道，我们必将知道！”

2000 年，美国克雷数学研究所在公布 7 个千禧年问题的数学大会上，播放了 1930 年著名数学家希尔伯特的退休演讲。那段演讲既是对数学发展的总结，又是对数学未来的展望。

希尔伯特是历史上少有的全能型数学家。希尔伯特一生致力于将数学的各个分支，特别是几何学，实现非常严格的公理化，进而将数学变成一个大一统的体系。希尔伯特因此提出了大量的思想观念，并且在许多数学分支上都做出了重大的贡献。20 世纪很多量子力学和相对论专家都是他的学生，或者是他学生的学生，其中很有名的一位是冯·诺伊曼。

1926 年，海森堡来到哥廷根大学做了一个物理学的讲座，讲了他和薛定谔在量子论中的分歧。当时希尔伯特已经 60 多岁了，他向助手诺德海姆了解海森堡的讲座内容，诺德海姆拿来了一篇论文，但是希尔伯特没有看懂。冯·诺伊曼得知此事后，用了几天时间把论文改写成了希尔伯特喜闻乐见的数学语言和公理化的组织形式，令希尔伯特大喜。不过，就在希尔伯特退休后的那一年（1931 年），令他感到沮丧的是，25 岁的数学家哥德尔证明了数学的完备性和一致性之间会有矛盾，让他这种数学大一统的想法破灭。

1930 年，希尔伯特到了退休的年龄，此时他已经 68 岁了。他欣然接受了故乡哥尼斯堡的“荣誉市民”称号，回到故乡，并在授予仪式上做了题为《自然科学（知识）和逻辑》的演讲，然后应当地广播电台的邀请，他将演讲最后涉及数学的部分再次做了一个较短的广播演说。

这段广播演说从理论意义和实际价值两方面深刻阐释了数学对人类知识体系和工业成就的重要性，反驳了当时的“文化衰落”与“不可知论”的观点。

这篇 4 分多钟的演讲洋溢着乐观主义的激情，最后那句“我们必须知道，我们必将知道”掷地有声，至今听起来依然让人动容。我们就以**希尔伯特的这段演讲作为全书的结束语。**

促成理论与实践、思想与观察之间的调解的工具，是数学，它建起连接双方的桥梁并将其塑造得越来越坚固。因此，我们当今的整个文化，对理性的洞察与对自然的利用，都是建立在数学基础之上的。伽利略曾经说过，一个人只有学会了自然界用于和我们沟通的语言和标记时，才能理解自然，而这种语言就是数学，它的标记就是数学符号。康德有句名言：“我断言，在任何一门自然科学中，只有数学是完全由纯粹真理构成的。”事实上，我们直到能够把一门自然科学的数学内核剥出并完全地揭示出来，才能够掌握它。没有数学，就不可能有今天的天文学与物理学，这些学科的理论部分，几乎完全融入数学。这些使得数学在人们心目中享有崇高的地位，就如同很多应用科学被大家赞誉一样。

尽管如此，所有数学家都拒绝把具体应用作为数学的价值尺度。高斯在谈到数论时讲，它之所以成为第一流数学家最喜爱研究的科学，是在于它魔幻般的吸引力，这种吸引力是无穷无尽的，超过数学其他的分支。克罗内克把数论研究者比作吃过忘忧果的人：一旦吃过这种果子，就再也离不开它了。

托尔斯泰曾声称追求“为科学而科学”是愚蠢的，而伟大的数学家庞加莱则措辞尖锐地反驳这种观点。如果只有实用主义的头脑，而缺了那些不为利益所动的“傻瓜”，就永远不会有今天工业的成就。著名的哥尼斯堡数学家雅可比曾经说过：“人类精神的荣耀，是所有科学的唯一目的。”

今天有的人带着一副深思熟虑的表情，以自命不凡的语调预言文化衰落，并且陶醉于不可知论。我们对此并不认同。对我们而言，没有什么是不可知的，并且在我看来，自然科学也是如此。相反，代替那愚蠢的不可知论的，是我们的口号：**我们必须知道，我们必将知道！**